洪錦魁簡介

洪錦魁畢業於明志工專（現今明志科技大學），跳級留學美國 University of Mississippi 計算機系研究所。

2023 年和 2024 年連續 2 年獲選博客來 10 大暢銷華文作家，多年來唯一電腦書籍作者獲選，也是一位跨越電腦作業系統與科技時代的電腦專家，著作等身的作家，下列是他在各時期的代表作品。

- DOS 時代：「IBM PC 組合語言、Basic、C、C++、Pascal、資料結構」。
- Windows 時代：「Windows Programming 使用 C、Visual Basic」。
- Internet 時代：「網頁設計使用 HTML」。
- 大數據時代：「R 語言邁向 Big Data 之路、Python 王者歸來」。
- AI 時代：「機器學習數學、微積分 + Python 實作」、「AI 視覺、AI 之眼」。
- 通用 AI 時代：「ChatGPT、Copilot、無料 AI、AI 職場、AI 行銷、AI 影片、AI 賺錢術」。

作品曾被翻譯為簡體中文、馬來西亞文、英文，近年來作品則是在北京清華大學和台灣深智同步發行。

他的多本著作皆曾登上天瓏、博客來、Momo 電腦書類，不同時期暢銷排行榜第 1 名，他的著作特色是，所有程式語法或是功能解說會依特性分類，同時以實用的程式範例做說明，不賣弄學問，讓整本書淺顯易懂，讀者可以由他的著作事半功倍輕鬆掌握相關知識。

無料 AI

ChatGPT + DeepSeek + Gemini + Perplexity + Copilot
Claude + NotebookLM + Coze + Felo + Dzine
ElevenLabs + Suno + Stable Audio + Runway + Sora + Gamma
文字、筆記、搜尋、繪圖、動漫、視覺、語音、音效、音樂、影片、簡報

AI Agent – 創意無限

序

　　這是第 3 版的無料 AI 書籍，在 AI Agent 時代，這本書籍除了更新 ChatGPT、Gamma… 等 AI 工具的內容外，同時增加下列熱門的 AI 主題：

- DeepSeek：中文 AI 的新亮點
- Perplexity：AI 聊天與搜尋引擎平台
- NotebookLM：AI 筆記助理
- Felo：AI Agent 的知識與簡報生成助理
- ElevenLabs：AI 音效與語音
- Sora：AI 影片創作

　　在這個資訊爆炸的時代，AI 已成為我們生活中不可或缺的一部分。這本書籍，不僅是對當前 AI 技術的全面展示，更是對 AI Agent 時代無限可能應用的探索。書籍主標是「無料 AI」，重點就是整本書探討免費的 AI 應用。

　　AI 時代來了，這本書不會涉及較深的程式設計技術細節，而是著重於全面探討「文字」、「筆記」、「搜尋」、「繪圖」、「動漫」、「視覺」、「音效」、「語音」、「音樂」、「影片」、「簡報」等 11 大領域的 AI 軟體，在生活與工作上無限可能的應用。除此之外，我們還會讓讀者全面了解與體驗當前 AI 的應用趨勢。

　　無論您是學生、教師、員工、企業家，還是對 AI 充滿好奇的一般讀者，本書都會為您提供實用的指南和建議。透過本書，您不僅可以了解如何有效地使用這些工具，還可以發掘它們在不同領域的潛在價值。研讀本書，讀者可以獲得下列多方面的知識：

- ❏ **無料 ChatGPT 徹底應用**
  - AI 生活顧問
  - 高效 AI 辦公室
  - 簡報創作
  - 出題、摘要、報告、專題撰寫等教育應用
  - 公告、面試、行銷、腳本設計等企業應用
  - 短、中或長篇小說
  - 詩詞創作
  - 學習多國語言、英語翻譯機與英語學習機
  - 提升 Excel 工作效率
  - 輔助程式設計
  - AI 推理
  - 畫布 (Canvas) 環境

- ❏ **AI 搜尋與知識聊天 - Perplexity**
  - AI 搜尋
  - AI 知識聊天

- ❏ **AI 最強競爭者 - Claude**
  - 安全理念
  - 寫作和分析、問答、數學、編碼、翻譯、摘要
  - 讀取與摘要 PDF 文件
  - AI 視覺智慧
  - 同時讀取與比較多個檔案內容
  - 資料分析，例如：分析機器學習資料

- ❏ **整合 Google 資源的 AI 模型 - Google Gemini**
  - 語音輸入與輸出
  - 表格式報告與 Google 雲端試算表

- Google 雲端文件整合 Gemini 回應輸出
- AI 生圖與視覺
- Gemini 與 Gmail 整合
- Deep Research
- Canvas

❏ 最全方位的 AI 模型 - Copilot
- Copilot 多模態聊天
- Copilot 繪圖與視覺
- 深入思考（Think Deeper）
- Office 使用 Copilot
- 手機應用 - Bing App

❏ AI 新亮點 - DeepSeek
- 中文 AI 引擎的新星

❏ AI Agent 的知識與簡報生成 - Felo
- AI 簡報
- 心智圖
- YouTube 影片摘要

❏ AI 筆記助理 - NotebookLM
- 筆記助理
- 語音摘要
- 心智圖

❏ AI 音效與語音 - ElevenLabs
- 語音與音效生成
- 文字轉語音

- **AI 音樂創作 - Stable Audio**
  - 音樂製作

- **AI 音樂與歌曲創作 - Suno**
  - 文字情境生成中文歌曲
  - AI 歌曲編輯

- **AI 視覺創作與變臉 - Dzine**
  - 圖像風格轉變
  - 圖像角色一致
  - 變臉
  - 背景移除

- **AI 影片創作 - Runway**
  - 唇形同步影片
  - 圖片生成影片
  - 文字 + 圖片生成影片

- **文字驅動精準影片創作 - Sora**
  - 文字生成影片

- **最專業的 AI 簡報 - Gamma**
  - 主題、網頁生成簡報
  - 簡報匯出與分享

- **新一代聊天機器人平台 - Coze**
  - 串接 ChatGPT
  - 實作 AI Agent 機器人

- **Memo AI (電子書)**
  - 讓影片說中文

序

在閱讀這本書的過程中，您將會發現 AI 不僅是一項技術，更是一種藝術，一種創造力的表達。寫過許多的電腦書著作，本書沿襲筆者著作的特色，實例豐富，相信讀者只要遵循本書內容必定可以在最短時間認識相關軟體，有一個豐富的 AI 旅程。編著本書雖力求完美，但是學經歷不足，謬誤難免，尚祈讀者不吝指正。

洪錦魁 2025/04/20

jiinkwei@me.com

讀者資源說明

本書籍的 Prompt、實例或作品可以在深智公司網站下載。

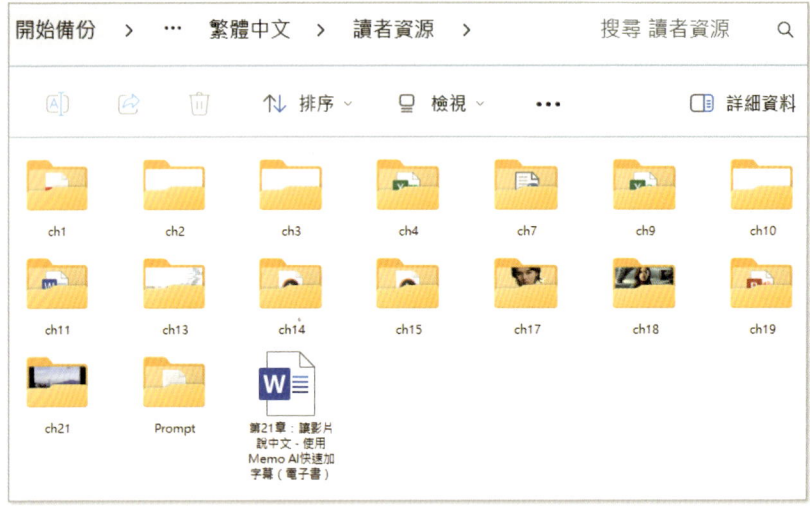

臉書粉絲團

歡迎加入：王者歸來電腦專業圖書系列

歡迎加入：iCoding 程式語言讀書會 (Python, Java, C, C++, C#, JavaScript, 大數據, 人工智慧等不限)，讀者可以不定期獲得本書籍和作者相關訊息。

歡迎加入：MQTT 與 AIoT 整合運用

目錄

第 1 章　認識 ChatGPT

- 1-1　OpenAI 公司與 ChatGPT 1-2
  - 1-1-1　ChatGPT 是什麼 1-2
  - 1-1-2　認識 ChatGPT 1-2
  - 1-1-3　不斷進步的 ChatGPT 1-3
  - 1-1-4　OpenAI 公司的三大主流產品 1-3
- 1-2　ChatGPT 使用環境與註冊 1-3
  - 1-2-1　不註冊與認識 ChatGPT 1-3
  - 1-2-2　註冊與登入帳號 1-8
  - 1-2-3　升級至 Plus 1-11
- 1-3　ChatGPT 初體驗 1-11
  - 1-3-1　與 ChatGPT 聊天的原則 1-11
  - 1-3-2　第一次與 ChatGPT 聊天 1-12
  - 1-3-3　顯示與切換語言模型 1-13
  - 1-3-4　再試一次 1-14
  - 1-3-5　分享 1-15
- 1-4　管理 ChatGPT 聊天記錄 1-16
  - 1-4-1　建立新的聊天記錄 1-17
  - 1-4-2　編輯聊天標題 1-17
  - 1-4-3　刪除特定聊天主題 1-17
  - 1-4-4　刪除所有聊天段落 1-18
- 1-5　聊天主題背景 1-18
- 1-6　備份聊天主題 1-19
  - 1-6-1　儲存成網頁檔案 1-19
  - 1-6-2　儲存成 PDF 1-20
- 1-7　自訂 ChatGPT 1-21
- 1-8　ChatGPT 的資料庫時間與智慧搜尋 1-23
  - 1-8-1　了解目前 ChatGPT 的資料庫時間 1-23
  - 1-8-2　自動搜尋 1-23
- 1-9　ChatGPT 聊天生成圖像 1-23
  - 1-9-1　免費版繪圖 1-24
  - 1-9-2　AI 繪圖基本技巧 1-24
  - 1-9-3　繪圖實例 1-25
- 1-10　使用 ChatGPT 必須知道的情況 1-26
- 1-11　ChatGPT App 1-28
- 1-12　筆者使用 ChatGPT 的心得 1-30

第 2 章　ChatGPT 的基本應用

- 2-1　認識 Prompt 2-2
  - 2-1-1　基礎使用 2-2
  - 2-1-2　更完整的認識 Prompt 的使用 2-4
  - 2-1-3　使用上下引號標註輸入內容 2-5
  - 2-1-4　輸出一致的格式資料 2-5
  - 2-1-5　指定表格欄位 2-7
  - 2-1-6　Prompt 的類別整理 2-7
- 2-2　依據程度回應我們 2-8
- 2-3　文案製作- 描述主題到大綱制定 2-9
  - 2-3-1　請用 100 個字回答「AI 的未來」..................2-9
  - 2-3-2　請用 300 個字回答「AI 的未來」..................2-10
  - 2-3-3　請 ChatGPT 制定大綱 2-10
  - 2-3-4　序的撰寫 2-11
- 2-4　摘要文章與產生心得報告 2-12
  - 2-4-1　摘要文章 2-12
  - 2-4-2　撰寫心得 2-13
- 2-5　Emoji 符號 2-13
  - 2-5-1　使用 Emoji 符號 2-13
  - 2-5-2　Emoji 符號的優缺點 2-14
- 2-6　摘要世界名著 2-15
  - 2-6-1　老人與海 2-15
  - 2-6-2　水滸傳 2-15
- 2-7　創意簡報 PowerPoint 2-16
- 2-8　學習與應用多國語言 2-19
  - 2-8-1　名詞的翻譯 2-19
  - 2-8-2　建立英文學習機 2-19
  - 2-8-3　建立英文翻譯機 2-21
  - 2-8-4　翻譯一句、一段或是一篇文章 2-21
  - 2-8-5　文章潤飾修改 2-22
  - 2-8-6　多語系的應用 2-22
- 2-9　其他應用的 Prompt 實例 2-23

目錄

2-9-1 行程規劃 2-23
2-9-2 賀詞的應用 2-23
2-9-3 撰寫約會信件 2-24

第 3 章　ChatGPT 在教育上的應用

3-1 讓 ChatGPT 告訴我們 ChatGPT 在教育單位的應用 3-2
3-2 學生應用 ChatGPT 3-3
3-2-1 ChatGPT 其實是一個百科全書 3-3
3-2-2 作文大綱或內容撰寫 3-4
3-2-3 報告與大綱的撰寫 3-6
3-2-4 閱讀論文撰寫摘要 3-7
3-2-5 協助撰寫履歷表 3-8
3-2-6 指出履歷的弱點 3-12
3-2-7 協助撰寫應徵信 3-13
3-2-8 請告知我可能會被考的問題與給我解答 3-14
3-2-9 職場面試應該注意事項 3-15
3-3 教師應用 ChatGPT 3-17
3-3-1 準備教學內容 3-17
3-3-2 準備問卷調查 3-17
3-3-3 協助準備附有解答的考題 3-18

第 4 章　ChatGPT 在企業的應用

4-1 ChatGPT 行銷應用 4-2
4-1-1 行銷的知識 4-2
4-1-2 撰寫行銷文案 4-3
4-1-3 行銷規劃 4-4
4-1-4 設計廣告短片腳本 4-5
4-2 圖文方式貼文 4-7
4-2-1 Emoji 方式 4-7
4-2-2 圖文方式 4-8
4-2-3 IG 方式貼文 4-8
4-3 員工加薪的議題 4-9
4-3-1 適不適合向老闆提加薪 4-9
4-3-2 請 ChatGPT 寫加薪的信件 4-10
4-4 企業調漲折扣議題 4-11
4-5 企業公告 4-12

4-5-1 請假規定公告 4-12
4-5-2 國內參展公告 4-13
4-6 建立員工手冊 4-14
4-7 存證信函 4-15
4-8 租賃合約 4-16
4-9 ChatGPT 輔助 Excel 4-17
4-9-1 ChatGPT 協助撰寫公式 4-17
4-9-2 銷售排序 4-19
4-9-3 了解 Excel 特定函數的用法 4-20

第 5 章　GPT 機器人

5-1 探索 GPT 5-2
5-1-1 認識 GPT 環境 5-2
5-1-2 熱門精選 5-3
5-1-3 OpenAI 官方的 GPT 5-3
5-2 DALL-E- 讓你的奇思妙想活靈活現 5-5
5-2-1 了解 DALL-E 與 ChatGPT 繪圖的差異 5-5
5-2-2 AI 繪圖的原則與技巧 5-6
5-2-3 DALL-E 的體驗 5-7
5-3 Wolfram- 科學之眼，洞悉宇宙奧秘 ... 5-10
5-3-1 基礎應用 5-11
5-3-2 熱力圖的應用 5-12

第 6 章　推理 (Reason) 的應用

6-1 深度交談 –「推理」與「一般」模型回應差異解析 6-2
6-2 進入與離開推理環境 6-4
6-3 策略規劃與決策建議 6-4
6-3-1 「一般」版本- 市場洞察與決策建議 6-5
6-3-2 「推理」版本- 市場洞察與決策建議 6-6
6-3-3 推理與一般模型比較 6-8

第 7 章　ChatGPT 輔助 Python 程式設計

7-1 語言模型和程式設計的交集 7-2
7-2 ChatGPT 輔助學習 Python 的應用方法 7-3
7-2-1 變數的用法 7-4
7-2-2 輔助說明函數的用法 7-6
7-3 專案題目協助與修正錯誤 7-8
7-3-1 題目協助 7-8

7-3-2 ChatGPT 協助修訂錯誤 7-9	9-2-2 Claude 的功能 9-5
7-4 閱讀程式與增加註解 7-10	9-2-3 更改聊天主題 9-6
7-4-1 ChatGPT 具有閱讀程式與修正錯誤的能力 7-10	9-2-4 啟動新的聊天 9-7
7-4-2 增加程式註解 7-12	9-2-5 搜尋聊天 9-7
7-5 重構程式 7-12	9-3 創意寫作 9-7
7-6 重寫程式 7-14	9-4 Claude 的 AI 視覺 9-8
7-6-1 解說程式同時加上註解 7-14	9-4-1 上傳圖檔生成中國詩句 9-8
7-6-2 重寫擴充程式功能 7-16	9-4-2 處理數學問題 9-9
7-7 程式除錯 (Debug) 7-18	9-5 讀取與摘要 PDF 文件 9-10
7-7-1 分析語法錯誤 7-18	9-6 多檔案的 PDF 文件測試 9-11
7-7-2 分析錯誤訊息 7-19	9-7 機器學習資料分析 9-13
7-7-3 分析語意錯誤 7-22	

第 8 章　AI 搜尋與知識問答引擎 - Perplexity

8-1 Perplexity 是什麼 8-2	
8-1-1 Perplexity 的主要特色 8-2	
8-1-2 免費與付費版差異 8-2	
8-2 進入與認識 Perplexity 操作環境 8-3	
8-2-1 進入 Perplexity 8-3	
8-2-2 認識 Perplexity 操作環境 8-4	
8-2-3 側邊欄功能區 8-6	
8-3 應用 Perplexity 8-8	
8-3-1 查找最新科技新聞 8-9	
8-3-2 產品比較 8-10	
8-4 Pro 版的聊天搜尋 8-11	
8-4-1 Pro 版的核心特色 8-11	
8-4-2 Pro 版適合誰 8-12	
8-4-3 Pro 版的亮點功能介紹 8-12	
8-4-4 實例應用 8-12	

第 9 章　安全理念的 AI - Claude

9-1 Claude 的功能與潛在應用 9-2	
9-1-1 認識 Claude 9-2	
9-1-2 Claude 的潛在應用 9-3	
9-2 Claude 聊天環境 9-4	
9-2-1 免費版視窗畫面 9-4	

第 10 章　整合 Google 資源的 AI 模型 – Gemini

10-1 Gemini 的特色與 ChatGPT 的比較 10-2
10-1-1 Gemini 特色 10-2
10-1-2 Gemini vs ChatGPT 10-3
10-2 登入 Gemini 10-4
10-3 Gemini 的聊天環境 10-5
10-3-1 第一次與 Gemini 的聊天 10-7
10-3-2 編輯輸入 10-7
10-3-3 Gemini 回應的圖示 10-8
10-3-4 查證回覆內容 10-8
10-3-5 啟動新的聊天 10-9
10-3-6 認識主選單與聊天主題 10-9
10-3-7 更改聊天主題 10-9
10-3-8 釘選聊天主題 10-10
10-4 語音輸入 10-10
10-5 Gemini 回應的分享與匯出 10-11
10-5-1 分享對話 10-11
10-5-2 匯出至文件 10-12
10-5-3 在 Gmail 建立草稿 10-13
10-6 閱讀網址內容生成摘要報告 10-14
10-6-1 閱讀 Youtube 網站產生中文摘要 10-14
10-6-2 閱讀中文網站生成摘要 10-15
10-6-3 生成表格式的報告 10-16
10-7 生成圖片 10-17
10-8 AI 視覺 10-18

目錄

- 10-8-1 圖片測試 10-19
- 10-8-2 數學能力 10-20
- 10-8-3 摘要檔案內容 10-20
- 10-9 Deep Research 10-21
  - 10-9-1 Deep Research 應用情境與實例 10-22
  - 10-9-2 Deep Research 分析智慧手機品牌 10-23
- 10-10 Canvas- 生成文件和程式碼 10-25
  - 10-10-1 文件寫作 10-26
  - 10-10-2 Python 程式設計 10-29

第 11 章　最全方位的 AI 模型 - Copilot

- 11-1 認識免費版的 Copilot 11-2
  - 11-1-1 操作 Copilot 平台 11-2
  - 11-1-2 免費 Copilot 可以幫你做什麼？ 11-2
- 11-2 認識 Copilot 聊天環境 11-3
  - 11-2-1 Copilot 網頁進入 Copilot 11-3
  - 11-2-2 Microsoft Edge 進入 Copilot 11-3
  - 11-2-3 Bing 搜尋整合進入 Copilot 11-5
  - 11-2-4 Copilot 回覆方式 11-7
  - 11-2-5 Copilot 聊天方式 11-8
  - 11-2-6 聊天主題的編輯功能 11-9
  - 11-2-7 分享聊天主題 11-9
  - 11-2-8 Copilot 回應的處理 11-10
- 11-3 多模態輸入- 文字 / 語音 / 檔案 / 圖片 11-11
  - 11-3-1 語音聊天 11-11
  - 11-3-2 圖片輸入 11-12
  - 11-3-3 閱讀與分析 Excel 檔案 11-13
- 11-4 超越 ChatGPT- 圖片搜尋 11-14
- 11-5 聊天生成圖像 11-15
  - 11-5-1 修訂影像 11-15
  - 11-5-2 電磁脈衝影像 11-17
  - 11-5-3 AI 影像後處理 11-17
  - 11-5-4 其它創作實例 11-18
- 11-6 Copilot 視覺 11-18
  - 11-6-1 辨識運動圖片 11-19
  - 11-6-2 圖像生成七言絕句 11-19
- 11-7 深入思考（Think Deeper） 11-20
  - 11-7-1 「招生說明文件」- Copilot 回覆快速 11-20
  - 11-7-2 「招生說明文件」- Copilot Think Deeper 11-21
  - 11-7-3 回覆快速 vs Think Deeper 11-22
- 11-8 Office 使用 Copilot 11-24
  - 11-8-1 Word 的 Copilot 11-24
  - 11-8-2 PowerPoint 的 Copilot 11-25
- 11-9 Copilot App – 手機也能用 Copilot 11-28
  - 11-9-1 Copilot App 下載與安裝 11-28
  - 11-9-2 手機的 Copilot 對話 11-28
  - 11-9-3 語音聊天 11-29

第 12 章　AI 新亮點 - DeepSeek

- 12-1 認識 DeepSeek 12-2
  - 12-1-1 筆者的提醒- 讀者須了解的爭議 12-2
  - 12-1-2 DeepSeek 的主要功能 12-2
  - 12-1-3 DeepSeek 的五大特色 12-3
  - 12-1-4 DeepSeek 與其他 AI 工具比較 12-3
- 12-2 進入與認識 DeepSeek 環境 12-5
  - 12-2-1 進入 DeepSeek 12-5
  - 12-2-2 DeepSeek 聊天環境 12-6
- 12-3 AI 聊天與測試 DeepSeek 的能力 12-6
  - 12-3-1 中文語言理解與重寫能力 12-7
  - 12-3-2 邏輯推理與資訊組織能力 12-7
  - 12-3-3 創意寫作與語氣變換 12-7
  - 12-3-4 程式設計與解說能力 12-7
  - 12-3-5 知識回答與摘要整合能力 12-8
  - 12-3-6 筆者的測試 12-8

第 13 章　AI Agent 的知識與簡報生成 - Felo

- 13-1 認識 Felo 13-2
  - 13-1-1 核心定位- AI 搜尋 + 資訊整理 + 創意輸出 13-2
  - 13-1-2 Felo 的主要功能 13-2
  - 13-1-3 特色亮點 13-2
  - 13-1-4 常見應用場景 13-3
  - 13-1-5 Felo 免費與 Pro 版差異 13-3
- 13-2 進入與認識 Felo 環境 13-3

13-2-1 進入 Felo 13-3	14-2 進入與認識 NotebookLM 環境 14-5
13-2-2 認識 Felo 操作環境的側邊工具欄位 13-4	14-2-1 進入 NotebookLM 14-5
13-2-3 了解 Felo 的回應模式 13-7	14-2-2 內建實例導覽 NotebookLM 14-6
13-2-4 搜尋源 13-8	14-2-3 與 NotebookLM 對話 14-10
13-2-5 上傳檔案與圖片 13-9	14-2-4 NotebookLM 主視窗 14-11
13-2-6 Felo 的 AI 任務小幫手 13-9	14-3 NotebookLM 實作應用 14-11
13-3 YouTube 影片摘要小幫手 13-10	14-3-1 建立筆記本的第一步 – 上傳檔案 14-11
13-3-1 啟動 YouTube 影片摘要小幫手 13-10	14-3-2 新增上傳檔案 14-14
13-3-2 Felo 的幕後英雄- AI Agent 13-10	14-3-3 與 NotebookLM 對話 14-15
13-3-3 摘要影片 13-11	14-3-4 儲存至記事 14-16
13-3-4 儲存到主題集 13-12	14-3-5 記事功能欄位 14-18
13-3-5 儲存至 Felo 文件 13-13	14-3-6 編輯筆記標題 14-22
13-3-6 儲存的評估 13-15	14-4 語音摘要 14-23
13-4 AI 簡報製作神器 13-16	14-4-1 了解語音摘要的功能 14-23
13-4-1 啟動 AI 簡報製作神器 13-16	14-4-2 實作語音摘要 14-24
13-4-2 認識 AI 簡報製作神器環境 13-16	14-5 心智圖 14-26
13-4-3 隨便問 - 簡報主題參考與實作 13-17	
13-4-4 用網頁建立簡報 13-23	**第 15 章　AI 音效與語音 – ElevenLabs**
13-5 心智圖產生器 13-23	15-1 認識 ElevenLabs 15-2
13-5-1 認識心智圖 13-23	15-1-1 核心功能特色 15-2
13-5-2 啟動心智圖產生器 13-24	15-1-2 應用場景 15-3
13-5-3 認識心智圖產生器環境 13-25	15-2 ElevenLabs- AI 語音與克隆工具 15-3
13-5-4 心智圖的參考 Prompt 與實例 13-26	15-2-1 進入 ElevenLabs 網站 15-3
13-5-5 心智圖編輯與下載 13-28	15-2-2 網站首頁 15-4
13-6 事實查核 13-29	15-3 Sound Effects 音效生成 15-7
13-6-1 時事／新聞類 13-29	15-4 Instant speech 文字轉語音 15-8
13-6-2 科學／健康類 13-29	
13-6-3 歷史／教育類 13-30	**第 16 章　AI 音樂與歌曲創作 – Stable Audio&Suno**
13-6-4 網路迷因／資訊澄清 13-30	16-1 AI 音樂 Stable Audio 16-2
13-6-5 提示小技巧 13-30	16-1-1 進入此網站 16-4
13-6-6 美國將對台灣課徵 32% 關稅	16-1-2 認識音樂資料庫 Prompt Library 16-5
- 事實查核 13-30	16-1-3 Stable Audio 的 Prompt 描述注意事項 . 16-7
	16-1-4 建立音樂 – 以科技公司為實例 16-8
第 14 章　AI 筆記助理 - NotebookLM	16-2 AI 歌曲創作 Suno 音樂平台 16-12
14-1 認識 NotebookLM 14-2	16-2-1 進入 Suno 網站與註冊 16-13
14-1-1 NotebookLM 主要功能 14-2	16-2-2 Suno 官方網頁 16-14
14-1-2 NotebookLM 適合誰使用 14-4	16-2-3 創作歌曲 – 自訂（Custom）模式 16-14
14-1-3 NotebookLM 與 Felo/ChatGPT 的比較 . 14-4	

目錄

16-2-4　預設創作模式 - 創作深智公司
　　　　6 週年的歌曲 16-16
16-2-5　認識 Suno 創作歌曲的結構 16-19
16-2-6　自訂創作模式 – 創作「日夜咖啡酒館」
　　　　的歌 16-20
16-2-7　下載歌曲或是分享歌曲連結 16-24
16-2-8　編輯歌曲 Edit/Song Details 16-25

第 17 章　AI 視覺創作與變臉 - Dzine

17-1　認識 Dzine 17-2
17-2　進入與認識 Dzine 環境 17-2
　17-2-1　進入 Dzine 17-2
　17-2-2　認識 Dzine 環境 17-3
17-3　AI 工具 17-5
17-4　Image-to-Image（圖生圖）.................. 17-9
　17-4-1　功能特色 17-9
　17-4-2　應用場景 17-10
　17-4-3　風格轉換圖生圖實作 17-10
　17-4-4　文字描述圖生圖實作 17-13
17-5　Consistent Character（一致角色生成）...... 17-15
　17-5-1　功能特色 17-15
　17-5-2　應用場景 17-15
　17-5-3　角色一致實作 17-15
17-6　Face Swap（變臉）............................. 17-18
　17-6-1　功能特色 17-18
　17-6-2　應用場景 17-18
　17-6-3　變臉實作 17-19
17-7　Dzine 工具列與 Remove Background
　　　（圖像去背）....................................... 17-21
　17-7-1　認識圖像工具列 17-21
　17-7-2　圖像去背實作 17-24

第 18 章　AI 影片製作 – Runway&Sora

18-1　AI 影片基礎知識 18-2
　18-1-1　AI 影片的優點 18-2
　18-1-2　AI 影片的應用 18-3
18-2　影像生成神器 Runway 18-4
　18-2-1　進入 Runway 網站 18-4

18-2-2　Home 環境（Dashboard）............... 18-5
18-2-3　認識 Runway 的功能 18-6
18-3　影片創作 – Generate Video 18-8
　18-3-1　認識創作環境 18-8
　18-3-2　升級付費 Upgrade 18-9
　18-3-3　圖片生成影片 18-10
18-4　建立唇形影片 18-10
　18-4-1　建立颱風導唇形影片 18-11
　18-4-2　唇形語音 AI 魔術師 18-12
18-5　AI 影片生成使用 Sora 18-13
　18-5-1　進入 Sora 18-13
　18-5-2　認識 Sora 視窗 18-14
　18-5-3　文字生成影片 18-15
　18-5-4　影片操作 18-17

第 19 章　AI 簡報 - Gamma

19-1　認識 Gamma 與登入註冊 19-2
　19-1-1　Gamma 的功能特色 19-2
　19-1-2　應用場景 19-2
　19-1-3　Gamma 相較 PowerPoint 的優勢 19-3
　19-1-4　進入 Gamma 網站與註冊 19-3
19-2　AI 生成主題簡報 19-4
　19-2-1　AI 生成簡報 19-4
　19-2-2　分享 19-6
　19-2-3　匯出簡報 19-7
　19-2-4　返回主視窗 19-7
19-3　網址建立 AI 簡報 19-8
　19-3-1　應用場景 19-8
　19-3-2　「明志科技大學招生網址」建立簡報.... 19-9

第 20 章　Coze 開發平台大解密 - 打造專屬 AI 機器人

20-1　初探 Coze 平台 - 開啟 AI 開發新旅程 20-2
20-2　深入個人工作區 - 打造專屬開發環境 20-3
20-3　動手實作 AI agent - AI 開發入門指南 20-3
　20-3-1　建立機器人 (agent) 20-3
　20-3-2　用 Plugins 賦予機器人智慧 20-5
　20-3-3　聊天測試 20-6

20-4　自製天氣查詢機器人 - Coze 平台應用實例 . 20-7
　20-4-1　建立機器人 2 號框架 20-7
　20-4-2　建立機器人 2 號的智慧
　　　　　– Yahoo Weather 20-8
　20-4-3　機器人 2 號的個性與提示 20-8
　20-4-4　天氣預報測試 20-9
20-5　如何 Publish 你的機器人 - 平台串接簡介 .. 20-10

第 21 章　讓影片說中文 - 使用 Memo AI 快速加字幕（電子書）

21-1　Memo AI 快速上手指南 - 下載與安裝步驟
21-2　一步步教你為影片加入中文字幕

目錄

第 1 章

認識 ChatGPT

1-1　OpenAI 公司與 ChatGPT

1-2　ChatGPT 使用環境與註冊

1-3　ChatGPT 初體驗

1-4　管理 ChatGPT 聊天記錄

1-5　聊天主題背景

1-6　備份聊天主題

1-7　自訂 ChatGPT

1-8　ChatGPT 的資料庫時間與智慧搜尋

1-9　ChatGPT 聊天生成圖像

1-10　使用 ChatGPT 必須知道的情況

1-11　ChatGPT App

1-12　筆者使用 ChatGPT 的心得

第 1 章　認識 ChatGPT

ChatGPT 簡單的說就是一個人工智慧聊天機器人，這是多國語言的聊天機器人，可以根據你的輸入，用自然對話方式輸出文字。基本上可以將 ChatGPT 視為知識大寶庫，如何更有效的應用，則取決於使用者的創意，這也是本書的主題。

> 註　本書在介紹 ChatGPT 時，重點是說明免費版的功能。

1-1　OpenAI 公司與 ChatGPT

1-1-1　ChatGPT 是什麼

ChatGPT 是 OpenAI 公司發表的 GPT 架構的人工智慧語言模型，它擅長理解自然語言，並根據上下文生成相應的回應。ChatGPT 能夠進行高質量的對話，模擬人類般的溝通互動。它的主要功能包括回答問題、提供建議、撰寫文章、編輯文字 … 等。ChatGPT 在各行各業都有廣泛的應用，例如：

- 客服中心：可以利用它自動回答用戶查詢，提高服務效率。
- 教育領域：可以作為學生的學習助手，回答問題、提供解答解析。
- 創意寫作：可以生成文章概念、寫作靈感，甚至協助撰寫整篇文章。

此外，ChatGPT 還可以幫助企業分析數據、撰寫報告，以及擬定策略建議等。總之，ChatGPT 是一個具有強大語言理解和生成能力的 AI 模型，能夠輕鬆應對各種語言挑戰，並在眾多領域中發揮重要作用。

1-1-2　認識 ChatGPT

ChatGPT 是 OpenAI 公司所開發的一系列 GPT 的語言生成模型，GPT 的全名是 "Generative Pre-trained Transformer "，目前已經推出了多個不同的版本，包括 GPT-1、GPT-2、GPT-3、GPT-4、GPT-4o、GPT-4.5、o1、o3-mini、o3-mini-high、… 等。

Generative Pre-trained Transformer 如果依照字面翻譯，可以翻譯為生成式預訓練轉換器。整體意義是指，自然語言處理模型，是以 Transformers（一種深度學習模型）架構為基礎進行訓練。GPT 能夠透過閱讀大量的文字，學習到自然語言的結構、語法和語意，然後生成高質量的內文、回答問題、進行翻譯等多種任務。

1-1-3　不斷進步的 ChatGPT

ChatGPT 不斷進步中,除了「聊天-智慧回應」,也增加了:

- Reason(推理):o3-mini 版,可應用在總結文字、構思、制定計劃…。
- Search(搜尋):從此擺脫了 AI 資料庫時間老舊的問題。
- Project(專案):用專案整理聊天項目。
- Canvas(畫布):讓我們與 ChatGPT 聊天時,從「片段生成」到「全篇整合」。
- 視訊:ChatGPT App 讓我們可以與 ChatGPT 視訊聊天。
- Task(任務):可以依據我們指示,定時執行工作。
- Operator:這是 OpenAI 公司的 AI Agents。

1-1-4　OpenAI 公司的三大主流產品

OpenAI 公司最著名的產品,就是他們在 2022 年 11 月 30 日發表了 ChatGPT 的自然語言生成模型,由於在交互式的對話中有非常傑出的表現,目前已經成為全球媒體的焦點。OpenAI 公司在人工智慧領域取得了許多成就,主要是開發了 3 個產品,分別是:

- ChatGPT:這是目前 AI 領域最重要的產品之一。
- DALL-E:可依據自然語言生成圖像,此功能已經整合到 ChatGPT 內了。
- Sora:OpenAI 於 2024 年 12 月正式推出的 AI 文字轉影片工具,能夠根據文字描述生成高品質、逼真的影片。

1-2　ChatGPT 使用環境與註冊

2024 年 4 月 1 日,OpenAI 公司宣佈,讀者可以不需註冊,即可以使用 ChatGPT 的功能。不過會造成 ChatGPT 無法保存聊天記錄,建議還是註冊與使用 ChatGPT。

1-2-1　不註冊與認識 ChatGPT

請輸入「https://openai.com」進入 OpenAI 公司網站,

第 1 章　認識 ChatGPT

進入上述環境後，可以看到下列幾個主要欄位：

❏ Prompt 輸入

「Prompt 輸入」是與生成式 AI（例如 ChatGPT、Midjourney、Stable Diffusion 等）互動時的關鍵機制。

- 引導生成內容：你輸入什麼，AI 就根據這些文字來產生對應的文字、圖像、音訊、影片等內容。
- 控制輸出風格與格式：例如你可以指定語氣「請用幽默方式說明」，或格式「請用表格列出比較」。
- 提供背景或上下文：例如「假設你是一位健身教練，請設計一週的菜單」，AI 就會用教練的角度來回應。
- 多輪對話追蹤與修改：你可以持續追加輸入，像「幫我把剛剛的回答改成更正式的語氣」，AI 就會根據前面的 prompt 記憶來修改。
- 激發創造力與靈感：Prompt 是創作者與 AI 合作的橋樑。精準、清楚、有創意的 prompt 能帶來驚人的輸出結果。

❏ 上傳檔案

當你使用 ChatGPT 的「上傳檔案功能」時，你可以將檔案直接傳給 AI，讓 ChatGPT 協助你閱讀、分析、整理或修改檔案內容。這功能對於處理 Word、PDF、Excel、圖片等檔案特別實用。

- ChatGPT 上傳檔案功能的用途

功能類型	說明
閱讀檔案內容	例如 Word、PDF、TXT、CSV 等，ChatGPT 可幫你讀出內容摘要或重點。
分析表格資料	上傳 Excel 或 CSV，ChatGPT 可協助你整理資料、統計分析、繪製圖表。
協助編寫或修改	上傳簡報、履歷、企劃書，ChatGPT 可幫你潤飾內容、修改語氣、排版建議。
圖片辨識（Pro 版本支援）	上傳圖片，AI 可辨識其中的圖文資訊（例如照片內容、表格掃描、手寫文字等）。
找錯與比對內容	比對兩份文件的異同、找出錯別字、修改建議等。

- 支援的檔案格式（常見類型）
    - .txt, .docx, .pdf, .csv, .xlsx（文字與表格）。
    - .jpg, .png, .webp（圖片）。
    - 其他資料檔：如 .json, .md, .xml 也常支援。
- 使用方式
    - 點選對話框下方的「🔗」圖示（或是「Upload file」）。
    - 選擇檔案並上傳。
    - 上傳後，你可以說：
        - 「請幫我整理這份 PDF 的摘要」
        - 「請讀取 Excel，幫我計算各月份的平均銷售量」。
- 注意事項
    - 每次上傳大小與格式會有限制（約 20MB 以內較穩定）。
    - 文字掃描圖片的辨識能力需看版本（GPT-4o 支援圖片辨識）。

❏ 搜尋

當你在 ChatGPT 中使用「搜尋」功能（也叫 Web browsing 或 Browse with Bing），就是讓 ChatGPT 可以連上網路，即時查找最新資訊、網站內容或實際資料來源，來幫助你完成問題的解答。

- ChatGPT「搜尋」功能是什麼？它讓 ChatGPT 能夠：
    - 即時連線到網路。

- 使用 Bing 或其他搜尋引擎。
- 查找最新資料（新聞、價格、趨勢）。
- 瀏覽網頁、閱讀摘要並回報重點給你。

● 常見用法實例

用途	說明
最新消息	「請幫我找 2025 年台灣總統大選的最新民調結果」
商品比價	「哪個網站上的 iPhone 16 Pro 價格最便宜？」
活動查詢	「今天台北有哪些演唱會？」
學術資料	「幫我找幾篇 2024 年關於 AI 醫療應用的研究報告」
網站內容	「請總結這個網址的內容：https://...」

● 使用方式（ChatGPT Plus 用戶）

- 進入設定 → 打開「Beta features」→ 開啟 Browse with Bing。
- 在與 ChatGPT 的對話中輸入問題，例如：
  ◆ 「幫我搜尋目前日幣匯率是多少」。
- ChatGPT 會顯示「正在搜尋」並顯示來源網址。
- 回覆內容會附帶引用的資訊來源。

● 注意事項

- 搜尋結果會有延遲幾秒。
- 有些網站（需登入或內容受限）無法完全讀取。
- ChatGPT 會提供概括內容 + 網址來源。

❑ 推理功能

當我們說 ChatGPT 有「推理功能」時，指的是它能根據你給的資訊，進行邏輯判斷、條件分析、步驟推導，甚至預測結果。這讓 ChatGPT 不只是回答問題，而是像一位思考邏輯嚴謹的助理，能幫你解題、分析、做決策或推導流程。

- 「推理功能」的核心能力包括

功能類型	說明
邏輯推論	判斷語意是否合理,例如:若 A > B 且 B > C,則 A > C。
數學推導	解數學題、代數式、統計分析,能逐步計算並列出過程。
條件分析	根據多個條件找出最佳解,例如:符合預算、地點、時間的活動。
流程規劃	根據需求推導步驟,例如:創業流程、專案計畫或寫程式邏輯。
因果關係分析	例如:「如果工廠產能下降,對成本與交期有何影響?」
模擬與預測	根據假設做推演,如:「若利率上升,房價可能如何變動?」

- 實例

1. 邏輯推理
   - 小明比小美高,小美比小華高,誰最高?
   - ChatGPT 會推論:「小明 > 小美 > 小華,所以小明最高。」

2. 數學解題
   - 一個三角形兩邊長為 3 和 4,夾角為 90 度,求第三邊。
   - ChatGPT 會使用畢氏定理計算出第三邊為 5。

3. 條件選擇
   - 我有一萬元預算,要在台北找飯店三天兩夜,包含早餐、有停車位,請幫我挑幾間。
   - ChatGPT 會根據條件過濾、排序並提出建議。

- 推理功能的應用場景
   - 商業決策(利潤分析、預算分配)。
   - 程式設計邏輯分析。
   - 生活判斷(旅遊計畫、購物比價)。
   - 學術推理(數學、物理、邏輯題)。

❏ 語音輸入

當你使用 ChatGPT 的「語音輸入」功能時,就是直接講話給 ChatGPT 聽,讓它將你的語音即時轉換成文字,並依據這段文字進行回覆或操作。這就像你在和 AI「用講的對話」,而不需要打字!

第 1 章 認識 ChatGPT

- **語音輸入功能是什麼**：語音輸入是透過語音辨識（Speech-to-Text）技術，把你說的話自動轉換成文字輸入，再交由 ChatGPT 理解與回應。
- **語音輸入的功能與用途**

功能	說明
自然對話	直接講出問題或指令，AI 即時回應
口述寫作	用講的寫信、寫文章、記筆記
行動裝置輸入更方便	在手機或平板上特別實用，不需打字
多語言支援	可辨識多種語言，像英文、中文、日文等
無障礙用途	為視障者或不方便打字的人提供輔助方式

- **ChatGPT 支援的語音技術**：ChatGPT 使用 OpenAI 自家的 Whisper 語音辨識系統，準確率高、反應快速，還可辨識多種語言與口音
- **實用情境舉例**
    - 「我下週要去東京旅遊，可以幫我規劃三天行程嗎？」
    - 「幫我記錄一下今天會議的三個重點」
    - 「幫我寫封郵件回覆老闆，說我下週五要請假」
    - 「請幫我查一下今天台北的天氣」

1-2-2　註冊與登入帳號

註冊與登入帳號後，將看到下列 ChatGPT 視窗畫面。

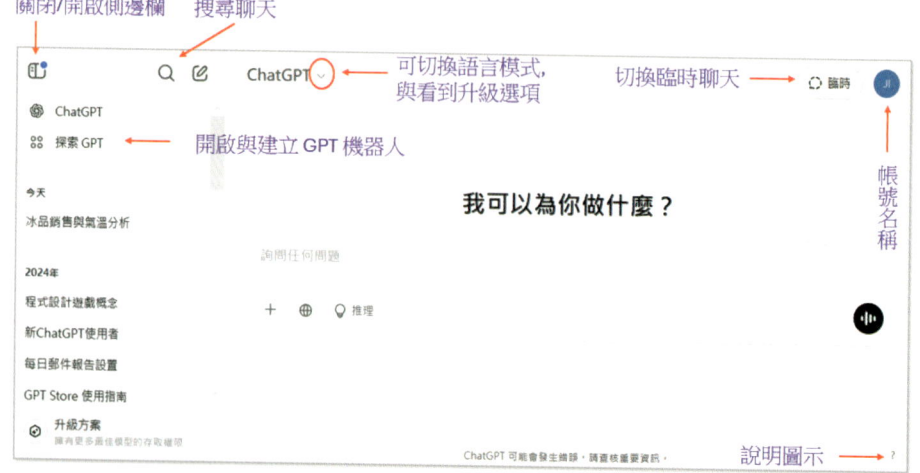

1-2 ChatGPT 使用環境與註冊

❏ 關閉或開啟側邊欄

- 開啟側邊欄狀態：可以參考上圖，如果將滑鼠游標移至此圖示⬜，點選此圖示，可以關閉側邊欄。
- 關閉側邊欄狀態：如果將滑鼠游標移至此圖示⬜，點選此時點選此圖示，可以開啟側邊欄。

❏ 搜尋聊天

當你在使用 ChatGPT 時，「搜尋聊天」功能可以幫助你快速在過去的對話紀錄中找出你想要的內容，就像在自己的聊天筆記裡搜尋關鍵字一樣，非常方便！

- 「搜尋聊天」功能是什麼：它是一個用來搜尋你和 ChatGPT 所有對話紀錄的工具，讓你可以輸入關鍵字，快速找出之前曾經討論過的內容。
- 功能用途

功能	說明
查找過去內容	想找「某個 ChatGPT 幫你寫的履歷內容」，只要輸入「履歷」就能找到當時的對話。
回顧學習紀錄	查找你問過的某個知識點、程式語法、公式解釋等。
整理知識庫	把你和 ChatGPT 的聊天當成一種「知識筆記」，搜尋就像在翻書一樣。
延續討論主題	找回上次中斷的對話，繼續接著問，不需要重頭再來。

- 如何使用？
    - 在 ChatGPT 左側的聊天清單上方，會有一個「🔍 搜尋框」。
    - 輸入關鍵字（例如「PPT」、「PDF」、「投資理財」、「Python」）。
    - 系統會列出所有包含這些關鍵字的聊天標題。
    - 點進去即可重新開啟那次對話內容。
- 小提醒
    - 搜尋的是「你和 ChatGPT 的歷史對話紀錄」，不會查網路的內容。
    - 搜尋結果根據對話標題與內容排序，可能需要稍微翻找。
    - 若有太多聊天記錄，也可以考慮使用「固定對話」或「重新命名對話標題」來分類整理。

第 1 章　認識 ChatGPT

- 實用情境：
  - 「上次我問過 Excel 畫圖怎麼做，現在想再看一次」。
  - 「我記得我寫了一封英文自我介紹信，但忘記在哪個對話裡」。
  - 「我要繼續上週寫的小說，可以幫我找回那段劇情？」。

❏ 說明圖示

視窗右下方是 ? 圖示，我們可以稱此為說明圖示，點選此圖示可以看到下面提示畫面。

可以看到下列說明問題：

- 說明與常見問題：點選可以開新的瀏覽器頁面顯示常見的問題與解答。
- 版本說明：點選可以開啟新的瀏覽器頁面，顯示最新版本訊息。
- 條款與政策：點選可以開啟新的瀏覽器頁面，顯示系列使用 ChatGPT 的條款和政策。
- 鍵盤與快捷鍵：是顯示使用 ChatGPT 的快捷鍵，可以參考下表。

鍵盤快速鍵						
開啟新的聊天	Ctrl	Shift	O	設定自訂指示	Ctrl	Shift	I
專注於聊天輸入		Shift	Esc	切換側邊欄	Ctrl	Shift	S
複製最後的程式碼區塊	Ctrl	Shift	;	刪除聊天記錄	Ctrl	Shift	⌫
複製最後的回應	Ctrl	Shift	C	顯示快捷鍵		Ctrl	/

1-10

1-2-3　升級至 Plus

ChatGPT 右邊有 ˇ 圖示，點選 ChatGPT Plus 升級鈕 (或是側邊欄左下方升級方案也是可以執行升級計畫)。如果點選「升級至 Plus」，將看到下列畫面。

看到上述畫面後，再點選取得 Plus 或取得 Pro，就可以看到要求輸入信用卡訊息。

1-3　ChatGPT 初體驗

1-3-1　與 ChatGPT 聊天的原則

與 ChatGPT 聊天時，只要掌握幾個簡單又實用的互動原則，就能更有效率、更有樂趣地得到你想要的回答。以下是最重要的幾個原則整理：

❑ **與 ChatGPT 聊天的七大原則**

原則	說明
明確表達你的目的	清楚告訴 ChatGPT「你想要什麼」，例如：「幫我寫一封請假信」、「請用表格說明」
給予足夠的背景	提供上下文，AI 才能更精準地回應，例如：「我是一位行銷人員，請幫我規劃社群貼文內容」

1-11

第 1 章　認識 ChatGPT

原則	說明
一步一步提問	尤其是複雜問題時，先問一小步，再逐步加深，這樣回覆會更貼近需求。
具體描述風格或格式	例如：「請用幽默語氣說明」，或「請用表格整理」可讓回答更符合你喜好。
鼓勵 ChatGPT 修正或再試一次	不滿意時，可以說：「請再換個方式說明」或「幫我重寫成更簡單的版本」。
善用多輪對話延伸問題	ChatGPT 會記住對話上下文，你可以接著說「那用英文講一遍」或「幫我改成口語版」。
保持禮貌、開放心態	像與朋友對話一樣，自然、友善地互動，能激發更多創意和合作感。

❏ 延伸技巧

- 想讓 ChatGPT 扮演角色

「你現在是一位資深導遊，幫我設計東京三日遊行程」。

- 想要程式碼解釋

「這段 Python 程式碼是做什麼的？請幫我逐行解釋」。

- 想摘要 PDF

「這份 PDF 幫我摘要重點，用條列式整理」。

- 想學語言

「請用英文解釋這句中文，並列出 3 個關鍵單字」。

❏ 小提醒

- 不用擔心說錯，ChatGPT 很包容，也不會「生氣」或「累」。
- 可以請它幫你想問題、列清單、重寫句子、模擬對話、角色扮演 …。
- 你給的資訊越完整，ChatGPT 給的回答就越貼近你的期待。

1-3-2　第一次與 ChatGPT 聊天

請在輸入文字框，輸入你的聊天內容。

1-3 ChatGPT 初體驗

嗨，我是第一次使用 ChatGPT，請用一句話鼓勵我今天過得更好

＋　⊕　💡 推理　　　　　　　　　　　　　　　　　

我們的輸入「嗨，我是第一次使用 ChatGPT，請用一句話鼓勵我今天過得更好」稱 Prompt。上述請按 Enter，可以將輸入傳給 ChatGPT。或是按右邊的發送訊息圖示 ↑，將輸入傳給 ChatGPT。讀者可能看到下列結果。

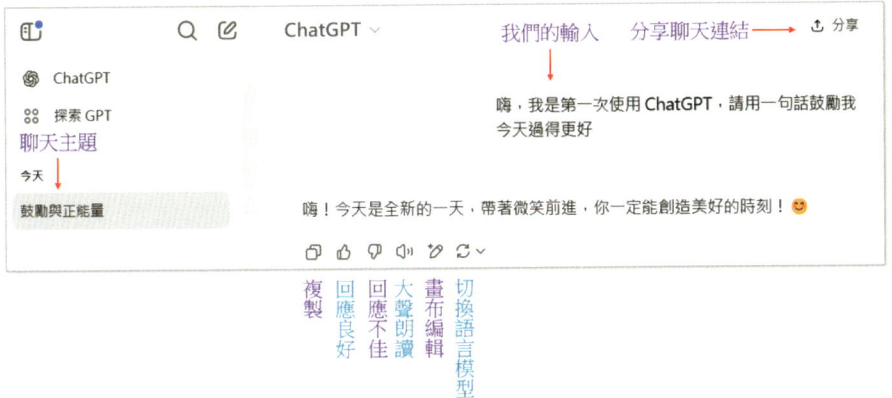

> 註　即使用相同的 Prompt，ChatGPT 可能會在不同時間點，或是不同人，使用不同的文字回應內容。

從上述可以看到第一次使用時，會產生一個聊天標題，此標題內容會記錄你和 ChatGPT 之間的聊天。

1-3-3　顯示與切換語言模型

在 ChatGPT 回應下方有 ↻ 圖示，點選此圖示可以顯示 / 切換語言模型。請點選，將看到下列畫面：

第 1 章　認識 ChatGPT

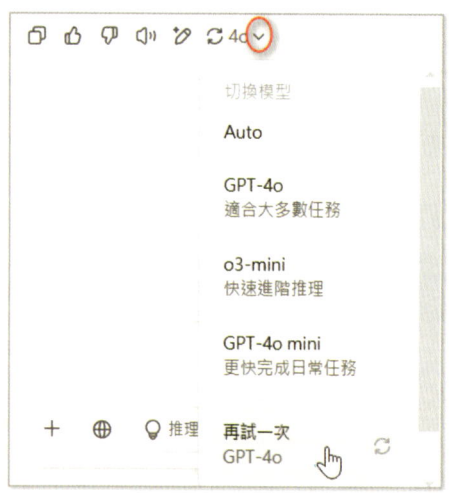

上述可以看到多個免費 ChatGPT 可以應用的語言模型，預設是 GPT-4o 模型，如果想用推理模型，可以選擇 GPT-4o mini 或 o3-mini。

1-3-4　再試一次

在與 ChatGPT 互動過程中，有時候我們會發現 AI 的回覆不夠精準、不合你心意、或不完整，這時就可以請 ChatGPT「重新回應」。這是對話中很自然的一部分，就像請朋友「再說一次、換個方式講」一樣！

❏ **哪些情況下可以請 ChatGPT 重新回應？**

情況	說明	建議說法
回答不清楚或太抽象	回答太籠統或看不懂重點	「請再說明得更清楚一點」「可以用更簡單的說法嗎？」
語氣或風格不合	你想要幽默 / 專業 / 親切 / 口語等不同語氣	「請改成幽默一點的語氣」「幫我用正式商業的方式寫」
內容太長或太短	你覺得太囉唆或不夠完整	「可以精簡成三行摘要嗎？」「請補充更多細節」
想換個角度或角色	想要 AI 用不同身分來回答	「請用醫生的觀點說一次」「換成高中生視角來說說看」
內容錯誤或不符合邏輯	答錯了、資料過時或你有更正資訊	「這個資料有誤，請根據 2025 的新法規再寫一次」
沒有對準你的問題重點	沒有針對你最在意的部份回答	「請聚焦在我問的第二點」

1-3 ChatGPT 初體驗

❑ 如何請 ChatGPT 重新回應？

你可以用以下句子作為提示：

- 「請重寫一遍，但更有條理」
- 「幫我用條列式重述剛才的內容」
- 「請換個說法重新說一次」
- 「剛剛的回答太複雜了，可以再簡化嗎？」
- 「幫我加上一個例子來說明」

如果你在網頁或 App 上，也可以點選「重新產生回應」 ⟳ 圖示。

❑ 小提醒

- ChatGPT 是為了「反覆調整直到你滿意」而設計的。
- 你越明確地說出「希望怎麼改」，它就越能精準地幫你！

1-3-5 分享

ChatGPT 的「分享對話連結」功能，能讓你把你和 AI 的對話內容，以連結方式分享給別人，對學習、討論、工作或展示成果都非常方便！

❑ 什麼是「分享對話連結」？

就是把你跟 ChatGPT 的整段對話，轉成一個網頁連結，別人只要點開，就能看到你這段對話的內容（但不會看到你的帳號資訊，內容是只讀的）。

❑ 適合使用分享對話連結的場合

情境	說明
教學用途	教師、講師或學生可分享 AI 解釋一個概念的對話給其他人學習
工作協作	把 AI 幫你生成的文案、程式、報告規劃等，傳給同事討論
創作展示	分享 AI 幫你寫的詩、故事、角色對話，展示創意成果
請別人接續討論	請別人幫忙補充、延伸內容，或進行下一階段的創作
記錄與備份	把某段有價值的對話存下來、加到筆記或 Notion 裡
展示使用範例	例如寫部落格、寫書、辦工作坊時，用來示範 ChatGPT 對話流程

第 1 章　認識 ChatGPT

❑ 如何操作分享連結？

1. 開啟你想分享的對話。

2. 點選右上角 分享 按鈕。

3. ChatGPT 會產生一個對話方塊，像這樣：

4. 請點選建立連結鈕，將看到下列對話方塊。

5. 請點選複製連結鈕後，你就可以貼到 LinkedIn、FB、Line、Email、Notion、簡報等地方分享了。

1-4　管理 ChatGPT 聊天記錄

　　使用 ChatGPT 久了以後，在側邊欄位會有許多聊天記錄標題。建議一個主題使用一個新的聊天記錄，方便未來可以依據聊天標題尋找聊天內容。

1-4 管理 ChatGPT 聊天記錄

> **註** ChatGPT 宣稱可以記得和我們的聊天內容，但是只限於可以記得同一個聊天標題的內容，這是因為 ChatGPT 在設計聊天時，每次我們問 ChatGPT 問題，系統會將這段聊天標題的所有往來聊天內容回傳 ChatGPT 伺服器 (Server)，ChatGPT 伺服器會由往來的內容再做回應。

1-4-1 建立新的聊天記錄

如果一段聊天結束，想要啟動新的聊天，可以點選 新聊天 圖示。或是點選下列側邊欄的 ChatGPT，也可以有新的聊天。

1-4-2 編輯聊天標題

第一次使用 ChatGPT 時，ChatGPT 會依據你輸入聊天內容自行為標題命名。為了方便管理自己和 ChatGPT 的聊天，可以為聊天加上有意義的標題，未來類似的聊天，可以回到此標題的聊天中重新交談。如果你覺得標題不符想法，可以點選此標題右邊的 ⋯，然後執行「重新命名」可以為標題重新命名。

1-4-3 刪除特定聊天主題

使用 ChatGPT 久了會產生許多聊天主題，如果想刪除特定聊天主題，請參考上圖，可以點選 ⋯ 圖示，然後執行「刪除」指令。

1-4-4 刪除所有聊天段落

點選視窗右上方的用戶名稱縮寫，可以看到選項設定，然後請點選設定。

看到設定聊天方塊，點選一般的刪除全部鈕，就可以刪除所有的聊天標題。

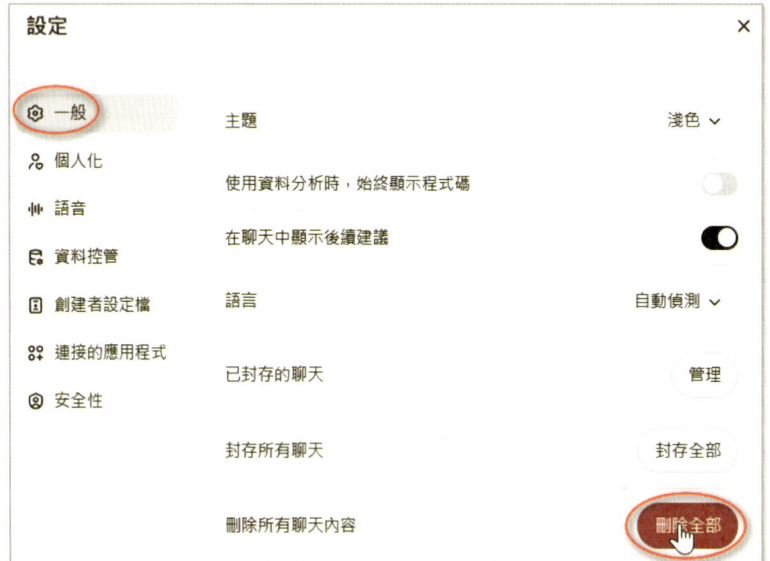

1-5 聊天主題背景

聊天主題背景有系統 (System 介面)、深色 (Dark 介面) 和亮色 (Light 介面) 等 3 種模式，在一般選項下，點選「主題」右邊，可以看到聊天背景選項。真實的說只有 2 種介面，因為預設系統本身是淺色介面。

1-6 備份聊天主題

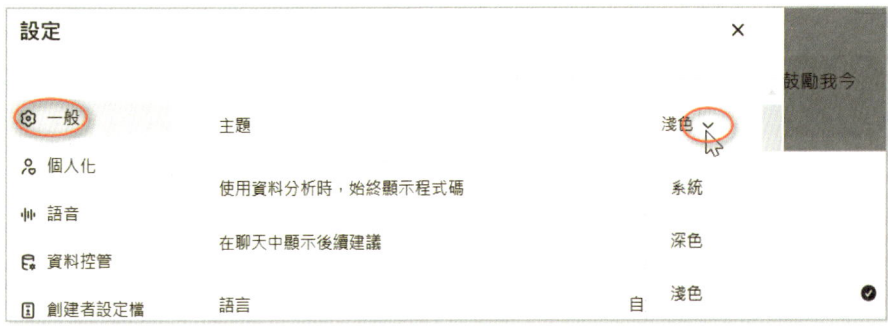

如果選擇深色介面,如上所示,未來聊天背景就變為暗黑底色,如下所示:

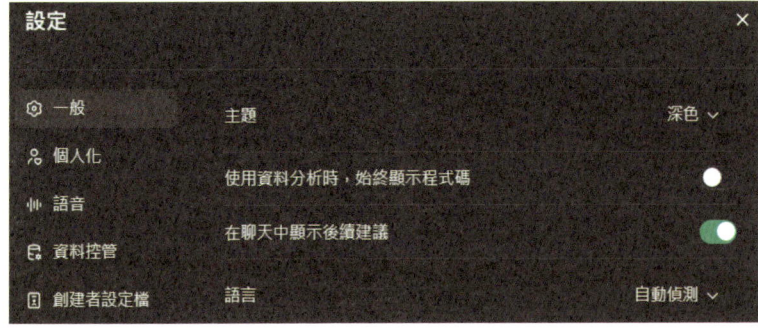

筆者習慣使用淺色介面,據說許多技術工程師喜歡深色介面。

1-6 備份聊天主題

1-6-1 儲存成網頁檔案

我們可以將聊天主題完整內容儲存成網頁檔案,首先顯示要儲存的聊天主題,將滑鼠游標移到 ChatGPT 聊天主題頁面,按一下滑鼠右鍵,會出現快顯功能表。

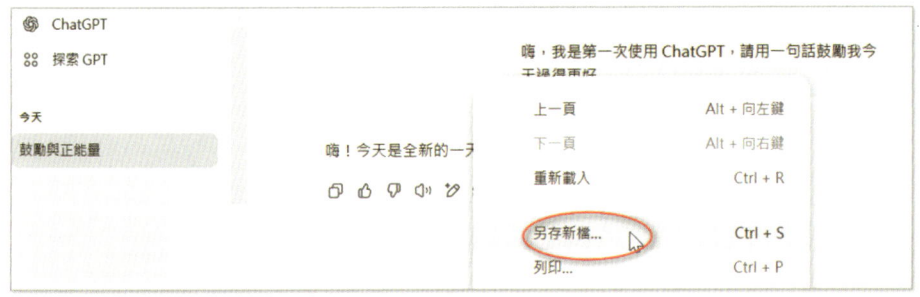

1-19

第 1 章 認識 ChatGPT

請執行另存新檔，會出現另存新檔對話方塊，請選擇適當的資料夾，此例用聊天主題當作檔案名稱，如下所示：

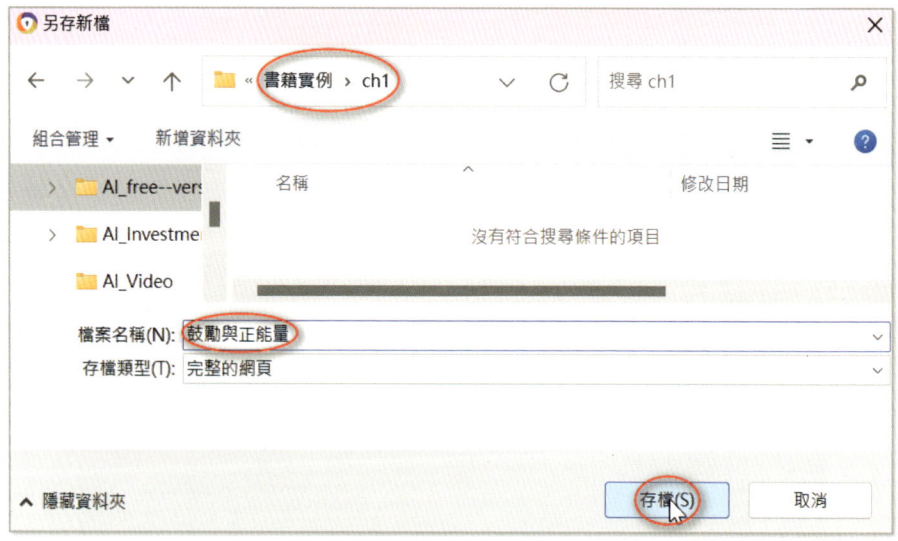

上述請按存檔鈕，未來可以在指定資料夾，看到所存的檔案。

未來點選網頁可以看到主要聊天主題，點選聊天主題就可以看到聊天內容。

1-6-2 儲存成 PDF

我們可以將聊天主題特定內容或是當下瀏覽頁面儲存成 PDF 檔案，首先顯示要儲存的聊天主題頁面，將滑鼠游標移到 ChatGPT 聊天主題頁面，按一下滑鼠右鍵，會出現快顯功能表。

請執行列印，出現列印對話方塊，目的地欄位請選擇另存為 PDF。

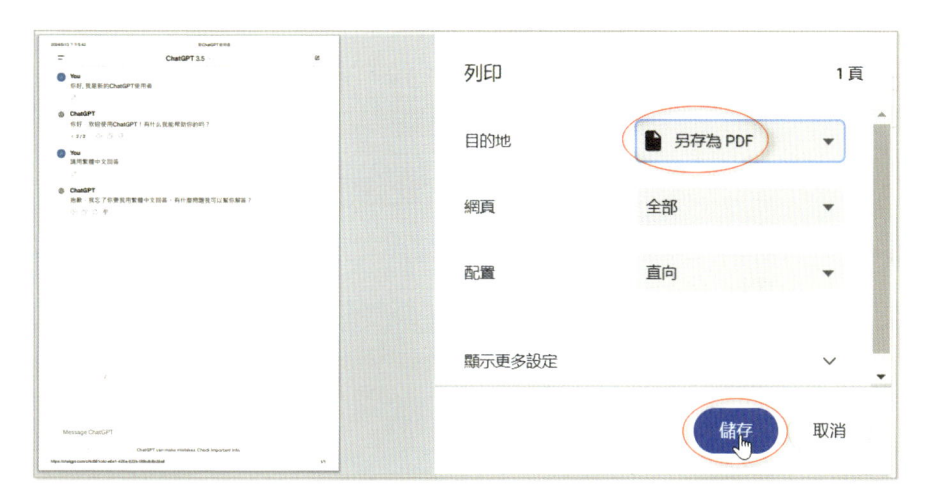

上述請點選儲存鈕，會出現另存新檔對話方塊，輸入 PDF 檔案名稱，就可以將當下頁面儲存成 PDF 檔案。註：僅是當下頁面，不是整個聊天記錄。

1-7　自訂 ChatGPT

使用 ChatGPT 時，也可以打造個人特色的 ChatGPT，此功能稱「自訂 ChatGPT」。點選視窗右上方的帳號名稱，可以看到此指令選項。

1-21

第 1 章　認識 ChatGPT

請點選自訂 ChatGPT 指令，可以看到要求輸入 4 個訊息，分別是：

請往下捲動：

1-8 ChatGPT 的資料庫時間與智慧搜尋

當你回答後，如果按儲存鈕，未來 ChatGPT 回應你的對話時，可以針對你所提供的需求回答。

1-8 ChatGPT 的資料庫時間與智慧搜尋

1-8-1 了解目前 ChatGPT 的資料庫時間

我們可以用下列方式了解目前 ChatGPT 語言模型的資料庫時間。

> 請說明你的資料庫時間
>
> 我的主要知識庫更新至 2024年6月，但我可以使用網路搜尋來獲取最新資訊。如果你需要 2024 年世界棒球 12 強賽的最新結果，我可以幫你查詢！要我搜尋最新資訊嗎？ 😊

1-8-2 自動搜尋

儘管 ChatGPT 有資料庫時間限制，但是當我們詢問的問題，ChatGPT 無法用自身訓練資料回應時，會啟動自動搜尋功能，可以參考下列實例。

> 請說明2024年世界棒球12強賽的冠軍隊
>
> 在2024年世界棒球12強賽中，中華台北隊在冠軍戰以4比0擊敗日本隊，贏得冠軍。
> 維基百科，自由的百科全書 +6
>
> 這場比賽中，投手群表現出色，成功壓制日本隊的打線。
>
> 這是中華台北隊首次贏得世界棒球12強賽冠軍。 維基百科，自由的百科全書 +1

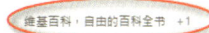

當啟用自動搜尋功能時，會在輸出文字右邊，同時顯示資料來源。

1-9 ChatGPT 聊天生成圖像

自 2024 年起，免費版 ChatGPT 使用者也能體驗到基本的圖像生成功能。透過與 AI 對話的方式，用自然語言描述一個場景或主題，ChatGPT 就能自動為你生成一張對應的圖片。

1-9-1 免費版繪圖

❑ 功能特色

- 以文字描述產生圖像（Text to Image）：只要輸入像「畫一隻在月球上跳舞的貓」，AI 就能創造出對應畫面。
- 圖像由 DALL-E 技術支援：使用 OpenAI 的 DALL-E 模型來生成圖像，風格多變、創意十足。
- 直接在對話中生成：不需要安裝額外軟體，在聊天過程中就能說：「請畫一張 ...」，然後就會出現圖像。

❑ 注意事項

- 免費版生成圖像速度可能較慢，且每日生成次數可能有限。
- 圖像解析度與細節相較付費版本較低。
- 某些內容（暴力、敏感、人物肖像）會被系統過濾或禁止生成。

1-9-2 AI 繪圖基本技巧

文字生成圖像的技術涉及幾個關鍵步驟和技巧，這些可以幫助創造更準確和具有吸引力的圖像。以下是一些基本的技巧和建議：

1. 明確且具體的描述：提供清晰、具體的細節來描述你想要創造的圖像。這包括場景、物體、人物、顏色、光線和氛圍等元素，越具體的描述通常會獲得更準確的結果。
2. 視覺化思考：在構思圖像時，嘗試在你的腦海中視覺化它。想像圖像中的每個元素如何互相作用，這可以幫助你更好地描述你想要的結果。
3. 平衡細節與創意：在描述時，找到提供足夠細節和保留一定創造空間之間的平衡。過於繁瑣的描述可能限制了創造性，而過於模糊的描述則可能導致不準確的結果。
4. 使用比喻和類比：使用比喻和類比可以幫助說明更抽象的概念，使生成的圖像更加豐富和有趣。
5. 適當的複雜度：根據使用的工具和技術的能力，調整描述的複雜度。有些工具和技術對處理複雜場景的能力有限，因此簡化描述可能更有利於獲得清晰的結果。

6. 反覆實驗：不同的描述會產生不同的結果。不要害怕實驗和修改你的描述，以找到最佳的表達方式。
7. 考慮文化和語境因素：圖像生成時應考慮文化背景和語境，這對於確保圖像的相關性和敏感性非常重要。
8. 遵守道德和法律指南：在創建圖像時，重要的是遵守相關的道德和法律指南，特別是與版權、隱私和敏感內容相關的指南。

1-9-3 繪圖實例

筆者測試，先前免費版可以每天限量的直接繪圖，近期又收回此功能，你將看到下列畫面：

> 畫出未來的 AI 教室，學生是機器人
>
> 抱歉，我在生成圖片時遇到了錯誤，無法畫出未來的 AI 教室與機器人學生。如果您有其他需求，請告訴我，我會盡力幫助您！

下列是免費版的 ChatGPT，進入 GPT 的 DALL-E，用相同 Prompt 繪圖的實例。更完整進入 GPT 的 DALL-E 之細節，未來可以參考 5-2 節。

1-10 使用 ChatGPT 必須知道的情況

❑ 繼續回答 Continue generating

如果要回答的問題太長，ChatGPT 無法一次回答，回應會中斷，這時可以按螢幕下方的繼續生成鈕，繼續回答。

```
它們的冒險故事散發著星星的光輝，感動著星際生命。每一次的宇宙之旅，都讓七星的星光更加燦爛，成為宇宙中最璀璨的存在。

在宇宙之旅的歲月中，七星見證了星際文明的興衰，見證

                                            ▷▷ 繼續生成
```

❑ 中止回答 Stop generating

如果回答感覺不是很好，或是 ChatGPT 會過度的回答問題，在回答過程可以使用 Stop generating 鈕中止回答，可以參考下方右邊的圖示。

```
Message ChatGPT                              ⬤
```

❑ 同樣的問題有多個答案

同樣的問題問 ChatGPT，可能會產生不一樣的結果，所以讀者用和筆者一樣的問題，也可能獲得不一樣的結果。

1-10 使用 ChatGPT 必須知道的情況

❏ 可能會有輸出錯誤

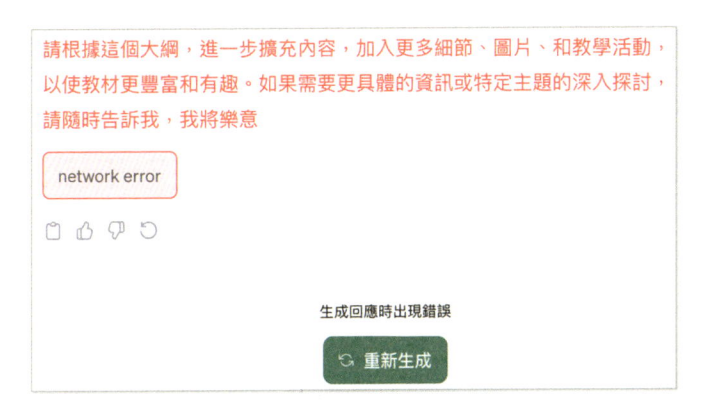

這時需要按重新生成鈕。

❏ 出現簡體中文回答

在使用 ChatGPT 時，用繁體中文問，可是 ChatGPT 用簡體中文回答，這時可以直接請 ChatGPT 用繁體中文回答。

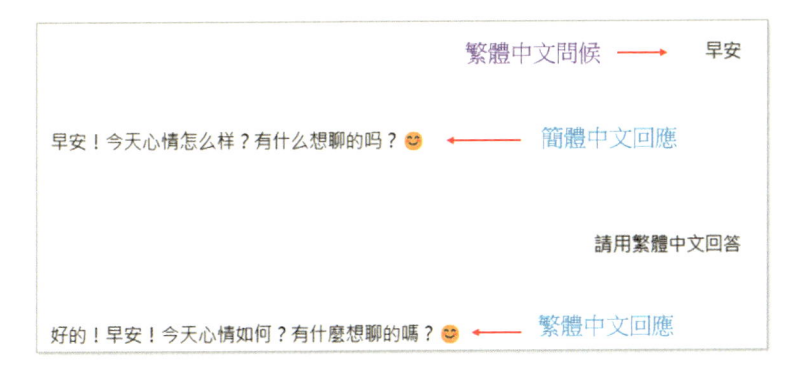

❏ 免費 4o 版本使用

即使是免費的用戶，ChatGPT 也會主動給予 Plus 付費用戶的 4o 語言模型，當使用到達一定限度時，會出現類似下列訊息。

雖然仍可以免費用 ChatGPT，但是會改為用其他舊版模型。

1-27

1-11 ChatGPT App

2023 年 5 月 OpenAI 公司發表了 ChatGPT 的 App，因此我們已經可以在手機上使用 ChatGPT。讀者需注意的是，類似的 App 有許多，為了避免被誤導，我們可以使用 ⓢ 商標認清楚，到底哪一個 App 才是真的 ChatGPT。

正式版的 ChatGPT 會有登入過程，登入完成後，開啟左側邊欄可以看到聊天記錄。

❏ 基礎聊天畫面

開啟左邊的側邊欄後，可以看到聊天記錄。ChatGPT App 的優缺點 (功能特色) 如下：

- 優點：支援語音輸入。
- 缺點：目前只支援英文、簡體中文拼音輸入。雖然看得懂繁體中文，但是不支援繁體中文輸入，如果讀者用語音輸入則出現的是簡體中文，如果發音無法很準確，可能會出現輸入錯誤。解決方法是讀者可以在備忘錄 App 輸入繁體中文，修正內文，再複製和貼到 ChatGPT 的輸入區。

❏ 進階語音

進階語音功能是指可以和 ChatGPT 的伺服器直接聊天，請點選 🎤 圖示，可以進入此聊天模式。首先讀者可以看到預設的聲音，或是選擇語音（可想成選擇和我們聊天的發音員），如下：

點選開始使用鈕後，就可以進行語音聊天了。

1-12 筆者使用 ChatGPT 的心得

自從 2022 年 11 月 OpenAI 推出 ChatGPT 公開測試以來，筆者體驗了與 AI 對話的全新互動方式。對筆者而言，ChatGPT 不僅是一個問答機器，更像是一位隨時待命的私人助理、創意夥伴、學習導師與文字幫手。

同時，筆者感受到 ChatGPT 的幾個進步象徵如下：

- 速度越來越快
- 回應也越來越聰明
- 可以回應更長的答案而不中斷

應該是 OpenAI 公司有不斷的增加伺服器，內部語言模型也因應實際做改良。簡單的說，ChatGPT 的功能是取決於你的創意，本書所述內容，僅是 ChatGPT 功能的一小部分。

筆者在使用初期，只是抱著好奇心試著與它聊天，沒想到卻意外發現 ChatGPT 不但能理解自然語言，還能生成各種實用的內容，例如：寫文章、做簡報、寫履歷、練英文，甚至還能規劃旅遊行程或幫忙寫程式。

許多筆者的教育工作者朋友也發現，ChatGPT 可以幫學生理解抽象概念、寫作練習、設計測驗題目；而職場朋友則用它來撰寫企劃書、整理會議記錄、甚至模擬商業對談。

在這段使用歷程中，筆者最大的感受是：「它不會取代人，而是讓人變得更有效率。」尤其當 ChatGPT 升級到 GPT-4o 或 4.5 後，許多人明顯感受到它的邏輯性、創意表現與理解力大幅提升，加上圖片辨識、語音、文件上傳等功能陸續加入，更讓 AI 成為日常生活與工作的好幫手。

當然，使用過程中也有挑戰。例如：如何給出精準的 prompt、如何判斷 AI 給出的資料是否正確、如何在創意與現實間取得平衡。不過，這些挑戰也促筆者不斷學習與成長，甚至朋友圈出現了「Prompt 工程師」這樣的新角色。

總體而言，自從 ChatGPT 問世以來，它改變了許多人與知識、文字、創作的互動方式，也改寫了我們對 AI 工具的想像。對於許多體驗過它的人來說，ChatGPT 已不再只是科技新聞裡的一個名字，而是真正進入生活、陪伴工作與創作的智慧夥伴。

第 2 章

ChatGPT 的基本應用

2-1 認識 Prompt

2-2 依據程度回應我們

2-3 文案製作 - 描述主題到大綱制定

2-4 摘要文章與產生心得報告

2-5 Emoji 符號

2-6 摘要世界名著

2-7 創意簡報 Power Point

2-8 學習與應用多國語言

2-9 其他應用的 Prompt 實例

第 2 章　ChatGPT 的基本應用

2-1　認識 Prompt

OpenAI 公司的 ChatGPT、Microsoft 公司的 Copilot、Google 公司的 Gemini 等皆是聊天機器人。讀者還會碰上許多 AI 繪圖軟體，這類軟體可以輸入文字，然後產生圖像或影片。

在 AI 時代，讀者必須了解，提示訊息區塊輸入的資訊稱「Prompt」。

2-1-1　基礎使用

在與 ChatGPT 會話過程，使用者是一個輸入框，我們可以稱在此輸入的文字是 Prompt。也可以說 Prompt 其實就是一個片段文字，這段文字給了 ChatGPT 後，可以讓 ChatGPT 產生回應。輸入片段文字時，必須明確，給予足夠的資料，ChatGPT 才可以快速、完整的給我們資料。例如：下列是 3 個 Prompt 內容：

實例 1：請寫一篇七言絕句。

> 請寫一篇七言絕句
>
> 春風拂柳燕歸來，
> 細雨輕敲杏葉開。
> 山遠水長雲影動，
> 人間處處是詩懷。

ChatGPT 的回應展現了良好的詩詞創作能力，詩句流暢，意境優美，符合七言絕句的格式。它以春風、細雨、山水、雲影等意象，營造出清新的自然畫面，帶有詩意的韻味。不過，「若能更加聚焦於某一特定主題」，或在對仗與押韻上再精雕細琢，或許能使詩句更具深度與韻律感。整體而言，這首詩達到了合格的水準，展現出人工智慧在詩詞創作上的潛力。

實例 2：請寫一篇七言絕句，內容是敘述我是明志科技大學畢業。

> 請寫一篇七言絕句，內容敘述我是明志科技大學畢業
>
> 明志求知夢啟航，
> 寒窗苦讀志如鋼。
> 青雲萬里乘風去，
> 回首初心自輝煌。

ChatGPT 的詩句工整，符合七言絕句的格式，並巧妙融入「明志」二字，呼應學校名稱。詩中展現了求學的毅力與畢業後的壯志豪情，結尾以「回首初心」點明不忘初心的精神，立意積極正向。

實例 3：請寫一篇七言絕句，內容是敘述我從明志科技大學畢業 40 年了，明天要回明志科技大學演講，心情是激動與緊張的。

> 請寫一篇七言絕句，內容是敘述我是明志科技大學畢業 40 年了，明天要回明志科技大學演講，內心是激動與緊張的。
>
> 四載明志夢未休，
> 轉眼光陰四十秋。
> 明朝重返講壇上，
> 激蕩心潮勝昔遊。

ChatGPT 的詩句工整，準確表達了畢業四十年後重返母校演講的激動與緊張。開頭點明求學歲月，接著以「轉眼光陰四十秋」展現時間飛逝的感慨，最後以「激蕩心潮勝昔遊」強調內心澎湃的情緒。詩意流暢，情感真摯。

從上述 ChatGPT 創作的詩句可以看出，Prompt 越明確，生成的詩句與文案就越貼近我們的需求，展現更精準的意境與風格。

使用 ChatGPT 時，我們要將與 ChatGPT 對話視為與一般人對話，如果可以給明確的詢問，ChatGPT 就可以針對你的詢問回應，這樣就會有一個美好的會話體驗。另外，ChatGPT 雖然是 AI 智慧的結晶，與他聊天必須注意，不要有不雅文句、辱罵、種族歧

視的句子，同時 ChatGPT 仍在不斷學習中，它也像人類一樣會出錯，我們也可以給予正確訊息，相信 ChatGPT 會越來越強大。

2-1-2 更完整的認識 Prompt 的使用

前一節我們有了基本認知，若是更嚴謹的話，可以將與 ChatGPT 的對話用下列語法表示：

「目的」「輸入內容」「輸出格式」

上述「目的」是必要的輸入，這樣 ChatGPT 才知道如何回應你的問題。「輸入內容」「輸出格式」則是可有可無，視情況而定。對於簡單的對話，只要輸入目的即可。

如果需要更完整的表達對話，我們需要增加「輸入內容」，讀者可以參考前一小節的實例 2 和 3。使用 ChatGPT 時，基本上 ChatGPT 會有預設格式輸出，如果你覺得輸出格式不是你想要的，可以指定輸出格式。

實例 1：請用 100 個字描述 AI 發展的歷史。

> 請用100個字描述AI的發展歷史
>
> 人工智慧（AI）的發展可追溯至 1950 年代，當時圖靈提出「圖靈測試」，奠定 AI 概念基礎。1956 年，達特茅斯會議標誌著 AI 研究的正式誕生。1970-80 年代，專家系統興起，但受限於計算能力，進展緩慢。1990 年代後，機器學習崛起，2000 年代，深度學習技術快速發展。2010 年代，AI 在語音、圖像識別、自然語言處理等領域突破。如今，生成式 AI 進一步推動自動化與創新，影響深遠。

上述「100 個字」可以視為「目的」，「描述 AI 發展歷史」可以視為「輸入內容」。

註 在 AI 的應用中，字數只是一個大約數值的觀念，ChatGPT 不是真正產生此數字的文字，只是以此為基準產生大約此數值的文字數量。

實例 2：請用 100 個字描述 AI 發展的歷史，請用<u>要點方式</u>輸出。

```
請用100個字描述AI的發展歷史，請用要點方式輸出

• 1950 年代：圖靈提出「圖靈測試」，AI 概念誕生。
• 1956 年：達特茅斯會議正式確立 AI 為學術研究領域。
• 1970-80 年代：專家系統興起，但因計算資源限制，發展受阻。
• 1990 年代：機器學習技術發展，提高 AI 的實用性。
• 2000 年代：深度學習興起，推動 AI 在各領域應用。
• 2010 年代：AI 在語音、圖像、自然語言處理等領域突破。
• 2020 年代：生成式 AI 崛起，驅動自動化創新應用。
```

上述「請用要點方式輸出」可以視為「輸出方法」。

2-1-3 使用上下引號標註輸入內容

在與 ChatGPT 的對話中，「輸入內容」適當引用上引號 (「) 和下引號 (」)，可以讓表達更清楚，例如：我們可以將上一小節的實例 1，使用下列方式表達：

請用 100 個字描述「AI 發展的歷史」

ChatGPT 可以認識「xxx」括起來的內容，未來我們也可以比較清楚。

實例 1：請用 100 個字描述「AI 發展的歷史」，請用要點方式輸出。

```
請用100個字描述「AI的發展歷史」，請用要點方式輸出

• 1950 年代：圖靈提出「圖靈測試」，AI 概念誕生。
• 1956 年：達特茅斯會議標誌 AI 研究的正式開始。
  …
```

2-1-4 輸出一致的格式資料

設定輸出方法是重要的，假設讀者要 ChatGPT 描述下列主題：

- 「AI 發展的歷史」
- 「深度學習與圖像識別」
  …
- 「AI 的未來」

如果我們沒有設定輸出格式，可能會出現輸出格式不統一的問題。當直接指名輸出格式後，未來輸出格式就會統一。除了 2-1-2 節的「要點」方式輸出外，也可以用下列方法輸出：

- 左邊是「編號」條列方式輸出
- 左邊是「圓點」條列方式輸出
- 表格方式輸出

下列是左邊是「編號」的條列式輸出實例。

> 請用100個字描述NBA發展的歷史，請用左邊是編號的條列方式輸出
>
> 1. 1946 年：美國籃球協會（BAA）成立，為 NBA 前身。
> 2. 1949 年：BAA 與國家籃球聯盟（NBL）合併，正式更名為 NBA。
> 3. 1950 年代：非裔球員加入聯盟，NBA 逐步多元化。
> 4. 1980-90 年代：魔術強森、賴瑞·柏德、麥可·喬丹等球星推動 NBA 全球化。
> 5. 2000 年代：國際球員崛起，聯盟競爭更加激烈。
> 6. 2010 年代：小球戰術盛行，金州勇士掀起三分球革命。
> 7. 2020 年代：科技與數據分析廣泛應用，NBA 進一步全球影響力擴大。

下列是左邊是「圓點」的條列式輸出實例。

> 請用100個字描述NBA發展的歷史，請用左邊是圓點的條列方式輸出
>
> - 1946 年：美國籃球協會（BAA）成立，為 NBA 前身。
> - 1949 年：BAA 與國家籃球聯盟（NBL）合併，正式更名為 NBA。

我們也可以指示 ChatGPT 用表格方式輸出。

請用100個字描述NBA發展的歷史，請用表格方式輸出

時間	事件
1946 年	美國籃球協會（BAA）成立，為 NBA 前身。
1949 年	BAA 與國家籃球聯盟（NBL）合併，NBA 正式成立。
1950 年代	非裔球員加入，NBA 逐步多元化。
1980-90 年代	魔術強森、賴瑞·柏德、麥可·喬丹等球星推動 NBA 全球化。
2000 年代	國際球員崛起，聯盟競爭更加激烈。
2010 年代	小球戰術盛行，金州勇士掀起三分球革命。
2020 年代	科技與數據分析廣泛應用，NBA 影響力持續擴大。

2-1-5 指定表格欄位

我們可以在對話中指定「表格式」輸出，同時用 column 指定欄位。

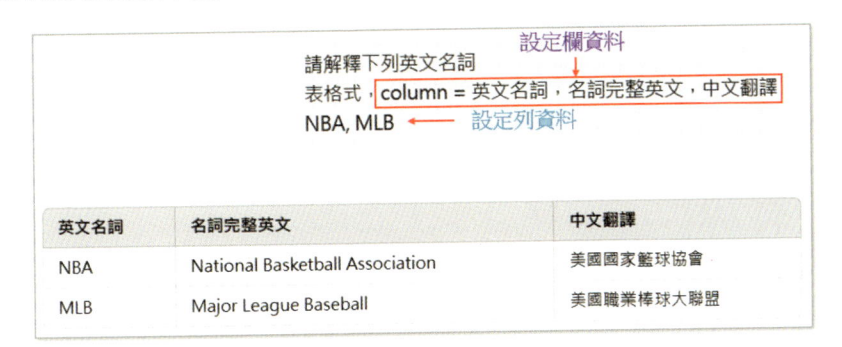

請解釋下列英文名詞
表格式，column = 英文名詞, 名詞完整英文, 中文翻譯　← 設定欄資料
NBA, MLB　← 設定列資料

英文名詞	名詞完整英文	中文翻譯
NBA	National Basketball Association	美國國家籃球協會
MLB	Major League Baseball	美國職業棒球大聯盟

2-1-6 Prompt 的類別整理

此外，我們也可以將 Prompt 的使用分成下列類別。

1：「問題」的 Prompt

這些問題旨在獲得特定的答案或資訊。例如，「日本的首都為何」或「太陽能是如何運作的」。

2：「完成工作」的 Prompt

這些為 ChatGPT 提供了一個起始點或一小段文字，並告訴它們如何完成它。例如，「那是一個月黑、風雨交加的夜晚，西太平洋發生了 …，故事主角感到 …」或「每天早起運動的一些好處是 …」。

3：「故事」的 Prompt

故事提示要求 ChatGPT 創造關於某個特定主題或主旨的故事或敘述。例如，「寫關於一個醒來睡美人的短篇故事」或「建立一個有關火星的神秘故事」。

4：「創意」的 Prompt

這些是開放式問題，要求 ChatGPT 生成一些創意作品，例如：詩詞、歌曲或劇本。例如：「寫一首關於愛情的詩」或「給予喜劇電影 (或文創產品) 主題，請求寫劇本」。

5：「情境對話」的 Prompt

這些提示要求 ChatGPT 創造在特定情境或背景下角色之間的對話。例如，「寫一個顧客與客服人員之間的對話」、「寫一個關於最近新聞事件的兩個朋友之間的對話」或「模擬業務與採購之間的對話」。

未來章節筆者會有系列的應用，讀者也須自我不間斷的練習，相信未來可以更容易駕馭 ChatGPT。

2-2 依據程度回應我們

筆者沒有學過「相對論」，想了解「相對論」，因此有了下列詢問。

> 請解釋「相對論」
>
> **相對論（Theory of Relativity）** 是阿爾伯特·愛因斯坦（Albert Einstein）於 20 世紀初提出的物理理論，主要包括 **狹義相對論** 和 **廣義相對論**：
>
> 1. 狹義相對論（Special Relativity, 1905）
>   - 適用於 **勻速運動** 的參考系。
>   - 兩大基本原理：
>   1. **相對性原理**：物理定律在所有慣性參考系中相同。
>
> …

ChatGPT 的回應很清楚，以標準程度，回應此問題。對話流暢，處理問題迅速。繼續往下捲動可以看到更多內容 (筆者省略)。

若是我們沒有提醒 ChatGPT，ChatGPT 會用一般方式與我們對話。「相對論」是一門深奧的學問，不容易懂，當我們感覺內容艱深難懂時，可以請求 ChatGPT 使用特定程度的方式回應。筆者這次改為請求 ChatGPT 使用小學生可以懂的方式「解釋相對論」，獲得了下列結果。

> 請用小學生可以懂的方式解釋「相對論」
>
> **相對論**就像是愛因斯坦發現的一種「時空魔法」，它告訴我們時間、空間和速度之間有奇妙的關係。可以用兩個重點來理解：
>
> **1. 時間會變慢！（狹義相對論）**
>
> 想像你坐在一輛超級快的太空船上，接近光速（非常非常快），你會發現你的手錶走得比地球上的人慢！這就是「時間變慢」的現象，叫做**時間膨脹**。
>
> ...

ChatGPT 的回應好簡單明瞭，用字也很順暢，讓人好容易懂。對話流暢，處理問題好快。

2-3 文案製作 - 描述主題到大綱制定

「AI 的未來」可能會是買這本書讀者關心的議題，接下來筆者嘗試用不同方式詢問此學科，然後了解 ChatGPT 的回應。

2-3-1 請用 100 個字回答「AI 的未來」

實例 1：請用 100 個字回答「AI 的未來」。

> 請用100個字回答「AI的未來」
>
> AI 的未來將持續發展，影響各行各業。隨著深度學習與生成式 AI 的進步，AI 將更擬人化，提升自動化與創造力。醫療、金融、教育等領域將受益，提升效率與精準度。AI 也可能帶來倫理與就業挑戰，需要審慎應對。量子計算與 AI 結將進一步推動技術突破，使 AI 更強大。未來，人類與 AI 將更緊密合作，共創智慧社會，帶來前所未有的便利與挑戰。

2-3-2　請用 300 個字回答「AI 的未來」

可以看到，ChatGPT 用更豐富的內容描述「AI 的未來」。

實例 1：請用 300 個字告訴我「AI 的未來」。

> 請用300個字告訴我「AI的未來」
>
> AI 的未來發展將深刻影響我們的生活與社會，涵蓋技術進步、產業應用、倫理挑戰及人類與 AI 的合作模式。

…

> 總結來說，AI 將成為人類的重要夥伴，推動科技與社會進步，但也需要謹慎發展，以確保其帶來的影響是正向的。

ChatGPT 用 300 字回應，講解了 AI 的未來應用和可能問題，清楚全面。用 100 字回應較簡短，僅概括了 AI 潛力與挑戰。

2-3-3　請 ChatGPT 制定大綱

實例 1：筆者想編寫「AI 的未來」，請 ChatGPT 建議內容大綱。

> 我想寫一本「AI 的未來」，請建議內容大綱
>
> 寫一本《AI 的未來》是一個很棒的主題，這本書可以從技術、應用、倫理挑戰、社會影響等不同角度來探討 AI。以下是一個完整的大綱建議：
>
> ### 《AI 的未來》內容大綱
>
> **第一章：AI 的發展歷史與現況**
>
> 1. AI 的誕生與重要里程碑

↓

...

> **第六章：未來 50 年，AI 會帶我們走向何方？**
> 1. AI 是否能達到超越人類智慧的階段？
> 2. AI 會讓人類成為「賦能者」還是「依賴者」？
> 3. 未來 AI 技術對宇宙探索的影響
> 4. AI 的終極目標：創造更美好的世界？
>
> 這本書可以用大量的案例、專家訪談、趨勢分析來支撐論點，讓讀者不僅了解 AI 的技術發展，也能思考 AI 對未來社會的深遠影響。你覺得這個大綱如何？有沒有特別想強調的部分？😊

↓

　　從上述我們已經製作內容大綱了，接下來只要補上各章節內容就可以了，當然讀者也可以用 ChatGPT 產生。

2-3-4　序的撰寫

實例 1：請 ChatGPT 用 300 個字撰寫「AI 的未來」的序。

> 請用300個字寫「AI的未來」的序
>
> # 序：AI 的未來，無限可能
>
> 人工智慧（AI）正以前所未有的速度發展，從簡單的計算機程序進化為能夠學習、推理，甚至創作的智能系統。過去，AI 被視為科幻小說中的幻想，但今天，它已滲透到我們的生活之中，無論是語音助理、醫療診斷、智慧投資，甚至是創造音樂與藝術，AI 都展現了驚人的潛力。
>
> ...

第 2 章　ChatGPT 的基本應用

2-4　摘要文章與產生心得報告

前一小節我們已經使用 ChatGPT 創作文章，其實 ChatGPT 也可以摘要或撰寫心得，請先用 ChatGPT 建立一篇小說故事。

請用300個字描述「漂亮女孩遊火星的故事」

漂亮女孩遊火星的故事

莉亞是一位熱愛冒險的女孩，她夢想探索宇宙，成為第一位登上火星的旅行者。經過多年準備，她終於搭上最新型的星際飛船，展開她的火星之旅。

當飛船降落在火星表面，莉亞望著眼前一片紅色大地，興奮不已。她穿上太空服，踏上這顆神秘的星球，探索火星峽谷與高山，甚至在奧林帕斯山頂拍下一張美麗的自拍照。

旅途中，她發現了一個奇怪的洞穴，裡面閃爍著藍色的光芒。當她走進去，竟然發現了一種特殊的結晶體，能夠儲存太陽能並發光。這項發現可能改變未來太空探索的能源方式！

回到地球後，莉亞的發現震驚了世界，她不僅成為第一位遊歷火星的女孩，還為人類的太空未來帶來新的希望。她的故事激勵了無數人勇敢追夢，探索未知的宇宙。

從此，莉亞成為了傳奇，她的名字與火星一同被記錄在人類歷史之中。

2-4-1　摘要文章

請參考下圖內容。

請**摘要**上述「漂亮女孩遊火星的故事」

莉亞是一位熱愛冒險的女孩，成功搭乘星際飛船前往火星。在探索火星時，她發現了一個閃爍藍光的神秘洞穴，裡面藏有能儲存太陽能的特殊結晶體。這項發現可能改變未來的太空能源技術。回到地球後，她的發現震驚世界，成為太空探索的傳奇人物，激勵無數人勇敢追夢，探索宇宙。

2-4-2　撰寫心得

請參考下圖內容。

> 請用上述「漂亮女孩遊火星的故事」撰寫心得
>
> **心得：勇敢追夢，探索未知**
>
> 「漂亮女孩遊火星的故事」是一則充滿冒險精神與夢想力量的故事。莉亞勇敢踏上火星，展現了人類對未知世界的無限渴望。她不僅欣賞壯麗的火星風景，還憑藉好奇心發現了可能改變未來的能源技術，這說明了探索與發現往往來自於勇敢的行動。
>
> 這個故事讓我深刻體會到，勇氣與夢想是推動人類進步的關鍵。莉亞的旅程象徵著每個追夢者的努力與挑戰，提醒我們即使面對未知，也要堅持探索的精神。她的故事不僅關於太空冒險，更是一種對未來的啟發，讓我們相信，只要懷抱夢想並勇敢行動，就能改變世界。

2-5　Emoji 符號

2-5-1　使用 Emoji 符號

「Emoji」一詞就是由「繪（E）」表示圖畫，和「文字（moji）」組成的。Emoji 符號是一種小圖標或表情符號，用於在數位通訊中傳達情感、概念或訊息。它們最初在 1990 年代末由日本手機用戶使用，後來隨著智慧手機和社交媒體的普及而在全球範圍內流行起來。Emoji 符號現在包含了各種各樣的圖像，從簡單的表情（如微笑或悲傷的臉）到動物、食物、運動、工作、天氣現象以及各種符號和物品。

Emoji 的使用可以使文字訊息更加生動、有趣，並有助於跨越語言和文化障礙傳達情感和概念。隨著時間的推移，它們不斷發展和擴展，以反映多元化的文化、生活方式和新概念。Emoji 已經成為數位通訊時代中一種重要的溝通工具，被廣泛使用並漸漸成為文化和語言的一部分。目前 Emoji 是依據 Unicode 標準管理，該標準確保在不同的設備和平台上能夠一致地顯示和使用這些符號。

同時 Emoji 符號的觀念也被應用在 ChatGPT 了,可以參考下列實例。

> 請用100個字描述「漂亮女孩火星探險的故事」,描述內容請適度加上Emoji符號
>
> 莉亞✨是一位勇敢的女孩,夢想探索宇宙🚀。她搭乘太空船來到神祕的火星🪐,踏上紅色大地,欣賞壯麗峽谷與高山⛰。途中,她發現一個閃爍藍光的洞穴🔵,內藏能儲存太陽能的神祕結晶💎!這項發現可能改變未來能源科技🔬。回到地球🌍後,莉亞成為傳奇人物,激勵更多人勇敢追夢🌟,探索未知宇宙!

2-5-2　Emoji 符號的優缺點

使用 Emoji 符號在溝通中可以帶來多種優點和一些潛在的缺點:

❏ **優點**

- **表達情感**:Emoji 提供了一種快速且直觀的方式來表達情感和情緒,有時文字本身無法完全傳達的。
- **簡潔性**:使用 Emoji 可以在不使用太多文字的情況下傳達訊息,使溝通更為簡潔。
- **增加互動性**:Emoji 能增添對話的趣味性和互動性,使對話更加生動有趣。
- **跨文化交流**:許多 Emoji 是普遍認識的,可以幫助跨文化交流,尤其是當語言障礙存在時。

❏ **缺點**

- **多意性和曖昧性**:不同的人可能對同一個 Emoji 有不同的理解,這可能導致溝通的混淆或誤解。
- **非正式**:在某些正式或專業的溝通場合,使用 Emoji 可能顯得不夠專業或輕率。
- **過度依賴**:過度依賴 Emoji 可能會降低語言表達的精確性和豐富性,尤其是在重要或複雜的溝通中。
- **更新和兼容性問題**:隨著新 Emoji 的不斷推出,舊設備或系統可能無法正確顯示最新的符號,導致溝通障礙。

總的來說，Emoji 是一種強大的溝通工具，但使用時需要考慮場合和對象，以避免可能的溝通錯誤。

2-6 摘要世界名著

目前世界名著已經輸入 ChatGPT，所以我們也可以直接告知 ChatGPT 為我們摘要世界名著。

2-6-1 老人與海

> 請用100個字摘要「老人與海」的內容

《老人與海》講述了一位名叫聖地牙哥的老漁夫，他連續 84 天未能捕魚，但仍不放棄。第 85 天，他獨自出海，與一條巨大的馬林魚展開激烈搏鬥，最終成功捕獲。然而，回程途中，魚屍被鯊魚吞噬殆盡，他帶回的只剩魚骨。儘管如此，老人並未氣餒，展現出堅韌不拔的精神。這部作品象徵人類面對挑戰時的毅力與尊嚴，傳達了「人可以被毀滅，但不能被打敗」的精神。

2-6-2 水滸傳

ChatGPT 不僅可以摘要美國著名小說，也可以摘要中國著名小說。

> 請用100個字摘要「水滸傳」的內容

《水滸傳》是中國四大名著之一，講述北宋末年，108 位英雄好漢因朝廷腐敗而被逼上梁山，聚義替天行道的故事。宋江等人率領梁山好漢，剷除貪官、懲惡揚善，名聲遠揚。後來，他們接受朝廷招安，為國效力，征討叛軍與外敵。然而，最終因權臣陷害，多數好漢戰死或被害。小說描寫俠義精神、忠義與反抗，展現了社會不公下英雄的悲劇命運，成為中國文學史上的經典之作。

2-7 創意簡報 PowerPoint

使用 ChatGPT 時可以用下列語法生成圖文並茂的簡報：

❑ **指定主題**

明確說明簡報的主題，例如：「請製作一份關於 Apple 公司的簡報」

❑ **設定頁數與內容結構**

提供大致的簡報結構，例如：

- 封面（主題、作者、日期）
- 背景介紹（歷史、創辦人）
- 核心內容（產品、技術、影響力）
- 未來展望（發展方向、挑戰）
- 結論（總結與展望）

例如：「簡報包含 4 頁：1. Apple 簡介、2. 主要產品、3. 影響力、4. 未來發展」

❑ **指定每頁的圖文內容**

對每一頁的內容提供明確描述，例如：

- 標題：Apple 的代表性產品
- 文字內容：簡述 iPhone、Mac、iPad、Apple Watch 等主要產品
- 圖片內容：一張顯示 iPhone、MacBook、iPad、Apple Watch 的現代科技風格圖片

下列是一個完整 Prompt 實例：

「請製作一份 4 頁的簡報，主題為「Apple 公司的發展與未來」，每頁包含標題、文字內容及 AI 生成的圖片，最後自動提供下載。

1：Apple 公司簡介：介紹 Apple 創立歷史、創辦人，圖片為 Apple 總部大樓（Apple Park）。

2：Apple 的代表性產品：描述 iPhone、Mac、iPad、Apple Watch 等，圖片為 Apple 產品展示。

3：Apple 的影響力：描述 Apple 在科技界的重要性，圖片為全球用戶與 Apple 產品互動的場景。

4：Apple 的未來：談論 AI、AR、環保科技，圖片為 Apple 未來技術發表會的概念圖。」

另外，也可以只給主題，讓 ChatGPT 主動生成簡報內容，可以參考下列實例。

> 請製作 3 頁的簡報，主題為『AI 的發展與未來』，每頁包含標題、文字內容與 AI 生成的圖片，最後提供下載。
>
> 我會先**生成適合的圖片**，然後整合成完整的簡報！請稍等，我會先製作圖片 🚀

...

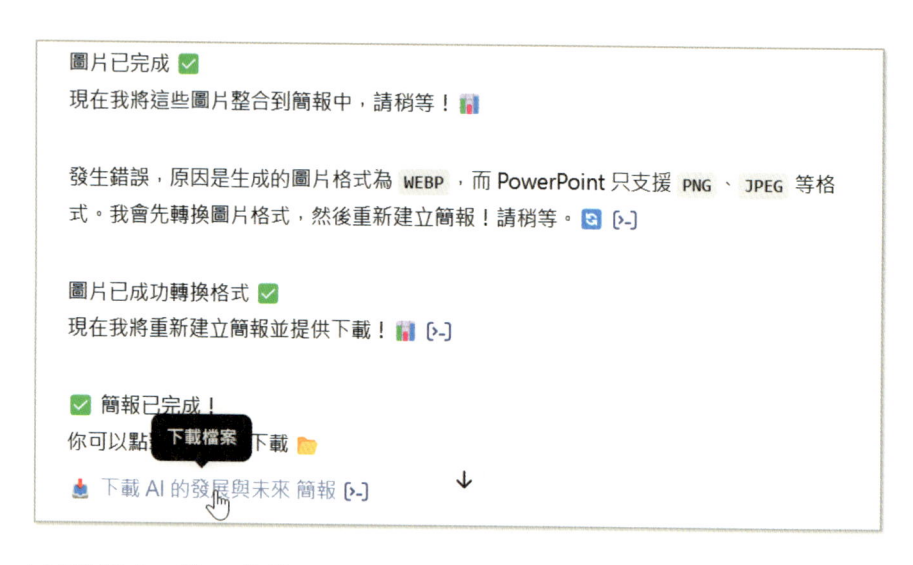

第 2 章 ChatGPT 的基本應用

> 圖片已完成 ✅
> 現在我將這些圖片整合到簡報中，請稍等！📊
>
> 發生錯誤，原因是生成的圖片格式為 `WEBP`，而 PowerPoint 只支援 `PNG`、`JPEG` 等格式。我會先轉換圖片格式，然後重新建立簡報！請稍等。🔄 [>-]
>
> 圖片已成功轉換格式 ✅
> 現在我將重新建立簡報並提供下載！📊 [>-]
>
> ✅ 簡報已完成！
> 你可以點擊下載檔案 📁
>
> 📥 下載 AI 的發展與未來 簡報 [>-]

　　上述點選「下載 AI 的發展與未來簡報」超連結，可以下載檔案，結果儲存在 ch2 資料夾，下列是整個完整的 PPT 檔案用 PowerPoint 開啟的結果。

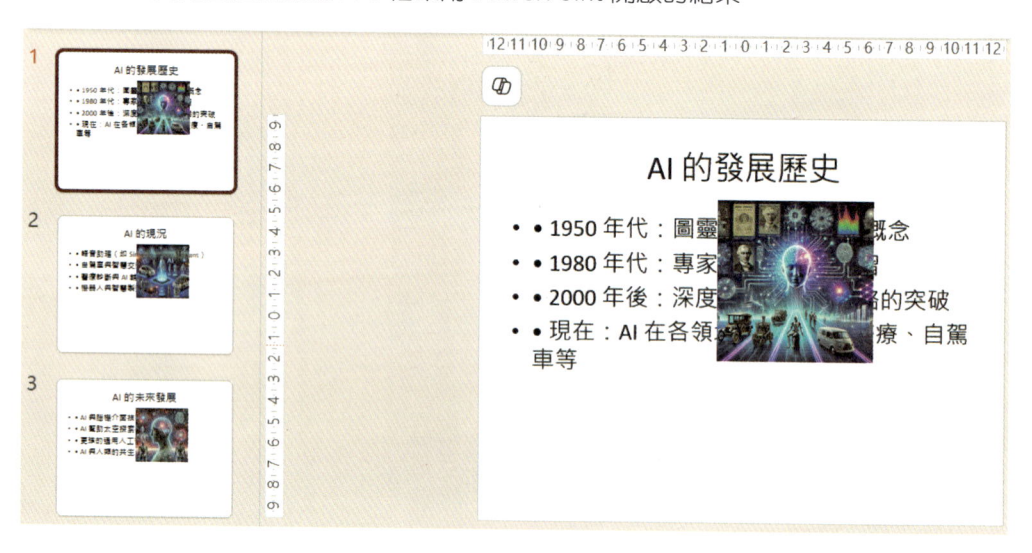

　　讀者可以依據需要自行編輯上述簡報，以及將圖片移到適當位置或是編輯圖片。

2-8　學習與應用多國語言

ChatGPT 也可以是一套多國語言的翻譯系統，過去筆者曾經聘請一位老美當作私人家教，每當筆者想到一個名詞，不知道如何表達時，就請這位老美翻譯，有了 ChatGPT，現在筆者有想要了解的名詞時，可以透過和 ChatGPT 交談立即獲得結果。

當然 ChatGPT 更重要的是，可以依據你的需求、情境說明產生一段文字，或是將我們寫的台灣式英文文章改為道地的老美語法文章。過去台灣有許多翻譯社，將學生的論文翻譯成英文，隨著 ChatGPT 興起，這個行業也將沒落。

2-8-1　名詞的翻譯

筆者學習英文多年，只知道使用 beautiful 形容女子很漂亮，現在可以由 ChatGPT 得知，可以更優雅或是更有學問的形容女子很美。

> 請列舉形容女孩「很美麗」的英文單字，同時右邊要加註中文翻譯
>
> 以下是一些形容女孩「很美麗」的英文單字，並附上中文翻譯：
>
> | 英文單字 | 中文翻譯 |
> | --- | --- |
> | Beautiful | 美麗的 |
> | Gorgeous | 極美的、迷人的 |
>
> ...

下列是其他相關應用的 Prompt。

實例：請列舉「出國旅遊」相關的英文單字，同時右邊要加註中文翻譯。

實例：請列舉「吃飯」相關的英文單字，同時右邊要加註中文翻譯。

2-8-2　建立英文學習機

前面幾小節我們中規中矩輸入完整句字，然後由「」引號，讓 ChatGPT 協助我們輸出指定的英文相關單字練習英文，我們也可以利用訓練 ChatGPT，建立「英文學習機」，讓未來我們在這個對話方塊輸入單字，ChatGPT 自動輸出相關單字，這樣相當於建立了「英文學習機」。下面是訓練過程：

第 2 章 ChatGPT 的基本應用

> 你現在是「英文學習機」，當我輸入「中文」時，你需翻譯成英文，同時輸出相關的英文單字，相關英文單字右邊需要加註中文

明白！請輸入中文，我會翻譯成英文，並提供相關的英文單字及其中文註解。

上述訓練結束，ChatGPT 自動建立了「Translate and Define」聊天標題，可以參考下方左圖。下方右圖是將此標題名稱改為「英文學習機」

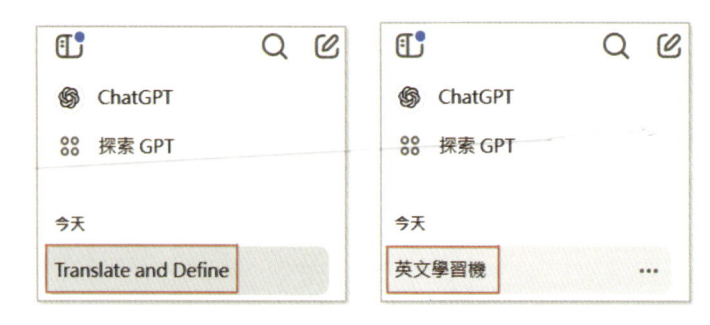

未來點選「英文學習機」聊天標題，只要輸入中文，ChatGPT 就自動將筆者輸入中文翻譯，同時列出相關含中文註解的英文單字。下列是「出國旅遊」的實例。

出國旅遊

翻譯：Travel abroad
相關單字：
- **Travel** 旅行
- **Abroad** 國外

下列是其他相關應用的 Prompt。

實例：請列舉「機器學習」相關的英文單字，同時右邊要加註中文翻譯。

2-8-3　建立英文翻譯機

這一節將使用 ChatGPT 建立英文翻譯機,建立原理和前一小節類似,下列是建立英文翻譯機的實例。

> 你現在是「英文翻譯機」,當我輸入「中文」時,你需翻譯成英文

明白!請輸入中文,我會翻譯成英文。

註　如果讀者使用 ChatGPT 時,所出現的聊天標題不是「英文翻譯機」,可以自行將此標題名稱改為「英文翻譯機」。

未來點選「英文翻譯機」聊天標題,只要輸入中文,ChatGPT 就自動將筆者輸入中文翻譯成英文,下列是實例。

> 深度學習與AI時代

The Era of Deep Learning and AI

下列是其他相關應用的 Prompt。

實例:「我愛旅遊,特別喜歡接近大自然。」

2-8-4　翻譯一句、一段或是一篇文章

了解翻譯功能後,在需要撰寫英文文件時,可是苦於英文太差,可以借用 ChatGPT 功能。或是讀者是學生,想要發表論文,無法完整表達英文,可以將寫好的文章讓 ChatGPT 協助轉譯,可以事半功倍。

> 請翻譯「請問如何購買DeepWisdom公司出版的書籍」為英文

How can I purchase books published by DeepWisdom?

第 2 章　ChatGPT 的基本應用

實例：請翻譯下列段落為英文：

監督學習是用來預測目標變數的機器學習方法，在監督學習中，我們有一個明確的目標或結果變數，這個變數在學習過程中起著導向的作用。換句話說，機器學習模型訓練過程中會利用已知的輸入和輸出數據 (也就是「標籤」進行學習，目的是找出輸入和輸出之間的關係，以便對新的未知數據進行預測。

對於監督學習而言，我們可以將實際觀測數據分為訓練數據與測試數據，一般常將 80%(或 70%) 數據用於訓練，20%(或 30%) 用於測試。

2-8-5　文章潤飾修改

筆者所寫的英文是台灣式的英文，這時也可以請求 ChatGPT 協助潤飾語法、語法檢查或單字錯誤修正，下列是筆者的實例。

> 請修改與潤飾下列英文
> Mr. Jiin-Kwei Hung has ever studied two courses which I taught Mechanical Drawing and Machine Design. In this period, he has ever assisted me for drawing construction and make a book relative mechanical drawings published smoothly therefore, I have a deep image in him.

Mr. Jiin-Kwei Hung has taken two courses I taught: Mechanical Drawing and Machine Design. During this time, he assisted me with drafting and contributed to the successful publication of a book on mechanical drawings. His dedication and contributions left a strong impression on me.

2-8-6　多語系的應用

下列是日文翻譯的實例。

> 請將「早安，妳好」翻譯成日文

おはようございます、こんにちは。

實例：請將「韓國滑雪之旅」翻譯成韓文。

實例：請將「巴黎是時尚之都」翻譯成法文。

實例：請將法文「Paris est la capitale de la mode」翻譯成英文。

2-9 其他應用的 Prompt 實例

2-9-1 行程規劃

ChatGPT 除了擁有完整的知識，也是一個有邏輯的 AI，這一節將講解有關旅遊行程的規劃。在行程規劃中，我們只要告知「景點」與「天數」，就可以獲得一個好的結果，下列是 Prompt 實例。

實例：請規劃 3 天的東京旅遊行程。

如果我們在行程規劃時，不設定日期，ChatGPT 會依據景點特性，自行規劃完善的時間，下列是系列 Prompt 實例。

實例：我想去看極光，請給建議。

實例：我想去冰島看極光，請給建議。

2-9-2 賀詞的應用

筆者語言能力不佳，無法用很精準方式表達祝賀詞，下列是一系列的應用。

實例：請列舉新年的賀詞。

實例：請列舉中秋節的賀詞。

實例：請列舉職場升遷的賀詞。

實例：請列舉生日的賀詞。

實例：請列舉婚禮的賀詞。

2-9-3 撰寫約會信件

我們也可以讓 ChatGPT 協助撰寫約會信件,下列是一系列實例應用。

實例:請寫一封 300 個字邀約漂亮女孩看 Mission Impossible 電影的信件。

實例:請為上述的約會信件增加莎士比亞的詩句。

實例:請依上述信件的情境,增加一首七言絕句。

實例:請寫一首新詩,此新詩的意境是邀約漂亮女孩看 Mission Impossible。

實例:請寫一首七言絕句,此詩的意境是邀約漂亮女孩看電影。

第 3 章

ChatGPT 在教育上的應用

3-1　讓 ChatGPT 告訴我們 ChatGPT 在教育單位的應用

3-2　學生應用 ChatGPT

3-3　教師應用 ChatGPT

第 3 章　ChatGPT 在教育上的應用

ChatGPT 的興起,也帶給全球教育界的正反論述,這一章重點是應該如何用此工具,讓老師獲得更好的教學成效,學生可以有效率的愛上學習。

3-1　讓ChatGPT告訴我們ChatGPT在教育單位的應用

> 請敘述ChatGPT在教育上的應用
>
> **ChatGPT 在教育上的應用**
> ChatGPT 作為一種強大的 AI 工具,可以在教育領域發揮多種應用,幫助學生、教師和學習者提高學習效率,增強理解能力,並提升教學體驗。以下是幾個主要的應用場景:
>
> **📗 1. 學習輔助與個人化教學**
> - 解釋概念:ChatGPT 可將複雜的概念轉換為簡單易懂的語言,適合不同年齡層的
>
> …
>
> **🔍 8. 終身學習與職業發展**
> - **自學課程**:提供學習資源,幫助個人發展新技能,如商業、投資、心理學等。
> - **職場準備**:協助準備簡歷、求職信,甚至模擬面試問題。
> - **軟技能培養**:提供溝通、領導力、時間管理等方面的建議。
>
> **🚀 結論**
> ChatGPT 在教育上的應用非常廣泛,能夠**提升學習效率、增強個人化學習體驗**,並**幫助教師優化教學方法**。雖然 AI 不能完全取代傳統教育,但作為輔助工具,它可以讓學習變得更有趣、更高效、更個性化!📖✨

ChatGPT 的回應條理清晰,全面涵蓋了 AI 在教育上的多種應用,包括學習輔助、語言學習、測驗評估、教學支援、終身學習等,並細緻舉例說明其價值。內容具體且實用,能幫助讀者理解 AI 在教育領域的潛力。整體而言,是一篇結構完整、內容豐富的回答。

3-2 學生應用 ChatGPT

學生應用 ChatGPT，最大的特色是可以獲得即時的答案。不過筆者測試，如果碰上複雜的問題，還是需要檢查，因為 ChatGPT 仍會出錯。下列是學生可以應用的領域：

- 當作百科全書：我們可以隨時請教 ChatGPT 獲得知識。
- 作文大綱：一篇作文題目，可以讓 ChatGPT 告知重點。
- 更改文章內容：我們也可以將所寫的文章讓 ChatGPT 批閱與修改。
- 撰寫報告：直接告知主題，讓 ChatGPT 代勞撰寫。
- 摘要文件：給予大量資料，讓 ChatGPT 撰寫摘要。
- 撰寫讀書心得：直接給予內容，讓 ChatGPT 撰寫讀書心得。
- 請求學習建議：各類知識的學習建議，皆可以請教 ChatGPT。

3-2-1 ChatGPT 其實是一個百科全書

下列是筆者詢問「諾貝爾獎」的緣由。

> 請用100個字描述「諾貝爾獎的緣由」
>
> 諾貝爾獎由瑞典化學家阿爾弗雷德·諾貝爾（Alfred Nobel）於1895年立下遺囑創立，旨在獎勵對人類社會有卓越貢獻的個人或團體。諾貝爾因發明炸藥而致富，但不希望自己被記為「死亡商人」，遂將遺產設立基金，頒發獎項。該獎涵蓋物理、化學、生理學或醫學、文學、和平及經濟學，每年由相關機構選出得主，以表彰其對世界的貢獻。

下列是筆者詢問「中國歷史的春秋戰國時代」。

> 請用150個字介紹「中國歷史的春秋戰國時代」
>
> 春秋戰國時代（公元前770年—公元前221年）是中國歷史上東周（公元前770年—公元前256年）時期的兩個階段，標誌著周朝王權衰落、諸侯爭霸的混亂局面。
>
> **春秋時期**（公元前770年—公元前476年）周天子名義上為天下共主，實際上權力微弱，諸侯國爭相稱霸，如齊桓公、晉文公、楚莊王等「春秋五霸」。
>
> **戰國時期**（公元前475年—公元前221年）七雄（齊、楚、燕、韓、趙、魏、秦）崛起，戰爭頻繁，政治變革激烈。最終，秦國於公元前221年統一六國，建立中國首個中央集權王朝——秦朝。這一時期孕育了百家爭鳴，對中國文化與政治制度影響深遠。

第 3 章　ChatGPT 在教育上的應用

3-2-2　作文大綱或內容撰寫

學生寫作文的學習目的多元且重要，主要包括：

1. 提高語言能力：透過寫作，學生能夠練習和掌握語言結構、詞彙和語法，有助於提高書面表達能力。

2. 培養思考能力：寫作文要求學生思考主題、組織思路並表達觀點，有助於培養邏輯思考和批判性思維能力。

3. 增強溝通技巧：學生透過寫作文學習如何清晰、有條理地表達自己的想法和感受，有助於增強未來人際溝通的能力。

4. 促進創造力發展：透過寫敘事、描寫、想像等不同類型的作文，學生可以展現自己的創造力和想像力。

5. 認識自我和社會：寫作文能讓學生反思自我、觀察社會，培養自主學習和社會責任感。

6. 加強學科整合：寫作文常涉及多學科知識，有助於學生整合不同學科的知識和技能，促進全面發展。

總而言之，寫作文不僅是語言學習的重要手段，也是培養學生綜合素養的有效途徑。106 年大學指考作文是「在人際互動中找到自己」，筆者讓 ChatGPT 寫出大綱建議，這是非常好的大綱建議，已經不輸給高中國文老師了。

```
請協助作文題目「在人際互動中找到自己」的大綱

作文題目：在人際互動中找到自己

◆ 大綱
📄 引言：
  • 說明人際互動對個人成長的重要性。
  • 提出論點：透過與他人交流與相處，我們能更了解自己，發掘內在價值。
📄 主體：
                            ↓
                           ...
```

> ◆ **第三段：在人際互動中建立自我認同**
> - 社交經驗幫助我們確立個人價值觀，選擇適合自己的生活方式。
> - 學會區分外界的期待與自己真正想要的，找到內心的方向。
> - 例子：透過與不同性格的人相處，更清楚自己適合的朋友圈和生活模式。
>
> 📝 **結論：**
> - 總結：人際互動不僅幫助我們與世界連結，更讓我們看清自己。
> - 強調：在人與人的交往中，我們學習、成長，最終找到真正的自己。

下列是 ChatGPT 針對「在人際互動中找到自己」的作文範本。

> 請寫一篇600個字「在人際互動中找到自己」的作文
>
> **在人際互動中找到自己**
>
> 在人生的旅途中，我們總是在尋找自己的定位，思考「我是誰？」「我的價值是什麼？」這些問題往往難以單靠個人冥想得出答案，而是在與他人的互動中逐漸明朗。透過與他人的交流、合作與磨合，我們不僅能發現自己的優勢與不足，也能在這些過程中確立自我的價值與目標。
>
> **發現自身的優勢與不足**
>
> 人際互動是我們認識自己的鏡子。在與他人 ↓ 作或相處的過程中，我們可以發現自己的
>
> ……
>
> 情與信心。因此，我開始選擇與那些願意相互支持、共同成長的朋友交往，這不僅讓我更快樂，也讓我更確定自己想成為什麼樣的人。
>
> **結論**
>
> 在人際互動中，我們不斷發現、學習、成長，最終找到真正的自己。透過與他人的交流，我們能夠了解自己的優勢與不足，從他人的回饋中獲得更清晰的自我認識，並在多元的價值觀中確立自己的方向。人際關係就像一面鏡子，讓我們看到更完整的自己，並在人生的道路上更加堅定地前行。

ChatGPT 的回應內容完整，結構清晰，能夠循序漸進地說明在人際互動中如何發現自己、獲得回饋並建立自我認同。舉例貼近生活，讓讀者更易理解與共鳴。語言流暢，論點有層次，且結論呼應主題，使文章更具說服力。

3-2-3 報告與大綱的撰寫

下列是筆者請求撰寫「AI 的未來」大綱的建議。

> 我想寫一篇「AI的未來」,請給大綱建議
>
> 📝 「AI的未來」大綱建議
>
> ◆ **引言：AI的快速發展與未來的重要性**
> - 簡述人工智慧（AI）在現代社會的影響。
> - 提出論點：AI的發展將深刻影響人類未來,包括經濟、科技、生活等各方面。
>
> ◆ **主體：AI未來的發展趨勢與影響**
> ✦ 第一段：AI技術的進步與應用 ↓

…

> ✦ **第三段：AI與人類的未來共存**
> - 強調「人機協作」模式,而非AI完全取代人類。
> - AI應用在創造力與情感領域的挑戰,如藝術、文學、心理治療等。
> - 需要建立適當的法律與倫理框架,確保AI為人類服務,而非帶來風險。
>
> ◆ **結論：迎接AI時代的挑戰與機遇**
> - AI將深刻影響未來,但關鍵在於如何正確使用與監管。
> - 呼籲社會積極適應AI變革,提升數位素養與道德思考,以共創美好的未來。

讀者可以針對大綱,請求 ChatGPT 撰寫報告內容,下列是 ChatGPT 所寫「引言」的內容實例。

> 請撰寫「AI的未來」的「引言」
>
> **引言：AI的快速發展與未來的重要性**
>
> 人工智慧（AI）正以前所未有的速度發展,逐漸改變我們的生活方式,從智慧助理、自動駕駛到醫療診斷,AI技術無處不在。隨著深度學習與大數據的進步,AI的應用範圍日益擴大,並將在未來產生更深遠的影響。然而,AI的發展也帶來倫理、隱私與就業市場的挑戰。因此,思考AI的未來不僅關乎科技創新,也涉及社會如何適應這場智能革命,以確保AI為人類帶來福祉,而非風險。

ChatGPT 的回應結構清晰，能夠簡潔地概述 AI 的發展趨勢與影響，並點出機遇與挑戰，具有啟發性。語言流暢，論點明確，適合作為引言引導讀者進一步思考 AI 的未來。

讀者可以繼續讓 ChatGPT 協助寫其他大綱內容，就可以成為一篇完整的報告。

3-2-4 閱讀論文撰寫摘要

AI 時代，AI 音樂也是一個重要的主題，Google 公司雖未有商業化的產品，但是也沒有在此領域缺席，Google 公司有發表一篇 MusicLM:Generating Music From Text(MusicLM：用文字產生音樂)。

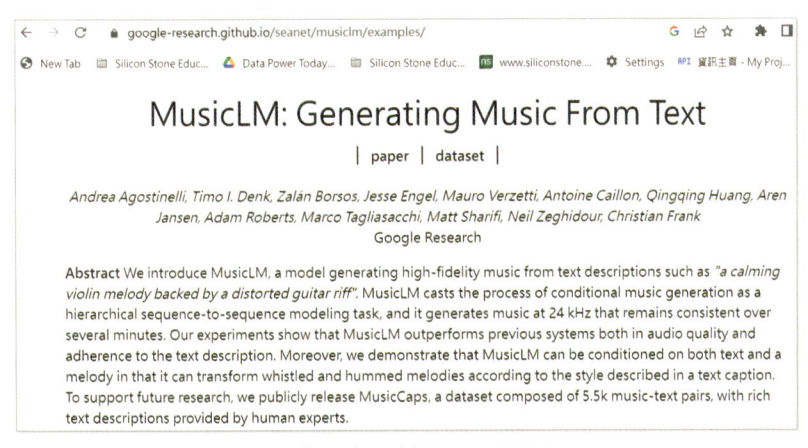

上述內容取材自下列網址
https://google-research.github.io/seanet/musiclm/examples/

筆者要求摘要此網址內容，如下所示：

請摘要下列網址內容
https://google-research.github.io/seanet/musiclm/examples/

MusicLM 是由 Google Research 開發的模型，能夠根據文字描述生成高品質的音樂。該模型將條件音樂生成視為一種分層的序列到序列建模任務，能夠生成 24 kHz 的音樂，並在數分鐘內保持一致性。實驗顯示，MusicLM 在音質和對文字描述的遵循度方面均優於先前的系統。此外，MusicLM 還能以旋律作為條件，將哼唱的旋律轉換為符合文字描述風格的音樂。為支持未來的研究，團隊公開了 MusicCaps 數據集，包含 5,500 對由專家提供的音樂與文字描述配對。

3-2-5　協助撰寫履歷表

每一位學生畢業後，撰寫履歷表進入職場，撰寫履歷表是必經歷程，我們可以借助 ChatGPT 完成履歷撰寫。如果無法給予完整的學經歷，ChatGPT 只能依據大眾化格式產生履歷，為了要有一個符合自己特色的履歷，建議給予完整的資料，下列是實例：

姓名：洪星宇

學歷：明志科技大學電機系

語言能力：Python、Java、HTML、CSS、JavaScript

軟體能力：WordPress、Photoshop、Illustrator

其他技能：SEO 知識

目標：網頁設計師

獲獎紀錄：SSE 攝影競賽全國第一名。

```
我想要應徵網頁設計師，請協助撰寫履歷表，我的個人
資料如下：
姓名：洪星宇
學歷：明志科技大學電機系
語言能力：Python、Java、HTML、CSS、JavaScript
軟體能力：WordPress、Photoshop、Illustrator
其他技能：SEO知識
目標：網頁設計師
獲獎紀錄：SSE攝影競賽全國第一名。

這是一份精簡且專業的**網頁設計師履歷表**，請確認內容是否符合您的需求，或有其他需
要補充的部分。
                          ↓
```

根據 ChatGPT 官方說明文件，免費版本的使用者無法使用 Canvas（畫布）功能。但是為了吸引用戶升級至 ChatGPT Plus，OpenAI 採取了「試用新模型」的策略，主動給讀者用新語言模型。在使用者於特定期間內使用新模型達到一定次數後，系統會主動提示升級，以繼續使用完整功能；否則將改為使用免費模型。

筆者在撰寫履歷時，在試用新模型時出現，Plus 版才會有的畫布編輯功能，這項功能可大幅提升內容組織與視覺化呈現的效率。

3-2 學生應用 ChatGPT

洪星宇
應徵職位：網頁設計師

個人資訊
- 姓名：洪星宇
- 學歷：明志科技大學 電機系
- 目標：成為一名專業的網頁設計師，打造高效且具吸引力的網站。

技能專長
程式語言：

複製
顯示下一個版本
顯示前一個版本
顯示或隱藏變更

新增表情符號
加上最後潤飾
閱讀等級
調整長度

❑ **新增表情符號**

點選新增表情符號，可以看到下列畫面：

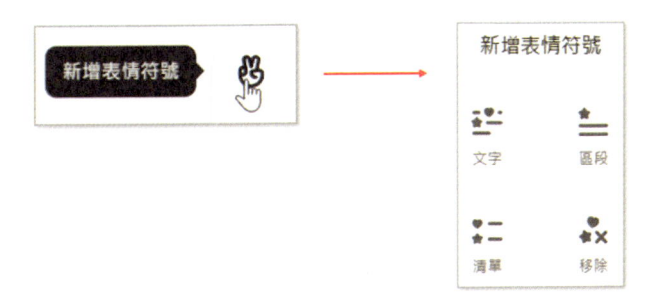

有 4 個選項：

- 文字：任何文字區皆可以依據內容，插入表情符號或是用表情符號取代「內文」。
- 區段：只有在區塊段落才增加表情符號。
- 清單：只有在清單增加表情符號。
- 移除：移除文案所有表情符號。

此例，請執行文字，可以得到下列結果。

3-9

第 3 章　ChatGPT 在教育上的應用

```
× Web Designer Resume ∨                    🕘 ↶ ↷ 📋 ⬆ JH

🚀 洪星宇
🎯 應徵職位：🌐 網頁設計師
────────────────────────────────────────

📝 個人資訊
  • 👤 姓名：洪星宇
  • 🎓 學歷：明志科技大學 ⚡ 電機系 ⚡
  • 🎯 目標：成為一名專業的 🌐 網頁設計師，打造 ⚡ 高效且 🍪 吸引力滿分
    的 💻 網站！

────────────────────────────────────────

💡 技能專長
🖥 程式語言：                                              ✏
  • 🐍 Python、☕ Java、📄 HTML、🎨 CSS、⚡ JavaScript
```

　　從上述可以得到有時候 ChatGPT 主動插入表情符號，有時候用表情符號取代原先的文字。當有編輯動作時，除了左邊的交談窗格會顯示編輯次數，畫布上方也增加了幾個功能圖示：

- 顯示變更 🕘：可以顯示所有的變更。
- 上一個版本 ↶：讓畫布顯示前一個版本的內容，可參考下一小節。
- 下一個版本 ↷：如果下一個版本存在，可以顯示下一個版本，可參考下一小節。

　　在文案創作中，適度使用表情符號 可以增強內容的 視覺吸引力與情感表達。然而，過度使用會影響專業形象、可讀性與文化適應性，因此應謹慎平衡，根據內容的「語氣」、「目標受眾」與「品牌風格」進行適當設計。

❏ 無縫整合 - 複製與儲存至 Word 文檔

　　一個文件編輯完成後，如果不動，則可以保存在 ChatGPT 帳號內。如果想要用 Word 儲存，可以點選複製圖示 📋。

3-2 學生應用 ChatGPT

這時含表情符號的文件會被複製到剪貼簿，請開啟 Word，然後執行常用 / 貼上指令，可以將含表情符號的文件貼到 Word。

本書 ch3 資料夾的「洪星宇.docx」就是上述儲存的檔案。

❑ **ChatGPT 提供連結下載**

此外，我們也可以讓 ChatGPT 自行將編輯結果轉換成 Word 檔案，然後提供下載連結，可以參考下列實例。

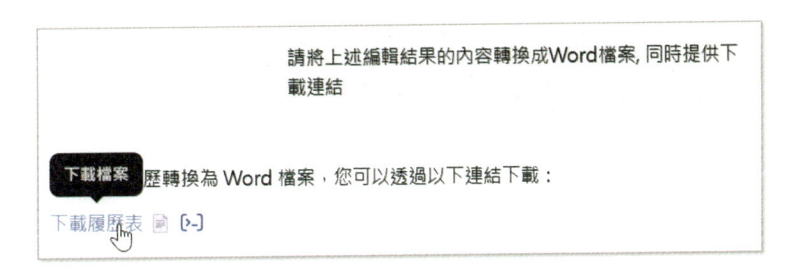

3-11

本書 ch3 資料夾的「洪星宇_網頁設計師履歷.docx」就是上述儲存的檔案。開啟此檔案後，可以得到下列結果。

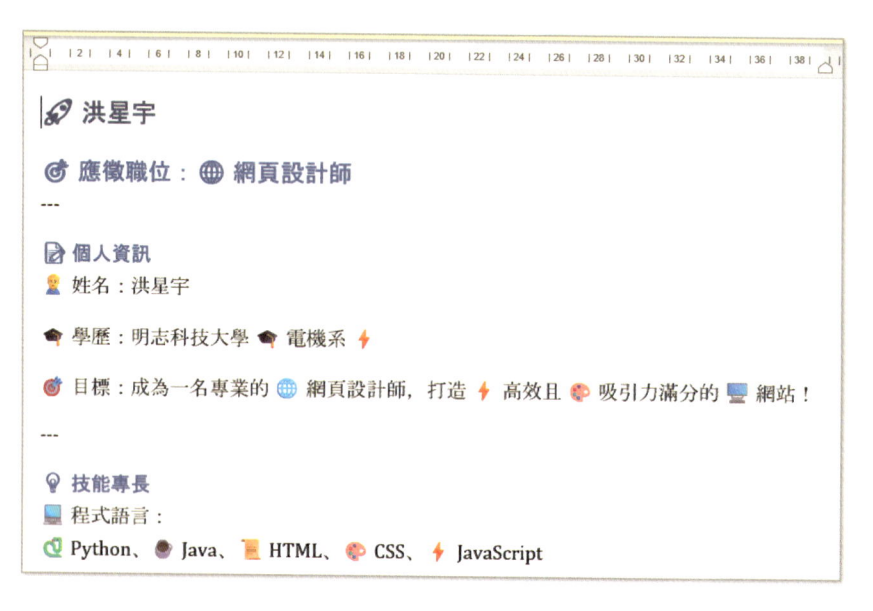

```
🚀 洪星宇

🎯 應徵職位：🌐 網頁設計師
---
📝 個人資訊
👤 姓名：洪星宇
🎓 學歷：明志科技大學 ⚡ 電機系 ⚡
🎯 目標：成為一名專業的 🌐 網頁設計師，打造 ⚡ 高效且 🎨 吸引力滿分的 💻 網站！
---
💡 技能專長
💻 程式語言：
🐍 Python、☕ Java、📕 HTML、🎨 CSS、⚡ JavaScript
```

上述可以得到格式化內容的 Word 文件。

3-2-6　指出履歷的弱點

> 請說明這個履歷應徵網頁設計工程師的弱點
>
> 您的履歷已經涵蓋了許多關鍵技能，但若要應徵**網頁設計工程師（Web Developer/Frontend Developer）**，仍有一些弱點可以補強：
>
> ### 1. 技術細節不足 💻
> - 履歷提及 HTML、CSS、JavaScript，但未提及前端框架（如 **React.js**、**Vue.js**）。許多網頁設計工程師職位要求熟悉這類框架。
>
> …

> **5. 履歷風格較偏向「網頁設計師」，非「網頁工程師」** 🎨 vs. 👨‍💻
> - 使用了大量表情符號（這在創意產業可行，但技術類職缺可能較正式）。
> - 可以強調程式開發、架構設計的能力，而非僅限於視覺設計。
>
> **如何改善？** 🚀
> - ☑ 增加前端框架技能（React、Vue）
> - ☑ 增加專案經驗與 GitHub 作品集
> - ☑ 詳細描述 SEO、效能優化技術
> - ☑ 強調團隊合作與開發流程經驗
>
> ↓
>
> 如果目標是「前端工程師」，可以調整重點方向，以更符合企業需求！💡

　　從上述可以看到 ChatGPT 不僅指出履歷的弱點，同時也列出改進方式，這對讀者應徵工作時非常有幫助。

3-2-7　協助撰寫應徵信

> 你可以協助撰寫應徵網頁工程師的信嗎
>
> 以下是一封應徵**網頁工程師**的求職信，您可以根據個人經驗與應徵公司需求進行調整。
>
> 🔻 **應徵職位：網頁工程師**
> 📩 **收件人：**（請填寫公司人資或負責人的姓名/職稱）
> 📝 **主旨：應徵網頁工程師 – 洪星宇**
>
> ---
>
> 敬啟者，
>
> 您好！我是洪星宇，畢業於明志科技大學電機系，一名熱衷於網頁開發的工程師。我對貴公司提供的**網頁工程師**職缺深感興趣，特此應徵，希望能貢獻我的技術與熱情，為貴公司打造高效且優質的網站與應用。
>
> **專業技能與經驗**
>
> - 熟悉 HTML、CSS、JavaScript，並能運用 React.js / Vue.js 開發互動性豐富的網頁應用。

...

> 敬祝 順心
> 洪星宇
> 📧（您的 Email）| 📞（您的電話）| 🌐（您的作品集或 GitHub 連結）
>
> ――――――――――
>
> 這封信突顯了您的技術能力、團隊協作經驗與應徵動機,若有特定專案或公司需求,可以再進一步調整內容! 🚀

ChatGPT 的回應結構清晰、內容充實,完整呈現應徵網頁工程師的關鍵技能與優勢。信件強調技術能力、團隊合作與學習能力,並提供具體技能與專案經驗,符合業界需求。此外,語氣專業且具說服力,能有效吸引雇主關注。

3-2-8 請告知我可能會被考的問題與給我解答

> 請告訴我可能會被考的問題,以及給我解答建議
>
> 在應徵**網頁工程師(Frontend Developer)**時,面試官可能會詢問技術、專案經驗、解決問題能力及團隊合作相關問題。以下是常見問題及解答建議:
>
> ---
>
> 📌 **技術問題(Frontend)**
>
> 1️⃣ **HTML & CSS 基礎**
> 📝 問題:請解釋 `flexbox` 和 `grid` 的區別,並舉例何時使用?
> ✅ 回答建議:
>
> - `Flexbox` 適合 **單軸(水平或垂直)**排列,如 **導覽列或按鈕組**。
> - `Grid` 適合 **雙軸(行和列)**佈局,如 **整體網頁結構或儀表板設計**。
> - 可舉例說明,並強調 **提升響應式設計的能力**。

...

> **📌 行為與思維問題**
>
> 8️⃣ 你如何學習新技術？
>
> ✅ 回答建議：
> - 閱讀官方文件（MDN、React Docs）。
> - 透過 Udemy、YouTube 參加線上課程。
> - 在 GitHub 上參與開源專案。
>
> 9️⃣ 如果專案接近截止日期，但還有 Bug 未解決，你會怎麼做？
>
> ✅ 回答建議：
> - 優先處理關鍵 Bug（影響用戶體驗的問題）。
> - 使用 **版本控制（Git）**，避免影響穩定版本。

　　ChatGPT 的回應結構清晰且涵蓋廣泛，針對網頁工程師面試提供了技術、專案經驗及團隊合作等多方面問題，並附上詳細解答建議。內容實用且具體，能幫助求職者準備面試並提升應對能力。

3-2-9　職場面試應該注意事項

> 請告訴我職場面試應該注意的事項
>
> 在職場面試時，除了具備專業知識和技能，還需要注意以下關鍵事項，以提高錄取機率：
>
> **📝 1. 事前準備**
>
> ✅ 研究公司與職位
> - 熟悉公司的**背景、文化、核心產品**，了解應徵職位的**具體職責**。
>
> …

> **🕴 2. 面試當天**
>
> ✅ **穿著合適服裝**
> - 服裝應符合公司的文化,如正式(西裝、襯衫)或商務休閒(Polo 衫、深色牛仔褲)。
> - 避免太隨意(T-shirt、短褲、拖鞋)。
>
> ✅ **準時抵達或提前 5-10 分鐘**

...

> **📣 3. 面試後跟進**
>
> ✅ **發送感謝信**
> - 在 24 小時內,寄一封**簡短的感謝信**,表達對機會的感謝,並重申對職位的興趣。
> - 例:「感謝您今天的面試機會,我對貴公司的文化與團隊印象深刻,期待能夠貢獻我的專業技能。」
>
> ✅ **持續學習與調整**
> - 若未錄取,可請對方提供回饋,改進下次表現。

...

> **🎯 總結**
>
> 面試不僅是公司考察你,你也在評估這家公司是否適合自己。只要**充分準備、專業應對、自信表達**,你就能增加成功機會! 🚀

ChatGPT 的回應內容完整且實用,涵蓋職場面試的準備、應對技巧與後續跟進,條理清晰,適合求職者參考。建議部分內容可更聚焦於特定產業,例如技術職的考題準備或創意產業的作品集建議,以提升針對性。

3-3 教師應用 ChatGPT

3-3-1 準備教學內容

請準備「台灣原住民發展史」的 3 頁教學資料。

> 請幫我準備3頁「台灣原住民發展史」的3頁教學資料
>
> 以下是「台灣原住民發展史」的3頁教學資料，包含概述、發展歷程與現況分析。

台灣原住民發展史

一、概論

台灣原住民是一群久住在台灣的克拉波尼西亞語系族群，可分為16個正式認定的族群，包括阿美族、排灣族、那祖族等。他們有自己的語言、文化和傳統家園結構，並將靡神信仰和天然主義融入日常生活中。

• • •

筆者測試時，也發現會進入畫布環境編輯與顯示教學資料。

3-3-2 準備問卷調查

> 請準備「台灣原住民發展史」的問卷，共5題，以了解學生接收的程度
>
> 以下是關於「台灣原住民發展史」的五道問卷題目，旨在評估學生對該主題的理解程度：
>
> 1. **台灣原住民的主要族群有哪些？請列舉至少三個。**
>   - A) 阿美族、泰雅族、布農族
>   - B) 客家族群、閩南族群、外省族群
>   - C) 越南族、馬來族、菲律賓族
>   - D) 日本族、韓國族、蒙古族
>
> • • •

3-17

3-3-3 協助準備附有解答的考題

> 請協助出3題是非題，3題選擇題，請同時附上解答，了解學生對於「台灣原住民」發展史的學習狀況

以下是關於「台灣原住民發展史」的測驗題，共 3 題是非題與 3 題選擇題，並附上解答，幫助評估學生的學習狀況。

◆ 是非題（請在 ⭕ 或 ❌ 中選擇）

1. 台灣原住民主要分布在台灣東部與中南部的山區與沿海地區。 ⭕（正確）

...

6. 原住民傳統文化中，以下哪一項是阿美族的重要特色？
   - A) 男子成年禮（勇士舞）✅（正確，阿美族以男子成年禮聞名）
   - B) 獵首文化
   - C) 編織與繡花工藝
   - D) 祖靈祭（豐年祭）

這些題目能有效評估學生對台灣原住民發展史的理解，如果需要調整範圍或難度，請告訴我！😊

第 4 章

ChatGPT 在企業的應用

4-1　ChatGPT 行銷應用

4-2　圖文方式貼文

4-3　員工加薪的議題

4-4　企業調漲折扣議題

4-5　企業公告

4-6　建立員工手冊

4-7　存證信函

4-8　租賃合約

4-9　ChatGPT 輔助 Excel

第 4 章　ChatGPT 在企業的應用

4-1　ChatGPT 行銷應用

ChatGPT 可以協助撰寫行銷文案，也可以規劃行銷文案，創意遠超過一般行銷人員，這將是本節的主題。

4-1-1　行銷的知識

> 請告訴我行銷的知識
>
> 行銷（Marketing）是企業為了滿足顧客需求，透過各種策略與手段推廣產品或服務，最終達成銷售與品牌價值提升的過程。以下是行銷的核心知識：
>
> 📌 **行銷的基本概念**
> 1. 行銷 4P 理論（Marketing Mix）　↓

...

> 📌 **行銷策略與方法**
> 1. 數位行銷（Digital Marketing）
>   - SEO（搜尋引擎優化）：提升網站在 Google 排名
>   - 社群行銷（Social Media Marketing）：透過 Facebook、Instagram、YouTube 宣傳
>   - 內容行銷（Content Marketing）：提供有價值的內容吸引受眾
>   - 電子郵件行銷（Email Marketing）：發送電子報維繫客戶
> 2. 品牌行銷（Brand Marketing）

...

> ◆ 行銷趨勢
> 1. **AI與數據行銷**：透過大數據分析消費者行為,提供個人化推薦
> 2. **短影音行銷**：TikTok、Instagram Reels 成為推廣品牌的重要渠道
> 3. **ESG行銷**：強調環保、社會責任與企業治理,吸引注重永續發展的顧客
> 4. **沉浸式體驗行銷**：VR/AR 技術應用於品牌推廣,如虛擬試衣間
>
> 行銷是動態變化的領域,了解市場趨勢、顧客需求並靈活運用不同策略,才能讓品牌或產品在競爭中脫穎而出！🎯 🚀

ChatGPT 的回應結構清晰,內容涵蓋行銷的基本概念、策略方法與最新趨勢,讓人能快速掌握行銷的核心知識。從 4P、4C 理論到數位行銷與品牌行銷,都有簡明扼要的解釋,並搭配實際應用。

4-1-2　撰寫行銷文案

如果我們沒有給予詳細的產品資料,所產生的文案是一般性的行銷文案。建議要求 ChatGPT 寫行銷文案時,最好提供產品特色、功能、優點,甚至用實際例子,越詳細越好。下列是一個推銷<u>衛星手機</u>的行銷文案。

> 請協助撰寫推銷「衛星手機」的行銷文案
>
> 📡 **隨時隨地,與世界保持連結** ── 🚀 **衛星手機**
>
> 🌍 **無論身處何地,訊號不再是阻礙！**
> 當傳統手機訊號消失,**衛星手機**仍能穩定通訊,讓你在最極端的環境中,依然與世界保持聯繫。
>
> ✅ **全球覆蓋**──無論是 ⛰️ 登山、🏜️ 沙漠探險,還是 🚢 遠洋航行,衛星信號皆可連接。
> ✅ **緊急救援**──當無法使用一般手機時,一鍵發送SOS求救,確保安全！
> ✅ **長效電池**──提供更長續航,適合長途旅程與戶外活動。
> ✅ **軍規耐用**──防水、防塵、抗震,應對極端環境毫無壓力。
>
> 📲 **現在入手,讓通訊無界限！**
> 不論你是探險家、商務人士或是安全至上的用戶,**衛星手機**讓你在世界任何角落,都能**隨時通話,安全無憂！** 🚀 ✨

第 4 章　ChatGPT 在企業的應用

從上述可以看到，ChatGPT 已經依據「衛星手機」的特色寫一個很好的行銷文案，下列是筆者增加「衛星手機特色」，同時說明是推廣「太陽牌衛星手機」，所產生的文案。

> 請撰寫銷售「太陽牌衛星手機」的行銷文案，「太陽牌衛星手機」具有「太陽能充電、9600萬畫素解析度、全球無死角、耐摔、耐熱、耐寒」特色
>
> 🌞 **太陽牌衛星手機**── 🌍 **全球無死角，極限環境也能通訊！**
>
> 🚀 征服世界每個角落，訊號不再受限！
> 無論你在 ⛰️ 高山、🏜️ 沙漠、🌊 大海或 ❄️ 極寒之地，太陽牌衛星手機讓你隨時保持聯繫，確保安全與便利！
>
> 🔋 ☀️ **太陽能充電**──陽光就是你的電力來源，無需擔心電量問題！
> 📸 **9600萬畫素相機**──極致高清攝影，記錄每一刻壯麗景色！
> 📡 **全球無死角**──無論身處何地，都能順暢通話，訊號永不掉線！
> 💪 **軍規耐用**──耐摔、耐熱、耐寒，極端環境也能穩定運作！
> 📲 **現在入手，讓世界成為你的通訊範圍！**
> 🌞 **太陽牌衛星手機，讓探索無界限、安全隨行！**

ChatGPT 的行銷文案清楚突顯「太陽牌衛星手機」的獨特賣點，如太陽能充電、全球無死角與軍規耐用性，並以生動的語言吸引消費者目光。內容結構清晰，融合了冒險探索與安全保障的概念，使產品形象更具吸引力。

4-1-3　行銷規劃

ChatGPT 除了可以寫行銷文案，也可以規劃行銷。

> 請為上述「太陽能衛星手機」規劃3個行銷活動
>
> 🌞 **太陽牌衛星手機 3 大行銷活動策劃** 🚀
>
> 📢 **1.「極限挑戰直播」──見證極端環境中的強悍性能**
>
> 📍 **活動概述**：邀請知名戶外探險家或科技網紅，在高山 ⛰️、沙漠 🏜️、極寒 ❄️ 等地進行「極限測試直播」，實測手機的耐摔、耐熱、耐寒與全球無死角通訊能力。
> 🎯 **目的**：透過實際測試強調產品耐用性與無死角訊號優勢，提高話題度與可信度。
> 🎁 **促銷方案**：活動期間購買手機即享 10% 折扣，並抽出 5 名幸運粉絲贈送衛星手機。

> 📷 **2.「世界任你行」用戶體驗挑戰**
>
> 📍 **活動概述**：鼓勵用戶帶著 **太陽牌衛星手機** 前往極限環境，拍攝照片或影片，並分享至社群平台（#太陽牌無死角 #挑戰極限）參加比賽。
>
> 🎯 **目的**：透過使用者生成內容（UGC）提升品牌口碑，讓消費者為品牌發聲，擴大影響力。
>
> 🏆 **獎勵**：
>
> - 最佳冒險攝影獎 🏅（1 名）：獲得 **全額退款 + 豪華配件組**
> - 參加獎 🎁（前 50 名）：贈送專屬防水手機殼

> 🔒 **3.「買一送一，與夥伴同行」限時優惠**
>
> 📍 **活動概述**：針對登山、探險、露營族群，推出「買一送一」活動，讓用戶能與親友一起享受 **全球無死角通訊** 的安全保障。
>
> 🎯 **目的**：提升購買動機，強調衛星手機在團隊行動中的必要性，擴大市場滲透率。
>
> 📅 **活動時間**：限時 7 天，數量有限，售完即止！
>
> 📣 **現在行動，讓通訊無界限！** 🌍 🔬

ChatGPT 提出的行銷活動多元且具創意，透過極限挑戰直播、用戶體驗挑戰與限時優惠等策略，成功突顯「太陽牌衛星手機」的產品特色與市場價值。每項活動都具備明確目標，並搭配社群互動與促銷方案，提高品牌影響力與消費者參與度。

4-1-4 設計廣告短片腳本

前一小節我們有了行銷活動，也可以進一步要求 ChatGPT 協助我們設計廣告短片的腳本。

> 我想為「太陽牌衛星手機」拍一個廣告短片，你可以設計腳本嗎？

🎬 **太陽牌衛星手機 廣告短片腳本**

🔸 **片長**：約 60 秒
🔸 **風格**：動感、緊張感 + 安全感結合
🔸 **主題**：無論身處何地，太陽牌衛星手機讓你永不失聯！

> 📍 **第一幕：極限環境挑戰（10秒）**
>
> 🎥 **畫面：**
>
> - 鏡頭快速切換：📍登山者在暴風雪的高山🏔、探險家走入沙漠🏜、水手在遼闊海洋中🚢、科學家在極地研究❄。
> - 字幕（旁白）：「當所有訊號都消失，你還能聯繫世界嗎？」
>
> 🎵 **音效**：緊張音樂、風聲、環境音，營造危機感。

> 📍 **第二幕：危機時刻（15秒）**
>
> 🎥 **畫面：**
>
> - 登山者滑倒、受傷，掏出一般手機「無訊號」📵，神情焦急。
> - 水手試圖用一般手機聯絡，畫面顯示「No Service」。
> - 字幕（旁白）：「在極端環境，普通手機無法幫助你！」
>
> 🎵 **音效**：心跳聲加快、風聲、無訊號嘟嘟聲。

> 📍 **第三幕：太陽牌衛星手機登場（15秒）**
>
> 🎥 **畫面：**
>
> - 登山者掏出 **太陽牌衛星手機**，長按求救按鈕🔴，衛星連線動畫🛰出現，成功發送訊息！
> - 水手使用 **太陽牌衛星手機**，與救援隊取得聯繫，畫面顯示「訊號滿格📶」。
> - 字幕（旁白）：「全球無死角通訊，**讓安全隨行！**」
>
> 🎵 **音效**：希望感的背景音樂，救援隊回應的聲音傳來。

> 📍 **第四幕：產品特寫與功能展示（10秒）**
>
> 🎥 **畫面：**
>
> - 9600萬畫素鏡頭📸 捕捉美景畫面，登山者微笑拍照。
> - 太陽能充電🔆，畫面顯示電量提升🔋，戶外長時間使用無憂！
> - 耐摔測試💪：從高處跌落仍完好無損。
> - 字幕（旁白）：「**全球無死角 | 太陽能充電 | 超高清攝影 | 軍規耐用**」
>
> 🎵 **音效**：科技感音樂、產品啟動音效。

> 🔴 第五幕：廣告結尾（10秒）
>
> 🎬 畫面：
>
> - LOGO + 產品名稱特寫：「🤩 太陽牌衛星手機 | 通訊無界，安全無憂！」
> - 畫面轉黑，最後出現購買資訊與官網連結。
>
> 🎵 音效：強而有力的結尾音效，留下深刻印象。
>
> 📢「不論何時何地，太陽牌衛星手機，讓你永不失聯！」🚀

　　ChatGPT 設計的廣告腳本節奏緊湊，透過極限環境與危機時刻的對比，突顯太陽牌衛星手機的優勢。產品特寫與功能展示環節清晰，搭配緊張與希望感的音效，增強廣告的吸引力。結尾簡潔有力，強化品牌記憶點。

4-2 圖文方式貼文

　　從前述內容中，讀者可以發現 ChatGPT 已經自動生成了圖文並茂的文件。此外，我們還可以透過以下各小節方式，創建具有圖文結合效果的貼文。

4-2-1 Emoji 方式

> 我的網站銷售「葡萄」、「芒果」、「玉荷包」，請以適合Emoji方式撰寫推廣文
>
> 🍇 **新鮮直送！** 🍇 甜美多汁的葡萄，一口咬下，彷彿品嚐陽光的味道！現在下單，讓你的味蕾感受純天然的甘甜滋味！💜✨
>
> 🥭 **夏日必備！** 🥭 超香甜芒果現正熱銷🔥，果肉細緻、香氣濃郁，每一口都是熱帶陽光的擁抱！快來搶購，錯過等明年！🌞😋
>
> 🍒 **頂級玉荷包！** 🍒 粒粒晶瑩剔透，酸甜爽口，每一顆都充滿濃郁荔枝香🌿！數量有限，產季限定，快來品嚐這一口人間美味！✨💕

　　ChatGPT 撰寫的推廣文案生動活潑，巧妙運用 Emoji 增強視覺吸引力，讓水果的特點更加鮮明。每段文字簡潔有力，強調口感、香氣與限時搶購的誘因，能有效提升消費者的購買慾望。

4-2-2 圖文方式

> 我的網站銷售「葡萄」、「芒果」、「玉荷包」，請以適合的圖文方式撰寫推廣文

🍇🍊🥭 **新鮮水果大賞 – 產地直送，鮮甜美味！** 🍇🍊🥭

☀️ 嚴選當季水果，給你最天然的甘甜滋味！數量有限，手刀搶購！☀️

🛒 🔥 **爆款推薦** 🔥

🍇 **鮮採葡萄 – 甜蜜多汁，每一顆都是陽光的味道！**
📌 果粒飽滿，香甜多汁 💜
📌 產地直送，新鮮看得見 🌿
📌 現在下單，享受純天然美味！
👉 立即品嚐：[🔗 購買連結]

↓

🥭 **爆汁芒果 – 夏天必備，熱帶風味的絕佳享受！**
📌 果肉細緻，入口即化 💛
📌 芳香四溢，香甜濃郁 😋
📌 產季限定，錯過再等一年！
👉 限量供應中：[🔗 購買連結]

🍒 **玉荷包荔枝 – 顆顆晶瑩剔透，酸甜剛剛好！**
📌 皮薄核小，果肉飽滿 🍒
📌 爽口不膩，甜而不膩 💕
📌 產季短暫，手慢就吃不到！
👉 快來搶購：[🔗 購買連結]

📦 全程低溫宅配，確保新鮮！現在下單，最快明天送達！🚚
🔥 美味不等人，現在就下單，享受當季最新鮮的水果吧！🔥

4-2-3 IG 方式貼文

IG 方式貼文，可以呈現活潑圖示當行銷文案開頭，整個文案生動引人關注。

> 我的網站銷售「葡萄」、「芒果」、「玉荷包」，請以適合IG方式撰寫推廣文

🍇🥭🍒 **今夏必吃！爆汁水果限時開賣！** 🔥

💜 **#鮮甜葡萄** 🍇 一口咬下，果汁滿溢，甜到心坎裡！💦 來自陽光果園，每顆都飽滿多汁，錯過等明年！

💛 **#香濃芒果** 🥭 夏天就該來一顆芒果！果肉細緻、濃郁香甜，每一口都是熱帶風情！🌴✨ 期間限定，快搶！

❤️ **#頂級玉荷包** 🍒 皮薄核小、酸甜剛剛好！季節限定，錯過只能等明年～💕 手刀下單，馬上享受！

🚚 **#全程冷藏直送** 📦 保證最新鮮！🔗 點擊連結立即購買！
#水果控 #夏日必吃 #爆汁美味 #限量發售

4-3 員工加薪的議題

許多人在職場期待加薪的心情，在此我們看 ChatGPT 如何處理。

4-3-1 適不適合向老闆提加薪

> 工作很久了，老闆都不加薪，你認為是否適合向老闆提出加薪議題？

是否適合向老闆提出加薪，取決於幾個關鍵因素：

1. **你的工作表現** 💼💡
   - 你是否在公司創造了顯著的價值？
   - 是否有具體的成果或貢獻能夠量化（如業績成長、專案成功等）？

2. **公司的財務狀況** 📊📉
   - 目前公司是否盈利？
   - 是否處於擴張或穩定成長階段？若公司財務困難，加薪的機率會降低。

> ...

> 5. 你的談判策略 🏷️💬
> - 用數據和事實來支持你的加薪請求。
> - 若公司無法提供加薪,可詢問是否有其他補償方式,如績效獎金、額外福利、升遷機會等。
>
> 如果你的表現優秀、公司財務狀況良好,且市場薪資支持加薪,那麼提出加薪請求是合適的。💪🚀

ChatGPT 的回應條理清晰,提供了評估加薪時機的關鍵因素,包括個人表現、公司財務狀況、市場薪資水準等,並建議如何以數據與談判策略提高成功率。內容實用且具體,能幫助求職者做出明智決策。

4-3-2　請 ChatGPT 寫加薪的信件

> 可否協助寫一封要求老闆加薪的信件

> 主題:薪資調整請求
>
> 尊敬的 [老闆姓名]:
>
> 您好!感謝您一直以來的指導與支持,讓我能在 [公司名稱] 成長與發揮所長。
>
> 我在公司已服務 [X] 年,期間積極參與 [列舉具體專案或貢獻],並成功達成 [量化成果],為公司帶來 [正面影響]。我始終以高度的責任心與敬業精神投入工作,期望能持續為公司創造價值。

> 鑒於我的努力與貢獻,以及市場上同類職位的薪資水準,我希望能與您討論薪資調整的可能性,以更符合我的工作表現與市場行情。我相信,這將進一步激勵我為公司做出更大貢獻。
>
> 懇請您考慮我的請求,並期待與您進一步討論。感謝您的時間與關注!
>
> 敬祝 順心
> [您的姓名]
> [您的職稱]
> [日期]

ChatGPT 的回應專業且有條理，信件內容語氣得體，既表達了對公司的感謝，也清楚說明了自身貢獻與加薪理由。透過量化成果與市場行情作為依據，使請求更具說服力。此外，結尾保持開放討論的態度，展現專業與誠意。

4-4 企業調漲折扣議題

一個新品牌的企業，在進入市場初期常常會被要求低折扣，經過幾年新品牌可能長大，為了要有合理競爭力，因此會想提升賣場折扣，下列是要求 ChatGPT 寫這方面的信件。

> 我的公司成立時，因為是新品牌，被要求用比較低的折扣銷售產品到賣場，甚至低於同業現在公司已經站穩腳跟，想要提高折扣到同業水準，請協助撰寫這方面的信件。

主題：調整產品銷售折扣之討論

敬啟者，

感謝貴公司一直以來對 [貴公司名稱] 的支持與合作。自本品牌成立以來，我們秉持高品質與穩定供應的原則，致力於為消費者提供優質產品，也很榮幸能與貴公司建立長期合作關係。

當初進入市場時，為提升品牌曝光度與市場接受度，我們接受了較低的折扣方案，以利產品順利進入賣場。然而，隨著品牌逐步成長，市場認可度與銷售表現穩定提升，我們希望能將折扣水準調整至與同業一致，以維持公平競爭並確保長期供應穩定。

我們誠摯希望能與貴公司進一步討論新的折扣方案，期待能達成雙方共贏的合作模式。如有機會，我們也願意提供銷售數據與市場分析，以支持本次調整的合理性。請問何時方便安排會議進一步洽談？

感謝您的理解與支持，期待您的回覆！

敬祝 商祺
[您的姓名]
[您的職稱]
[公司名稱]
[聯絡方式]
[日期]

ChatGPT 的回應專業且具說服力，信件語氣得體，清楚說明折扣調整的合理性，並強調品牌成長與市場競爭的公平性。同時，保留與對方協商的空間，展現誠意與合作精神。

4-5 企業公告

4-5-1 請假規定公告

以下是公司請假規定的公告，有了 ChatGPT 真是省事很多。

請公告員工請假規定

公告：員工請假規定

親愛的各位同仁，

為了確保公司運營順暢，並維護員工的權益，現就員工請假規定做如下公告：

1. **請假種類**：
   - **事假**：員工因私人事務需請假，需提前至少 3 天通知主管。
   - **病假**：因病需請假，需提供醫生證明，並於 2 日內報告主管。
   - **特別假**：如婚假、喪假等，請依公司政策申請，並提前向主管報備。

2. **請假程序**：
   - 填寫公司請假單，並由直屬主管簽核。
   - 假期超過 3 天，需提供相關證明文件（如病歷、婚喪證明等）。

3. **請假紀錄**：
   - 請假紀錄將記錄於員工檔案中，並作為考核的參考依據。

4. **請假注意事項**：
   - 任何未經批准的請假將視為缺勤，並會根據公司規定處理。
   - 若因特殊情況需立即請假，請盡速聯繫主管並補交請假單。

請大家遵守請假規定，以保持公司的正常運作。若有任何問題，請隨時與人力資源部門聯繫。

ChatGPT 提供的員工請假規定公告清晰且詳盡，涵蓋了各類請假的種類、程序、注意事項及紀錄管理，並強調了遵守規定的重要性。語氣專業且易於理解，能有效提醒員工注意請假流程及公司政策。

4-5-2　國內參展公告

> 公司將於2025年11月22～26日，參加台北電子科技大展，展出電子眼鏡，這個眼鏡具有拍照、錄影、打衛星電話功能，請寫電子郵件告知代理商此一訊息。

主題：通知：參加2025台北電子科技大展及展示新款電子眼鏡

親愛的 [代理商名稱]，

您好！希望您一切順利。

我們很高興地通知您，我們公司將於2025年11月22日至26日，參加台北電子科技大展。屆時，我們將展示最新款的電子眼鏡，該款眼鏡具有拍照、錄影及打衛星電話等功能，設計上融合高科技與實用性，為消費者帶來全新的穿戴體驗。

此次展覽是展示我們最新產品和技術的重要場合，誠摯邀請您蒞臨我們的展位，並期待與您深入交流。如有任何問題或需進一步了解，請隨時與我們聯繫。

感謝您的支持與合作，期待在展會中見到您！

敬祝 商祺，

[您的姓名]
[您的職稱]
[公司名稱]
[聯絡方式]
[日期]

ChatGPT 的回應簡潔明瞭，語氣專業且親切，成功傳達了參展的資訊並邀請代理商參觀。信件內容結構清晰，既介紹了新產品的功能，又提供了參展日期，方便代理商安排時間。

4-6 建立員工手冊

> 請建立員工手冊

員工手冊

目錄

1. 公司簡介
2. 公司願景與使命

...

11. 離職程序

員工若決定離職，需提前 [X] 天通知主管，並完成離職交接工作。公司將根據工作表現提供離職證明。

這本員工手冊涵蓋了公司運營的基本規範，旨在提供員工一個清晰的工作指引，確保工作環境的公平與秩序。如有任何疑問，請隨時向人力資源部門詢問。

[公司名稱]
[發佈日期]

　　這份員工手冊內容結構清晰，涵蓋了公司運作所需的各項基本規範，如薪酬福利、工作時間、請假政策及職場行為等，能夠幫助員工了解公司文化與工作要求。語言簡潔易懂，適合新員工快速掌握並遵守公司的各項規定。

4-7 存證信函

> 有一家公司所出版的電子眼鏡,「錄影功能」抄襲本公司的專利,請協助發存證信函。

發送存證信函範本:

[您的公司名稱]
[地址]
[電話]
[電子郵件]

↓

…

主旨:關於電子眼鏡「錄影功能」涉嫌侵害本公司專利之通知

敬啟者:

本公司是 [專利名稱或專利編號] 的合法專利權人,該專利涉及[描述專利技術,如「電子眼鏡的錄影功能」]。經查證貴公司所銷售的電子眼鏡產品(型號:[產品型號]),其錄影功能與本公司所持有的專利技術相似,已涉嫌侵犯我方的專利權。

…

[您的姓名]
[職位]
[公司名稱]

此為存證信函範本,您可以根據實際情況修改內容。如果需要寄送存證信函,建議與專業律師合作,以確保信函內容和法律效力符合相關法規要求。

　　這封存證信函範本結構清晰、條理分明,詳細闡明了侵權行為並提出具體要求,語氣專業且客觀,能有效傳達法律立場。內容完整,適合用於向侵權方發出正式警告。

4-8 租賃合約

我們也可以讓 ChatGPT 協助撰寫辦公室出租的合約。

> 我有一間辦公室要出租,請協助擬定出租合約

以下是一份辦公室出租合約範本,您可以根據實際情況進行修改:

辦公室出租合約

立約人:

出租人(甲方):[出租人姓名/公司名稱]

承租人(乙方):[承租人姓名/公司名稱] ↓

…

第七條 提前終止合約

1. 乙方需提前 [提前通知天數] 天通知甲方,並支付剩餘租期的 [違約金額] 作為違約金。
2. 若甲方提前終止合約,應退還乙方未到期的租金並支付相同金額的違約金。

第八條 其他條款

1. 本合約若有未盡事宜,雙方應依誠信原則協商解決。
2. 本合約一式兩份,甲乙雙方各執一份。

第九條 簽署

甲方(出租人):＿＿＿＿＿＿＿ 日期:＿＿＿＿＿＿＿

乙方(承租人):＿＿＿＿＿＿＿ 日期 ↓ ＿＿＿＿＿＿＿

這份辦公室出租合約範本條款清晰,涵蓋了租金、押金、使用限制、維修義務等關鍵事項,能有效保障雙方權益。語言簡潔明瞭,條款具體,適合用於正式出租場合。

4-9　ChatGPT 輔助 Excel

4-9-1　ChatGPT 協助撰寫公式

有一個 Excel 檔案 ch4_1.xlsx 工作表內容如下：

	A	B	C	D	E	F	G	H	I
1									
2			旅遊市場調查報告					最高評價	
3		評分:0-10分						最低評價	
4				西班牙旅遊	瑞士旅遊	法國旅遊			
5		問卷報告							
6		導遊專業度	分數	10	7	5			
7		餐點	分數	8	7	6			
8		住宿	分數	7	9	5			
9		行程安排	分數	5	7	3			
10									

我們可以讓 ChatGPT 告訴我們應如何填入公式，下列是讓 ChatGPT 告訴我們應該如何在「I2」除存格填入最高評價分數。

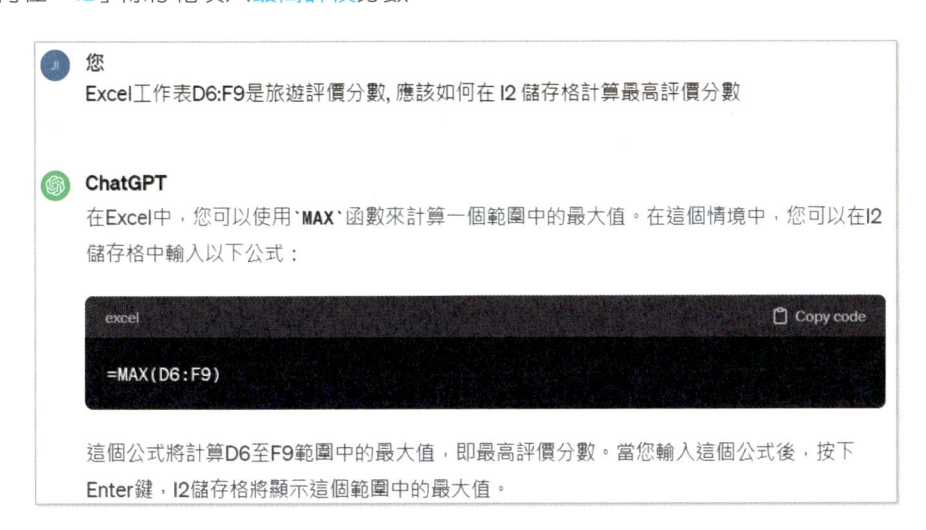

> **您**
> Excel工作表D6:F9是旅遊評價分數, 應該如何在 I2 儲存格計算最高評價分數
>
> **ChatGPT**
> 在Excel中，您可以使用 `MAX` 函數來計算一個範圍中的最大值。在這個情境中，您可以在I2儲存格中輸入以下公式：
>
> ```excel
> =MAX(D6:F9)
> ```
>
> 這個公式將計算D6至F9範圍中的最大值，即最高評價分數。當您輸入這個公式後，按下 Enter鍵，I2儲存格將顯示這個範圍中的最大值。

將上述公式複製到 I2 儲存格，可以得到下列結果。

第 4 章 ChatGPT 在企業的應用

下列是讓 ChatGPT 告訴我們應該如何在「I3」除存格填入最低評價分數。

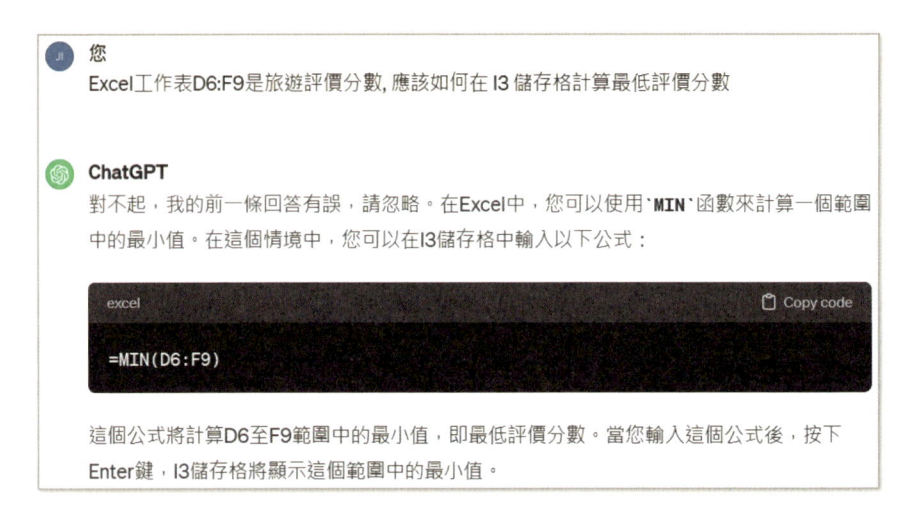

將上述公式複製到 I3 儲存格,可以得到下列結果。

上述執行結果存入 ch4_2.xlsx。

4-9-2 銷售排序

有一個百貨公司銷售報表 ch4_3.xlsx 內容如下：

	A	B	C	D	E
1					
2		百貨公司產品銷售報表			
3		產品編號	名稱	銷售數量	排名
4		A001	香水	56	
5		A003	口紅	72	
6		B004	皮鞋	27	
7		C001	襯衫	32	
8		C003	西裝褲	41	
9		D002	領帶	50	

上述需要計算每一種商品的銷售排名，下列是詢問 ChatGPT 的結果。

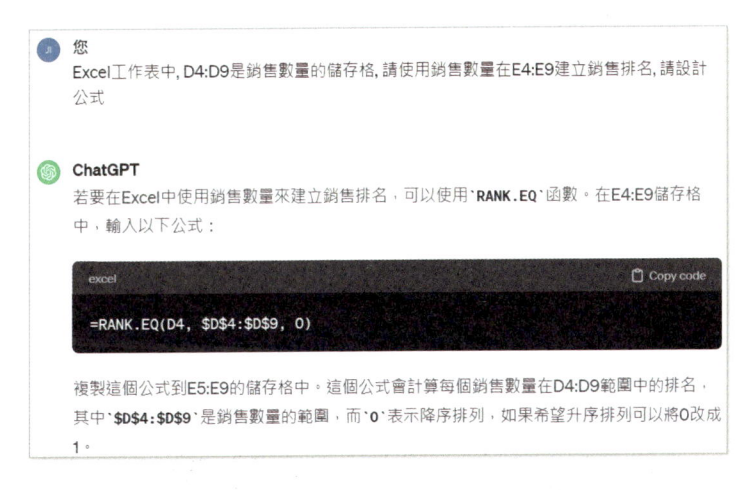

> 您
> Excel工作表中,D4:D9是銷售數量的儲存格,請使用銷售數量在E4:E9建立銷售排名,請設計公式
>
> ChatGPT
> 若要在Excel中使用銷售數量來建立銷售排名,可以使用 `RANK.EQ` 函數。在E4:E9儲存格中，輸入以下公式：
>
> ```excel
> =RANK.EQ(D4, $D$4:$D$9, 0)
> ```
>
> 複製這個公式到E5:E9的儲存格中。這個公式會計算每個銷售數量在D4:D9範圍中的排名，其中 `$D$4:$D$9` 是銷售數量的範圍，而 `0` 表示降序排列，如果希望升序排列可以將0改成1。

若是將上述公式複製到 E4 儲存格，然後將 E4 儲存格的公式複製到 E5:E9 儲存格，可以得到下列結果。

E4		fx	=RANK.EQ(D4, $D$4:$D$9, 0)		
	A	B	C	D	E	F
1						
2		百貨公司產品銷售報表				
3		產品編號	名稱	銷售數量	排名	
4		A001	香水	56	2	
5		A003	口紅	72	1	
6		B004	皮鞋	27	6	
7		C001	襯衫	32	5	
8		C003	西裝褲	41	4	
9		D002	領帶	50	3	

上述執行結果儲存到 ch4_4.xlsx。

4-9-3　了解 Excel 特定函數的用法

使用 Excel 期間，可以隨時讓 ChatGPT 告訴我們特定函數的用法。

> **您**
> 請說明Excel內VLOOKUP( )函數的用法
>
> **ChatGPT**
> `VLOOKUP` 函數是 Excel 中一個用來垂直查找表格資料的強大函數。這個函數通常用於在一個範圍 (通常是一個表格) 中查找指定的值，然後返回該值所在行的指定列的數值。
>
> 以下是 `VLOOKUP` 函數的一般語法：
>
> ```excel
> =VLOOKUP(lookup_value, table_array, col_index_num, [range_lookup])
> ```
>
> - `lookup_value`：欲查找的值。
> - `table_array`：包含要查找的資料的表格範圍。
> - `col_index_num`：欲返回的值所在列的相對位置 (從 `table_array` 的第一列開始計算)。
>
> - `range_lookup`：[選用] - 用於指定查找的方式。如果為 `TRUE` (或省略)，則執行模糊查找；如果為 `FALSE`，則執行精確查找。
>
> 以下是一個示例：
>
> 假設有一個表格範圍 A1:B5，其中 A 列是產品名稱，B 列是對應的價格。如果我們想要查找產品 "Apple" 的價格，可以使用以下公式：
>
> ```excel
> =VLOOKUP("Apple", A1:B5, 2, FALSE)
> ```
>
> 這將在 A1:B5 範圍中查找 "Apple"，找到後返回該行的第 2 列 (價格列) 的值。如果找不到 "Apple"，函數將返回錯誤值。

第 5 章

GPT 機器人

5-1　探索 GPT

5-2　DALL-E - 讓你的奇思妙想活靈活現

5-3　Wolfram - 科學之眼,洞悉宇宙奧秘

第 5 章　GPT 機器人

OpenAI 發表的 ChatGPT 不斷的進化中，從 2023 年 11 月起增加 GPT，現在此功能也提供給免費版的 ChatGPT 用戶操作。依據 OpenAI 公司官方的說法，GPT 其實就是系列客製化版本的 ChatGPT，或是稱「機器人」，我們可以將「機器人」想像為個人生活的 AI 助理。這一章的內容主要是介紹有關熱門的 GPT，除了有 OpenAI 公司官方的 GPT，同時也介紹目前幾個非官方開發 GPT。

註 免費版的 ChatGPT，對於使用 GPT 也是有限制的，使用一定量後，會要求購買 Plus 版本。

5-1　探索 GPT

5-1-1　認識 GPT 環境

ChatGPT 左側欄可以看到探索 GPT。

探索 GPT

點選可以進入 GPT 頁面，在這裡可以看到 GPT 分類標籤、創鍵 GPT 功能鈕、我的 GPT(自己建立的 GPT) 標籤、搜尋欄位。

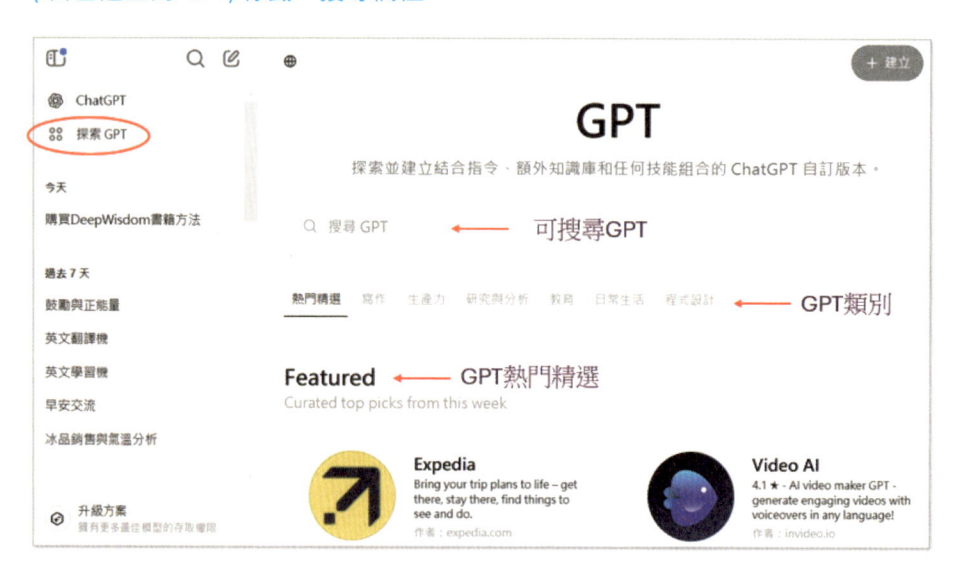

5-2

幾個功能說明如下：

- 建立：進入建立 GPT 環境，目前免費版用戶無法使用此功能。
- 搜尋 GPT：GPT 不斷擴充中，可以在這個欄位輸入關鍵字，搜尋 GPT。
- GPT 類別：可以看到所有 GPT 的分類，有寫作、生產力、研究與分類、教育、日常生活與程式設計等。

5-1-2 熱門精選

在熱門精選分類表下方，可以看到下列 3 大 GPT 分類包含下列項目：

- Featured：熱門精選可參考前一小節的圖。
- Trending：熱門趨勢。

- OpenAI 公司也開發了 GPT，可以參考 5-1-3 節。

5-1-3 OpenAI 官方的 GPT

進入 GPT 環境後首先看到的是熱門精選標籤，往下捲動可以看到官方建立的 GPT。

由 ChatGPT 生成

由 ChatGPT 團隊打造的 GPT

1. **DALL·E** — Let me turn your imagination into imagery.
   作者：ChatGPT

2. **Data Analyst** — Drop in any files and I can help analyze and visualize your data.
   作者：ChatGPT

3. **Hot Mods** — Let's modify your image into something really wild. Upload an image and let's go!
   作者：ChatGPT

4. **Creative Writing Coach** — I'm eager to read your work and give you feedback to improve your skills.
   作者：ChatGPT

5. **Coloring Book Hero** — Take any idea and turn it into whimsical coloring book pages.
   作者：ChatGPT

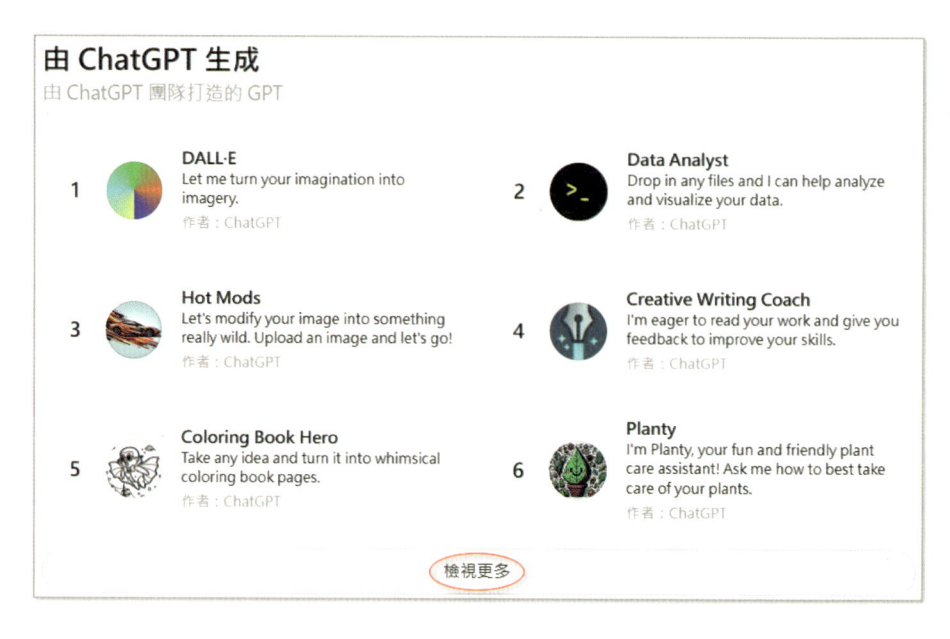

6. **Planty** — I'm Planty, your fun and friendly plant care assistant! Ask me how to best take care of your plants.
   作者：ChatGPT

檢視更多

上述點選 檢視更多 超連結，可以看到 OpenAI 公司自行建立的 GPT，下列是官方 GPT 的項目與功能：

- **DALL-E**：是一款非常厲害的人工智慧工具，它可以將文字描述轉換成精美的圖像。你可以給它一個文字指令，例如：「一隻穿著太空衣的貓在月球上彈吉他」，DALL-E 就能根據你的描述，產生出相應的圖片，5-2 節會做說明。

- **Data Analyst**：數據分析師，上傳資料，可以分析與視覺化資料。

- **Hot Mods**：上傳圖案可以依據你的要求修改圖像。

- **Creative Writing Coach**：寫作教練，可以閱讀您的作品，並給予您回饋，以提升您的寫作能力。

- **Coloring Book Hero**：讓你的靈感自由奔放，創造出充滿魔力的著色本插畫。

- **Planty**：植物照顧好幫手！有任何植物照顧問題都可以用此 GPT。

- **Web Browser**：瀏覽網頁，協助您收集資訊或進行研究。

- **Game Time**：不管你是小朋友還是大人，這個 GPT 都能教你怎麼玩棋盤遊戲或卡片遊戲喔！

- The Negotiator：幫助你為自己發聲，取得更好的結果。成為一名優秀的談判高手。
- Cosmic Dream：開創數位奇幻藝術新紀元的畫家。
- Tech Support Advisor：不管是裝印表機還是電腦當機，都可以一步一步教你解決問題。
- Laundry Buddy：有關衣服的污漬怎麼洗、怎麼分類、怎麼設定洗衣機，通通都可以問此 GPT。
- Sous Chef：根據你喜歡的口味和現有的食材，推薦適合你的食譜。
- Math Mentor：幫助家長指導孩子數學，急著複習幾何證明？
- Mocktail Mixologist：不論您手邊有什麼食材，此 GPT 都能為您的派對提供別出心裁的無酒精雞尾酒配方，讓派對更加精彩。
- genz 4 meme：可以幫助你了解網路流行語和最新的迷因。

5-2 DALL-E - 讓你的奇思妙想活靈活現

DALL-E 不僅是 ChatGPT 繪圖的引擎，Copilot 的繪圖也是用 DALL-E 引擎完成。

5-2-1 了解 DALL-E 與 ChatGPT 繪圖的差異

DALL-E 是 OpenAI 公司研發的 AI 繪圖軟體，這個軟體目前已經內建在 ChatGPT 環境，所以我們可以在聊天環境創建圖像。讀者可能會好奇，ChatGPT 環境的繪圖和 DALL-E 的繪圖功能差異在哪裡。其實還是有差異的：

❏ 功能集中與專注度

- ChatGPT with DALL-E Integration：這個版本的 ChatGPT 整合了 DALL-E 的繪圖功能，使其能夠在對話過程中生成圖片。這個整合版本著重於提供多功能的交互體驗，包括文字生成和圖像生成。
- DALL-E：DALL-E 是一個專門的圖像生成模型，專注於根據文字描述創造高質量的圖片，它本身不具備自然語言處理或對話生成的功能。

❑ **使用上下文**
- 在 ChatGPT 中，圖像生成是對話的一部分，意味著生成的圖像通常與前面的對話內容相關聯。
- DALL-E 則獨立運作，專注於根據給定的描述創建圖像。

❑ **用戶體驗**
- ChatGPT 的用戶透過與模型對話來觸發圖像生成，這是一個交互式的過程。
- 使用 DALL-E 時，用戶直接提供圖像描述，並接收生成的圖像，這是一個更直接、單一目的的過程。

總的來說，雖然兩者都利用了 DALL-E 的圖像生成能力，但 ChatGPT 整合了這一功能，以支持其多功能的對話代理角色，而 DALL-E 本身則專注於作為一個獨立的圖像生成工具。

5-2-2　AI 繪圖的原則與技巧

AI 繪圖的基本規則和技巧：

❑ 指令的清晰度和完整性

指令越清晰和完整，AI 繪圖工具生成的圖像就越有可能符合用戶的預期，指令應包括以下內容：

- **主題**：圖像的主題是什麼？例如，是一隻狗、一座山、還是一個場景？
- **物體**：圖像中包含哪些物體？物體的形狀、大小、顏色、材質等。
- **場景**：圖像的背景和環境。

❑ 指令的創意性

AI 繪圖工具可以生成具有創意的圖像，但用戶需要提供足夠的創意指令。例如，可以嘗試使用以下方法：

- 使用形容詞和副詞來描述物體或場景的細節。
- 使用比喻或隱喻來創造意想不到的效果。
- 使用誇張或幽默來增加趣味性。

❏ 指令的一致性

如果指令中包含相互矛盾的內容，AI 繪圖工具可能無法生成符合預期的圖像。例如，如果指令中描述了一隻會飛的狗，AI 繪圖工具可能無法生成一張既逼真又符合邏輯的圖像。

以下是一些使用 AI 繪圖工具時的具體技巧：

- 從簡單的圖像開始：如果您是第一次使用 AI 繪圖工具，可以先從簡單的圖像開始，例如一隻狗、一朵花或一座房子。隨著使用經驗的增加，您可以嘗試生成更複雜的圖像。
- 多試幾次：AI 繪圖工具生成的圖像可能並不總是符合用戶的預期。如果您不滿意生成的圖像，可以嘗試修改指令或重新生成。
- 與他人分享：與他人分享您生成的圖像可以獲得反饋，幫助您改進繪圖技巧。

AI 繪圖技術仍在不斷發展，隨著技術的進步，AI 繪圖工具將能夠生成更加逼真、創意和符合用戶預期的圖像。

5-2-3　DALL-E 的體驗

點選 DALL-E 圖示後，就可以進入 DALL-E 環境。

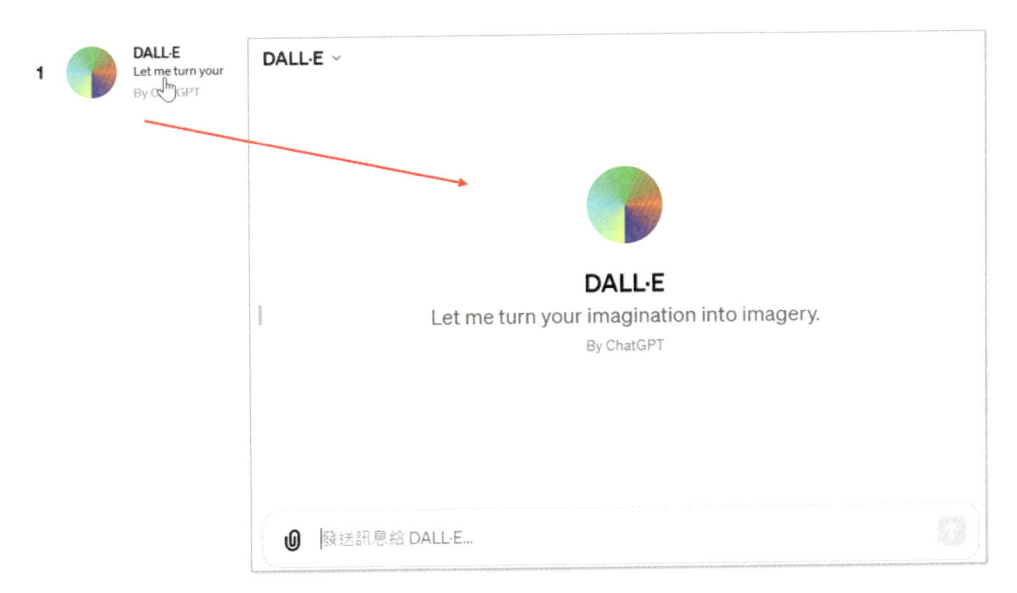

第 5 章 GPT 機器人

「你的想像力，是我的創作靈感。」

上述我們可以將滑鼠游標移到風格選項，了解不同風格的意義。

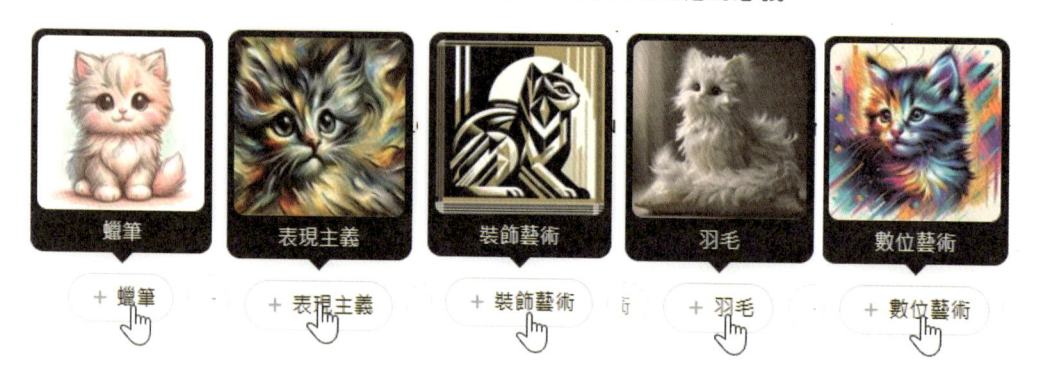

DALL-E 生成的影像通常有 1024x1024(正方形)、1792x1024(寬螢幕) 和 1024x1792(垂直) 等三種解析度可選擇。右下方有長寬比選項可以選擇，或是我們可以在 Prompt 中告知不同的尺寸，在 DALL-E 環境可以生成 2 張影像，現在就可以作畫了。

註 使用前建議先告知用繁體中文回答。

實例 1：您輸入「正方形長寬比，一位 16 歲女孩，與一條狗，在火星旅遊」。

我們可以用全景或是 16:9 比例生成圖像，可以參考下列實例。

實例 2：您輸入「一位漂亮的台灣女孩，16 歲，傍晚，在火星旅遊，遠方有火星探測器，請用全景」。

第 5 章　GPT 機器人

實例 3：您輸入「一位漂亮的台灣女孩，16 歲，背景是台北 101 大樓，同時顯示元旦煙火，全身肖像」。

5-3　Wolfram - 科學之眼，洞悉宇宙奧秘

　　Wolfram 就像一雙銳利的眼眸，可以處理基礎到複雜的科學問題，並提供精準的計算和分析。它不僅是一個軟體，更是探索未知世界的一把鑰匙。無論是天文學家探索宇宙的奧秘，還是物理學家解開物質的本質，Wolfram 都能提供強大的支持，成為科學家們不可或缺的利器。

　　Wolfram 服務項目非常多，可以執行數據查詢、計算和數據處理 ... 等，可參考下列說明：

❏ **數據查詢和計算**

　　可以使用 Wolfram Alpha 和 Wolfram Cloud 的功能來查詢事實、進行計算以及查找特定領域的數據。例如：可以詢問有關科學公式、數學問題、人口統計數據等問題。

❑ **Wolfram Alpha 查詢**

使用 Wolfram Alpha 進行簡單的數據查詢和計算，這適用於需要快速答案的問題。比如「法國的人口是多少？」或「5 乘以 20 是多少？」。

❑ **Wolfram Cloud 計算**

使用 Wolfram Cloud 來進行更複雜的計算和數據分析。例如，處理大量數據、進行高級可視化、分析營養數據等。

❑ **營養數據分析**

從簡單的計算到更複雜的數據處理，讀者可以隨時提出，Wolfram 會根據具體情況選擇最適合的工具來為回應。

「透過 Wolfram|Alpha 和 Wolfram 語言，存取 Wolfram Mathematica 開發團隊所提供的計算、數學、精選知識與即時數據。」

5-3-1 基礎應用

請輸入「請顯示近期台灣的地震」。

第 5 章　GPT 機器人

上述請點選允許鈕。

> 以下是近期台灣的地震記錄：
>
> 1. 規模 5.2
>   - 時間：2025年3月13日 01:09 AM EDT (約13天前)
>   - 地點：花蓮玉里東南方 19 英里
> 2. 規模 5.1
>   - 時間：2025年1月29日 09:11 PM EST (約1.8個月前)
>   - 地點：台南白河東南方 16 英里
>
> 👉 時間軸視覺化：查看圖片
> 🔗 完整資訊：Wolfram|Alpha 查詢

請點選查看圖片超連結。

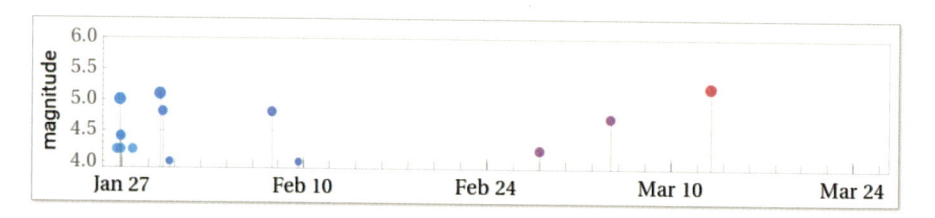

5-3-2　熱力圖的應用

熱力圖是一種用顏色來表示數據大小的視覺化工具。它將數據映射到一個色彩空間中，通常用深淺不同的顏色來表示數據值的高低。特色如下：

- 直觀易懂：人類對顏色的感知非常敏銳，熱力圖能快速傳達數據的分布狀況，讓使用者一眼看出數據的聚集和分散區域。
- 高密度數據呈現：熱力圖特別適合用來顯示高密度數據，例如城市人口分布、網站點擊熱度等。
- 發現隱藏模式：透過觀察熱力圖，可以發現數據中隱藏的模式和趨勢，幫助使用者深入了解數據的內在關係。

因為，Wolfram 本身的 Wolfram Cloud 就用有非常完整的資料，所以一個簡潔的 Wolfram 語言的語法，就可以完成許多工作。下列是用 GeoRegionValuePlot 生成圖表的應用。下列是用溫度色彩生成大陸人口分佈省份的熱力圖，可以得到下列輸入與輸出。

```
GeoRegionValuePlot[
 EntityValue[
  EntityClass["AdministrativeDivision",
"ChinaProvinces"],
   "Population"
 ],
 ColorFunction -> "TemperatureMap"
]
```

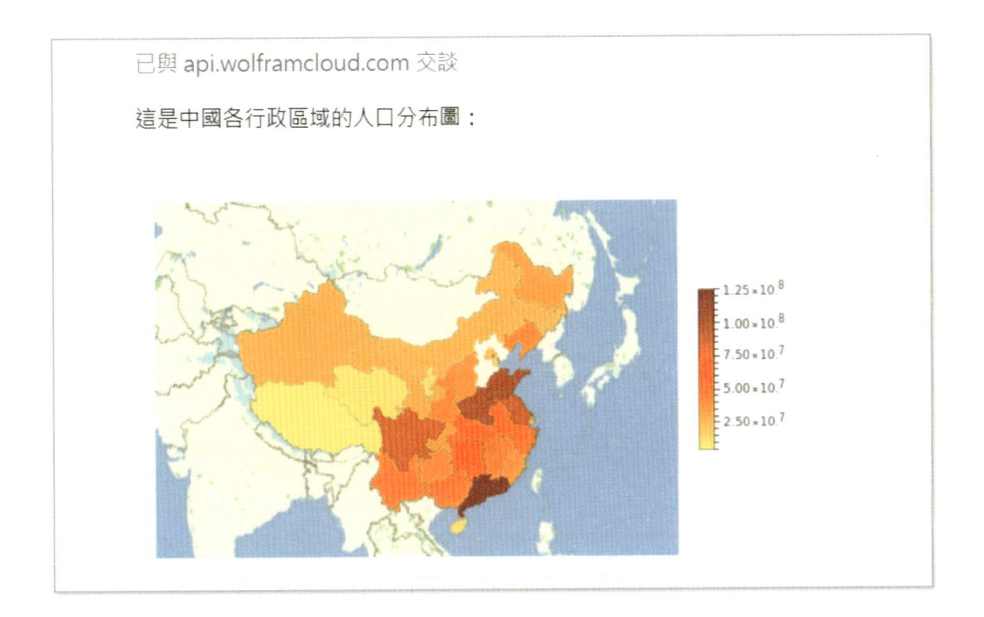

已與 api.wolframcloud.com 交談

這是中國各行政區域的人口分布圖：

第 5 章　GPT 機器人

第 6 章

推理 (Reason) 的應用

6-1 深度交談 –「推理」與「一般」模型回應差異解析

6-2 進入與離開推理環境

6-3 策略規劃與決策建議

第 6 章 推理 (Reason) 的應用

目前 ChatGPT 的語言模型，多了強調「推理 (reason)」功能，同時免費版的 ChatGPT 也可以用此功能。

在需要複雜計算與推理應用的場景，推理功能會先做深層思考，甚至列出思考所花的時間，在複雜問題處理上推理的語言模型的確是比較好的 AI 模型。本章將先解說 2 個 AI 交談模型的差異，然後用實例做解說。

經過測試，筆者體會 AI 的推理，特別適用於數據密集、推理複雜和需要高精度解決方案的應用場合。相比之下，一般模型更適合日常對話和一般知識查詢。

6-1 深度交談 -「推理」與「一般」模型回應差異解析

這一節將對比「推理」版本 與「一般」版本的回應差異，然後總結優缺點比較，最後給讀者未來應用的建議。

1. 回應的邏輯與深度

比較項目	「推理」版本	「一般」版本
回應邏輯	強調「全面性」與「系統化」，邏輯嚴謹且結構完整，包含背景分析、現狀評估、技術策略與未來規劃。	注重「快速解決方案」與「重點回應」，直切問題核心，回應清晰且易懂。
分析深度	提供更深入的分析，例如市場趨勢、技術瓶頸、創新設計與前瞻性建議。	提供重點解法，快速提供執行方案，強調易落地與可行性。
回應結構	分層細化，包含背景資料、問題分析、技術優化、長期策略，適合專業研究或決策參考。	條理清晰但結構較簡單，著重於「解法」或「執行步驟」，快速回應需求。

筆者評論：

- 「推理」：回應結構完整，適合複雜、需深入討論的問題，能夠提供背景知識與未來策略。
- 「一般」：側重於快速回應和具體解法，更符合時間有限或尋求直接答案的使用者需求。

2. 技術性問題的回應

比較項目	「推理」版本	「一般」版本
技術專業度	對技術問題的解答較為全面，涵蓋現有技術標準、創新設計與未來趨勢。	主要提供針對性的解法或優化建議，適合初步解決技術需求。
實例與應用	提供具體實例，並擴展應用場景，如整合不同技術或未來發展建議。	提供簡單直接的實例，著重於現有問題的解決，不過度延伸。
技術指標與數據	注重數據支撐，例如性能指標、模型效能評估、參考最新研究等。	側重具體目標達成，較少涉及全面的技術評估或指標分析。

筆者評論：

- 「推理」：適合高度技術性討論，尤其是需要全面評估與深入分析的場景。
- 「一般」：適合提供直接且實用的技術解決方案，適合工程實作與概念驗證階段。

3. 回應的速度與互動

比較項目	「推理」版本	「一般」版本
回應速度	因內容全面且深入，回應時間相對較長。	提供快速回應，側重於立即滿足使用者的需求。
互動方式	更傾向於引導使用者深入思考，會提供背景知識並詢問需求細節。	回應直接且迅速，快速聚焦問題，適合簡單互動與快速討論。

筆者評論：

- 「推理」：回應速度較慢，但提供的內容有助於深入學習或研究。
- 「一般」：更注重回應效率，適合需要即時解決問題的場景。

4. 適用場景比較

適用情境	「推理」版本	「一般」版本
高層決策支援	適合提供完整的分析報告與長期發展規劃。	提供重點決策建議，適合短期策略擬定。
技術研究與創新	適合深入探討技術方案、性能優化與創新設計。	適合概念驗證與技術解法的快速構建。
即時問題解決	提供背景分析與多面向解法，適合逐步拆解複雜問題。	提供快速、直接的解決方案，適合時間有限的任務。
一般用戶需求	提供更豐富的資訊與知識背景，提升學習與理解效果。	以快速且簡潔的回應滿足用戶需求，易於理解與執行。

第 6 章 推理 (Reason) 的應用

5. 綜合優缺點

比較項目	「推理」版本	「一般」版本
優點	提供深入分析，適合專業討論與決策支援。	回應迅速且聚焦問題，適合解決具體需求。
缺點	回應時間較長，內容可能過於複雜。	分析深度較淺，較少延伸討論與背景提供。

總結建議：

- 「推理」：適合需要深入討論、背景分析與長期策略的場景，例如技術研發、企業決策支援或學術研究。
- 「一般」：適合需要快速回應、即時解決問題的場景，例如工程實作、問題修正或概念驗證。

根據使用者的需求，兩者各具優點：若重視深度與全面性，推薦「推理」版本。若重視速度與實用性，則推薦「一般」。

6-2 進入與離開推理環境

讀者可以點選推理鈕，進入推理環境。

進入後，此推理鈕呈現藍色字樣。

如果要離開推理環境，再按一次推理鈕即可。

6-3 策略規劃與決策建議

在企業策略規劃、商業計劃與市場分析上，「推理」版本可以提供更深入的決策支援，細節可參考下列主題：

- 深度推理與分析：提供多層次市場分析，能夠進行競爭對手比較、「PESTEL」(政治 Political、經濟 Economic、社會 Social、科技 Technological、環境 Environmental、法規 Legal) 分析與市場趨勢預測。
- 數據驅動的決策支援：能夠從市場數據和財務報表中推導出具體的決策建議，例如銷售預測與市場佔有率分析。
- 多層次情境模擬：提供市場進入策略的多場景模擬與風險評估，幫助企業降低決策風險。

6-3-1 「一般」版本 - 市場洞察與決策建議

一家科技公司計劃進入智慧家居市場，需要分析市場環境，擬定競爭策略，並提出具體的商業計劃。管理層希望獲得深入的市場洞察與決策建議，可參考下列實例。

一家科技公司計劃進入智慧家居市場，需要分析市場環境，擬定競爭策略，並提出具體的商業計劃。管理層希望獲得深入的市場洞察與決策建議。

進入智慧家居市場需要從以下幾個角度來進行分析和規劃：

1. 市場環境分析

(a) 市場規模與增長潛力

- 智慧家居市場正處於快速增長階段，尤其在智能設備普及、物聯網(IoT)發展迅速的背景下。

...

2. 競爭策略擬定

(a) 產品差異化

- 在市場上，差異化是與競爭對手區別開來的關鍵。提供獨特的價值主張或功能（如更高效的互聯互通、更強的安全保障、更低的能源消耗）能吸引消費者。
- 可以專注於某一特定領域（如家庭安全系統），做出高端產品並強調產品的智能化與自主學習能力。

(b) 技術創新

- 開發具有前瞻性的技術，利用人工智慧、機器學習等增強設備的智能化。

...

第 6 章　推理 (Reason) 的應用

> **3. 商業計劃具體建議**
>
> **(a) 目標市場定位**
>
> - 根據目標消費者的需求來確定產品設計和市場推廣策略。例如，針對年輕一代的城市家庭，可以強調產品的易用性、智能化和時尚感。
>
> **(b) 銷售和營銷策略**
>
> - 利用數位行銷渠道（如社交媒體、網絡廣告、內容行銷等）來推廣產品，增加品牌曝光度。

......

> 這樣的市場分析與商業計劃能夠幫助公司清晰地了解智慧家居市場的環境、機會和挑戰，並確定適合的競爭策略和具體的執行步驟，確保順利進入並在市場中取得成功。

6-3-2 「推理」版本 - 市場洞察與決策建議

這一節是相同的問題讓 ChatGPT 用推理語言模型做回應，首先推理模型會列出推理所花的時間，此例是花了 5 秒。

> 一家科技公司計劃進入智慧家居市場，需要分析市場環境，擬定競爭策略，並提出具體的商業計劃。管理層希望獲得深入的市場洞察與決策建議。
>
> （推理花了 5 秒）
>
> 以下是一份分步說明的報告，幫助您深入分析智慧家居市場，擬定競爭策略，並提出具體的商業計劃。以下各部分均以淺顯易懂的語言說明，方便管理層快速掌握重點：

> **一、市場環境分析**
>
> **1.1 智慧家居市場趨勢**
>
> - **市場規模增長**：近年來，智慧家居市場正迅速擴大，消費者對自動化、安全、節能等需求增加。數據顯示，全球智慧家居市場未來數年內將持續成長。
> - **技術發展**：物聯網（IoT）、人工智慧（AI）、語音控制、雲端運算等技術進步，使得產品更智能、更便捷。
> - **消費者需求**：現代家庭越來越注重生活品質，安全性、節能、健康管理成為消費者選擇智慧家居產品的重要考量因素。
>
> **1.2 競爭環境**　　　　　↓

…

二、競爭策略擬定

2.1 差異化定位

- **技術創新**：利用先進技術（例如 AI 算法、深度學習）優化產品功能，使產品更智能化、更符合用戶需求。
- **產品整合性**：打造一站式智慧家居平台，實現多設備無縫連接，提升用戶體驗。
- **品牌形象塑造**：強調安全、可靠、簡便易用，通過市場宣傳與口碑建立品牌信任。

2.2 價格策略

- **市場分層**：針對不同消費者群體，推出高、中、低端產品線，滿足不同需求與預算。

↓

…

三、商業計劃建議

3.1 商業模式與盈利模式

- **銷售產品**：通過直銷、代理、經銷等方式銷售智慧家居設備，形成一次性產品收入。
- **服務訂閱**：提供智慧家居整合服務和安全監控等增值服務，採取訂閱或會員制，創造持續收入。
- **數據應用**：在合規的前提下，利用匿名數據進行市場分析和個性化推薦，探索新的盈利機會。

3.2 市場進入策略

↓

- **試點市場**：選擇具有代表性的城市或區域作為試點，先行進入市場並積累用戶反

…

結語

這份報告從市場環境、競爭策略、到具體的商業計劃，為科技公司進入智慧家居市場提供了全方位的參考。關鍵在於：

- 深入瞭解市場需求與技術趨勢
- 找出明確的市場定位與差異化優勢
- 制定靈活且可執行的商業計劃與風險管理方案

建議管理層根據本報告內容進一步細化具體執行方案，並組織專業團隊進行持續的市場監控和策略調整，以應對市場變化，最終達成業務目標。如果需要進一步的詳細資料或案例分析，我們可以進一步展開討論。

6-3-3 推理與一般模型比較

以下是兩個模型回應的比較，著重在內容的結構、重點及策略等方面：

❑ **市場環境分析**

- 相似點
  - 兩個模型回應都強調了智慧家居市場的增長潛力以及消費者需求的變化（自動化、安全、節能等需求）。
  - 都提到市場中的技術發展，尤其是物聯網 (IoT)、人工智慧 (AI)、語音控制等關鍵技術。

- 差異點
  - **市場趨勢**：推理模型回應提供了更詳細的市場趨勢分析，具體提到了技術進步（例如 AI 算法、深度學習）對產品功能的優化，以及消費者對生活品質的關注。而一般模型回應則更側重於市場的整體規模和增長潛力。
  - **競爭環境**：推理模型回應對競爭者的分析更為具體，列舉了主要競爭者（如 Google、Amazon、Apple）及他們的市場優勢，包括產品類型、價格策略等。一般模型回應對競爭對手的介紹比較簡略，主要強調了大型企業與新創公司的競爭格局。
  - **法規與標準**：推理模型回應增加了關於數據隱私、產品認證等的分析，指出合規性對產品信任度的重要性，這在一般模型回應中並未深入探討。

❑ **競爭策略擬定**

- 相似點
  - 兩個模型回應都強調了產品的差異化定位，如技術創新、產品整合性和品牌形象的塑造。
  - 價格策略方面，兩者都提到市場分層，針對不同的消費者群體推出多樣化的產品，滿足不同需求與預算。
  - 市場渠道與推廣：兩個模型回應都強調線上與線下渠道的結合，並提到合作夥伴關係的建立。

6-3 策略規劃與決策建議

- 差異點
  - **品牌塑造**：推理模型回應具體提到品牌形象的塑造，強調安全、可靠、簡便易用，並通過市場宣傳和口碑建立品牌信任，這一點在一般模型回應中相對簡略。
  - **售後服務**：推理模型回應對售後服務提出了具體建議，如建立完善的客服體系、技術支持和定期軟體更新等，這在一般模型回應中未強調。

❑ 商業計劃建議

- 相似點
  - 兩個模型回應都討論了商業模式，如產品銷售與服務訂閱的結合，並提到透過數據應用探索新盈利模式。
  - 市場進入策略方面，兩者都提到試點市場的選擇和初期的市場推廣策略。
- 差異點
  - **商業模式與盈利模式**：推理模型回應特別提出了利用匿名數據進行市場分析和個性化推薦的盈利機會，而一般模型回應則較為集中於產品銷售與增值服務。
  - **風險評估與應對**：推理模型回應在風險管理方面提供了更多具體措施，如技術風險的研發投入、市場風險的靈活調整，以及法規風險的合規準備等。一般模型回應則未深入探討這些細節。

❑ 實施時間表

推理模型回應詳細列出了短期、中期和長期的目標，清晰地規劃了產品研發、推廣、市場擴展等各階段的具體步驟，這一點在一般模型回應中未涉及。

❑ 總結

- 一般模型回應的分析較為簡單，重點放在市場概況和競爭策略的基本框架上。適合對智慧家居市場有基礎了解，並需要快速獲得概覽的人群。
- 推理模型回應則提供了更加深入、細緻的分析，涵蓋了市場趨勢、法規風險、品牌塑造、售後服務等多方面的策略，並且有具體的商業計劃建議和實施時間表，適合需要全面、具體策略建議的管理層。

第 6 章　推理 (Reason) 的應用

　　若是對商業計劃和市場策略需要更深入的指導，推理模型回應會提供更多實用的建議和行動步驟。

第 7 章
ChatGPT 輔助 Python 程式設計

7-1 語言模型和程式設計的交集

7-2 ChatGPT 輔助學習 Python 的應用方法

7-3 專案題目協助與修正錯誤

7-4 閱讀程式與增加註解

7-5 重構程式

7-6 重寫程式

7-7 程式除錯 (Debug)

第 7 章　ChatGPT 輔助 Python 程式設計

許多資訊科系的學生夢想是可以到一流的公司擔任軟體工程師，網路流傳 ChatGPT 若是去應徵 Google 工程師，已經可以錄取初級工程師，這一節筆者將用實例了解 ChatGPT 的程式設計能力。

ChatGPT 的程式設計能力，經過會話交流讓筆者驚嘆！下列是詢問目前全球最熱門的一種程式語言。當然讀者可以用同樣的語法請 ChatGPT 列出多個程式語言。

> 您
> 如果只能選一樣，請告訴我目前最重要的程式語言
>
> **ChatGPT**
> 選擇最重要的程式語言取決於您的具體需求和專業領域。然而，截至我知識截止日期2022年，如果只能選擇一種程式語言，很多人會認為 **Python** 是一個不錯的選擇。
>
> Python 在多個領域都有廣泛的應用，包括：
>
> 1. **數據科學和機器學習**：Python擁有豐富的數據科學和機器學習庫，如NumPy、Pandas、Scikit-learn、TensorFlow和PyTorch，使其成為數據分析和機器學習領域的首選語言。
> 2. **網頁開發**：Django和Flask等框架使Python成為網頁應用程式開發的強大工具。
> 3. **自動化腳本**：Python易於學習和閱讀，因此常被用於自動化任務和腳本編寫。
> 4. **科學計算**：在科學研究領域中，Python也被廣泛使用，支援科學計算和實驗數據分析。
> 5. **人工智慧**：Python在人工智慧和深度學習領域中的庫和框架的支援下，使其成為相當受歡迎的選擇。
> ↓

7-1　語言模型和程式設計的交集

❑ ChatGPT 語言模型的基本概念

語言模型是一種人工智慧技術，專門用於理解和生成自然語言本文。這些模型是以大量的數據進行訓練為基礎，以學習語言的結構和語意。

❑ 程式設計的核心

程式設計是一種創造性的過程，涉及使用程式語言來解決問題或實現特定功能。儘管這看似與自然語言無關，但實際上，程式設計也需要一種「語言」來表達邏輯和指令。

❑ 交集的出現

傳統上，語言模型和程式設計被視為兩個相對獨立的領域。然而，隨著語言模型的進步，這兩個領域開始出現交集。以下是一些主要的交集點：

1. 程式碼生成：先進的語言模型如 ChatGPT 能夠生成程式語言的程式碼，這不僅可以加速開發過程，還可以作為一種創新的解決方案生成工具。
2. 程式碼檢查：語言模型可以用於自動審查程式碼，識別出可能的錯誤或不良實作。
3. 自然語言查詢：開發者可以使用自然語言查詢來獲取片段程式碼或解決方案，而不需要進行繁瑣的搜索。
4. 文檔生成：自動生成程式碼註解或用戶手冊，減少手動文案撰寫的需求。

❑ 結論

語言模型和程式設計的這種交集開啟了一個全新的可能性空間，它允許我們以更高效、更智慧的方式進行軟體開發。隨著技術的不斷發展，我們可以預見這種交集將帶來更多創新和機會。

7-2 ChatGPT 輔助學習 Python 的應用方法

在使用 ChatGPT 輔助學習 Python，我們可以針對學習的需求詢問，下列是讓 ChatGPT 告訴我們可以協助的方法。

第 7 章　ChatGPT 輔助 Python 程式設計

> **您**
> 請告訴我，你可以如何協助我學習Python程式
>
> **ChatGPT**
> 我可以提供多種方式來協助您學習Python程式：
>
> 1. **教學和指導**：我可以解釋Python的基礎概念、語法和常見的程式設計原則。如果您有特定的問題或主題，我也可以提供相關的解釋和指導。
> 2. **編碼實例**：如果您希望看到實際的編碼範例，我可以提供Python的程式碼示例，以便您更好地理解如何應用各種概念。
> 3. **項目指導**：如果您正在進行特定的專案，我可以提供指導，協助您解決問題、優化程式碼，並提供最佳實踐建議。
> 4. **學習資源推薦**：我可以向您推薦適合不同程度的學習者的線上資源、教材和課程，以協助您更深入地學習Python。
> 5. **問答和解答**：如果您有任何關於Python的問題，請隨時向我提問。我會盡力提供清晰且詳細的解答。
> ↓

7-2-1　變數的用法

> **您**
> 請說明Python變數的用法
>
> **ChatGPT**
> 在Python中，變數是用來存儲和表示數據的名稱。每個變數都有一個名稱和一個相應的值。以下是Python中變數的基本用法：
>
> **變數的宣告和賦值**
>
> 在Python中，您可以使用等號（=）將一個值賦予一個變數。這也被稱為變數的宣告。

```python
# 變數宣告和賦值
age = 25
name = "John"
height = 1.75
is_student = True
```

在上面的例子中,我們創建了四個變數:`age`、`name`、`height`和`is_student`,並分別賦予它們不同的值,分別是一個整數、一個字符串、一個浮點數和一個布林值。

變數的名稱規則

- 變數名稱可以包含字母、數字和底線,但不能以數字開頭。
- 變數名稱區分大小寫,例如,`age`和`Age`是不同的變數。
- 避免使用Python的保留字(如`if`、`else`、`while`等)作為變數名稱。

變數的使用

在後續的程式中,您可以使用變數來執行各種操作,例如進行計算、輸出或傳遞給函數。

```python
# 使用變數進行計算
double_age = age * 2

# 使用變數進行輸出
print("My name is", name, "and I am", age, "years old.")

# 使用變數作為函數的參數
formatted_height = round(height, 2)
```

在這個例子中,我們使用了變數`age`、`name`和`height`進行一些基本的計算、輸出和函數調用。 ↓

總的來說,變數在Python中是非常靈活且易於使用的,它們允許您以有意義的名稱存儲和操縱數據。

第 7 章　ChatGPT 輔助 Python 程式設計

我們也可以要求 ChatGPT 將上述程式片段，整合成一個程式，方便學習。

> **您**
> 請將上述片段Python整合成一個程式

> **ChatGPT**
> 當然，以下是將上述片段整合成一個簡單的Python程式的例子：

```python
1   # ch7_1.py
2   # 變數宣告和賦值
3   age = 25
4   name = "John"
5   height = 1.75
6   is_student = True
7
8   # 使用變數進行計算
9   double_age = age * 2
10
11  # 使用變數進行輸出
12  print("My name is", name, "and I am", age, "years old.")
13
14  # 使用變數作為函數的參數
15  formatted_height = round(height, 2)
16
17  # 輸出計算結果和格式化後的身高
18  print("Double age:", double_age)
19  print("Formatted height:", formatted_height)
```

執行結果
```
================ RESTART: D:\AI_free\ch7\ch7_1.py ================
My name is John and I am 25 years old.
Double age: 50
Formatted height: 1.75
```

上述第一列的名稱 ch7_1.py 和左邊列號是筆者增加的，可方便讀者閱讀。

7-2-2　輔助說明函數的用法

> **您**
> 請用實例說明函數的用法

> **ChatGPT**
> 好的，讓我通過一個簡單的實例來說明Python中函數的用法。
>
> 假設我們想要實現一個簡單的計算器，能夠執行加法和乘法操作。我們可以使用函數來組織和重用相關的程式碼。以下是一個例子：

```python
1   # ch7_2.py
2   # 定義一個加法函數
3   def add(x, y):
4       result = x + y
5       return result
6
7   # 定義一個乘法函數
8   def multiply(x, y):
9       result = x * y
10      return result
11
12  # 主程序
13  if __name__ == "__main__":
14      # 使用加法函數
15      sum_result = add(3, 5)
16      print("Sum:", sum_result)
17
18      # 使用乘法函數
19      product_result = multiply(4, 6)
20      print("Product:", product_result)
```

執行結果

```
==================== RESTART: D:\AI_free\ch7\ch7_2.py ====================
Sum: 8
Product: 24
```

> 在這個例子中,我們定義了兩個函數:`add`和`multiply`。這兩個函數都接受兩個參數,執行相應的操作,並返回結果。然後,在主程序中,我們使用這兩個函數來進行加法和乘法的操作,並輸出結果。

如果讀者不懂第 13 列「if __name__ == "__main__"」,可以詢問 ChatGPT。

🧑 **您**
請解釋上面「if __name__ ...」的用法

💬 **ChatGPT**

`if __name__ == "__main__":` 是Python中常見的語法,用於判斷模組是直接運行還是被引入其他模組中時的行為。讓我來詳細解釋這個用法的意義和作用:

1. `__name__` 的作用:
   - 在Python中,`__name__` 是一個特殊的變數,用於表示模組的名稱。
   - 當Python解釋器執行一個模組時,解釋器會為該模組自動賦予 `__name__` 屬性,並賦予不同的值,具體取決於模組的運行方式。

7-7

第 7 章　ChatGPT 輔助 Python 程式設計

> 2. `if __name__ == "__main__":` 的意義：
> - 當Python解釋器執行一個腳本時，它會將該腳本的 `__name__` 設置為 `"__main__"`。
> - `if __name__ == "__main__":` 是一個條件判斷，它用於檢查模組是否被直接運行。
> - 如果模組是直接運行的 (即作為主程序運行)，`__name__` 的值將會是 `"__main__"`，條件成立，後續的程式碼將被執行。
> - 如果模組是被引入到其他模組中，`__name__` 的值將會是該模組的名稱，條件不成立，後續的程式碼將被忽略。
>
> 這個語法的主要優勢在於它允許您在一個模組中定義一些初始化或測試的程式碼，但是只有當這個模組作為主程序直接運行時才會 ↓ 這些程式碼，而在被引入其他模組時不會執行。這樣能保證模組的可重用性和清晰性，同時方便調試和測試模組的功能。

其實讀者若仍是無法了解，可以要求省略「if __name__ == "__main__"」，重新設計上述程式。

7-3　專案題目協助與修正錯誤

7-3-1　題目協助

我們可以描述問題，讓 ChatGPT 專案協助設計此程式。

> 您
> 請設計程式, 可以分別讀取2個數字, 然後輸出2個數字的和

> ChatGPT
> 當然，你可以使用任何你喜歡的程式語言。以下是一個簡單的Python範例：

```
1   # ch7_3.py
2   # 讀取兩個數字輸入
3   num1 = float(input("請輸入第一個數字: "))
4   num2 = float(input("請輸入第二個數字: "))
5
6   # 計算兩數之和
7   sum_result = num1 + num2
8
9   # 輸出結果
10  print(f"{num1} 和 {num2} 的和為 {sum_result}")
```

7-8

7-3 專案題目協助與修正錯誤

執行結果

```
================= RESTART: D:\AI_free\ch7\ch7_3.py =================
請輸入第一個數字: 6
請輸入第二個數字: 5.5
6.0 和 5.5 的和為 11.5
================= RESTART: D:\AI_free\ch7\ch7_3.py =================
請輸入第一個數字: 9
請輸入第二個數字: E
Traceback (most recent call last):
  File "D:\AI_free\ch7\ch7_3.py", line 4, in <module>
    num2 = float(input("請輸入第二個數字: "))
ValueError: could not convert string to float: 'E'
```

> 這個程式首先使用 `input` 函數讓使用者輸入兩個數字，然後將輸入轉換成浮點數型別，接著計算兩個數字的和，最後使用 `print` 函數輸出結果。請注意，這只是一個簡單的範例，實際上根據你的需求，程式可能需要更多的功能或錯誤處理。

上述程式如果輸入 2 個數值，程式可以正常執行，可是如果輸入錯誤，例如：輸入「E」，程式會有錯誤。

7-3-2　ChatGPT 協助修訂錯誤

我們可以將程式錯誤訊息複製，然後當作輸入，讓 ChatGPT 協助我們修訂錯誤。

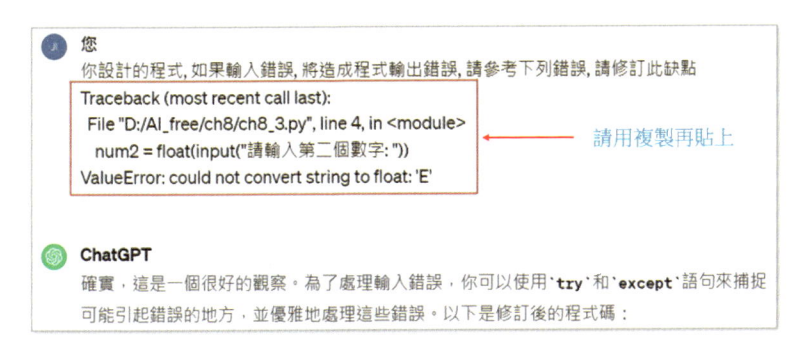

> **您**
> 你設計的程式，如果輸入錯誤，將造成程式輸出錯誤，請參考下列錯誤，請修訂此缺點
>
> Traceback (most recent call last):
>   File "D:/AI_free/ch8/ch8_3.py", line 4, in <module>
>   num2 = float(input("請輸入第二個數字: "))
> ValueError: could not convert string to float: 'E'
>
> ← 請用複製再貼上
>
> **ChatGPT**
> 確實，這是一個很好的觀察。為了處理輸入錯誤，你可以使用 `try` 和 `except` 語句來捕捉可能引起錯誤的地方，並優雅地處理這些錯誤。以下是修訂後的程式碼：

```python
 1  # ch7_4.py
 2  try:
 3      # 讀取第一個數字輸入
 4      num1 = float(input("請輸入第一個數字: "))
 5  
 6      # 讀取第二個數字輸入
 7      num2 = float(input("請輸入第二個數字: "))
 8  
 9      # 計算兩數之和
10      sum_result = num1 + num2
11  
12      # 輸出結果
13      print(f"{num1} 和 {num2} 的和為 {sum_result}")
14  
15  except ValueError as e:
16      print(f"錯誤: 輸入無效, 請確保輸入的是數字。詳細信息: {e}")
```

第 7 章　ChatGPT 輔助 Python 程式設計

執行結果

```
=============== RESTART: D:\AI_free\ch7\ch7_4.py ===============
請輸入第一個數字: 6
請輸入第二個數字: 5.5
6.0 和 5.5 的和為 11.5
=============== RESTART: D:\AI_free\ch7\ch7_4.py ===============
請輸入第一個數字: 9
請輸入第二個數字: E
錯誤: 輸入無效,請確保輸入的是數字。詳細信息: could not convert string to float: 'E'
```

> 在這個修訂後的程式碼中,使用 `try` 和 `except` 來捕捉可能的 `ValueError`。如果輸入無法轉換為浮點數,程式將捕捉到這個錯誤,然後輸出相應的錯誤訊息。這樣可以提高程式的容錯性。

7-4 閱讀程式與增加註解

7-4-1　ChatGPT 具有閱讀程式與修正錯誤的能力

有一個程式 ch7_5.py,內容如下:

```
1  # ch7_5.py
2  def division(x, y):
3      return x / y
4
5  print(division(10, 2))
6  print(division(5, 0))
7  print(division(6, 3))
```

執行結果

```
=============== RESTART: D:\AI_free\ch7\ch7_5.py ===============
5.0
Traceback (most recent call last):
  File "D:\AI_free\ch7\ch7_5.py", line 6, in <module>
    print(division(5, 0))
  File "D:\AI_free\ch7\ch7_5.py", line 3, in division
    return x / y
ZeroDivisionError: division by zero
```

下列是將此程式當作輸入,同時 ChatGPT 回應的結果。

7-4 閱讀程式與增加註解

> **您**
> 請說明下列程式的功能，以及問題點
>
> ```
> # ch8_5.py
> def division(x, y):
>     return x / y
>
> print(division(10, 2))
> print(division(5, 0))
> print(division(6, 3))
> ```

> **ChatGPT**
> 這個程式的功能是定義一個名為 `division` 的函數，該函數接受兩個參數 `x` 和 `y`，然後返回 `x / y` 的結果。接著，程式使用這個函數進行三次呼叫，分別輸出了三個除法運算的結果。

```python
# ch8_5.py
def division(x, y):
    return x / y

print(division(10, 2))     # 輸出：5.0
print(division(5, 0))      # 這裡會引發 ZeroDivisionError 錯誤
print(division(6, 3))      # 輸出：2.0
```

問題點在於第二次呼叫 `division(5, 0)`。這會引發 `ZeroDivisionError` 錯誤，因為在數學中，除法的分母不能為零。這樣的錯誤可能會中斷程式的執行，除非在程式中添加錯誤處理的機制。

如果你想要在分母為零的情況下也返回一個合適的值，你可以在 `division` 函數中添加錯誤處理的邏輯，例如：

```
1   # ch7_5_modify.py
2   def division(x, y):
3       try:
4           result = x / y
5           return result
6       except ZeroDivisionError:
7           return "無法執行除法，因為分母為零。"
8
9   # 測試函數
10  print(division(10, 2))     # 輸出：5.0
11  print(division(5, 0))      # 輸出：無法執行除法，因為分母為零
12  print(division(6, 3))      # 輸出：2.0
```

7-11

第 7 章　ChatGPT 輔助 Python 程式設計

執行結果
```
=============== RESTART: D:\AI_free\ch7\ch7_5_modify.py ===============
5.0
無法執行除法，因為分母為零。
2.0
```

這樣，即使遇到分母為零的情況，程式也會正確處理並返回一個適當的錯誤訊息，而不會中斷執行。

從上述執行結果可以看到，ChatGPT 的確可以看得懂程式，同時協助我們修訂了錯誤。

7-4-2　增加程式註解

> 您
> 請為上述程式增加註解

> ChatGPT
> 以下是加上註解的修訂版本：

```python
 1  # ch7_5_with_comments.py
 2
 3  # 定義一個除法函數，接受兩個參數 x 和 y，返回 x / y 的結果
 4  def division(x, y):
 5      try:
 6          result = x / y      # 嘗試進行除法運算
 7          return result       # 返回結果
 8      except ZeroDivisionError:
 9          return "無法執行除法，因為分母為零。"  # 處理分母為零的情況，返回錯誤訊息
10
11  # 測試函數
12  print(division(10, 2))      # 輸出：5.0，正常情況下的除法運算
13  print(division(5, 0))       # 輸出：無法執行除法，因為分母為零。錯誤處理情況，避免 ZeroDivisionError
14  print(division(6, 3))       # 輸出：2.0，正常情況下的除法運算
```

這些註解提供了對程式碼各部分功能的簡要解釋。註解有助於理解程式的邏輯，特別是當其他人閱讀或維護程式碼時。

7-5　重構程式

有時候我們寫的程式效率不好或是可讀性不好，這時可以請求 ChatGPT 協助我們重構程式，重構之後的程式，除了可以增加效率，也可以讓程式更加模組化，未來可

7-5 重構程式

以易於理解和維護。同時由 ChatGPT 修改的結果，可以看到矽谷高手的設計風格。有一個程式 ch7_6.py，內容如下：

```
1   # ch7_6.py
2   for i in range(1, 10):
3       for j in range(1, 10):
4           if j <= i:
5               print("aa", end="")
6       print()
```

執行結果
```
================ RESTART: D:\AI_free\ch7\ch7_6.py ================
aa
aaaa
aaaaaa
aaaaaaaa
aaaaaaaaaa
aaaaaaaaaaaa
aaaaaaaaaaaaaa
aaaaaaaaaaaaaaaa
aaaaaaaaaaaaaaaaaa
```

下列是要求重構程式的實例。

> 您
> 請重構下列程式
> # ch8_6.py
> for i in range(1, 10):
>   for j in range(1, 10):
>   if j <= i:
>   print("aa", end="")
>   print()
>
> ChatGPT
> 這段程式碼使用了巢狀的迴圈來印出一個特定的圖形，重複印出字串 `"aa"`。我們可以將其重構成更容易閱讀且更簡潔的形式：

```
1   # ch7_6_refactored.py
2   for i in range(1, 10):
3       # 使用乘法運算符號 * 來印出特定次數的 "aa" 字串
4       print("aa" * i)
```

> 這樣的程式碼會產生和原始程式碼相同的輸出，但更為簡潔易讀。透過利用字串乘法來重複印出 "aa" 字串，我們避免了巢狀迴圈和條件判斷的使用。

原先程式使用雙層迴圈處理，ChatGPT 改為使用一個迴圈處理。

7-13

7-6 重寫程式

有時候看別人設計的程式，如果程式比較複雜，我們可能一時無法了解程式設計的邏輯，這時可以借助 ChatGPT 幫我們分析與解說程式。甚至我們也可以讓 ChatGPT 協助我們擴充功能。

7-6-1 解說程式同時加上註解

下列 ch7_7.py 是一個八皇后的程式設計。

```
1   # ch7_7.py
2   class Queens:
3       def __init__(self):
4           self.queens = size * [-1]
5           self.solve(0)
6           for i in range(size):
7               for j in range(size):
8                   if self.queens[i] == j:
9                       print('Q ', end='')
10                  else:
11                      print('. ',end='')
12              print()
13      def is_OK(self, row, col):
14          for i in range(1, row + 1):
15              if (self.queens[row - i] == col
16                  or self.queens[row - i] == col - i
17                  or self.queens[row - i] == col + i):
18                  return False
19          return True
20
21      def solve(self, row):
22          if row == size:
23              return True
24          for col in range(size):
25              self.queens[row] = col
26              if self.is_OK(row, col) and self.solve(row + 1):
27                  return True
28          return False
29
30  size = 8
31  Queens()
```

執行結果

```
================ RESTART: D:\AI_free\ch7\ch7_7.py ================
Q . . . . . . .
. . . . Q . . .
. . . . . . . Q
. . . . . Q . .
. . Q . . . . .
. . . . . . Q .
. Q . . . . . .
. . . Q . . . .
```

7-6 重寫程式

下列是請求 ChatGPT 閱讀與分析程式的執行過程，同時加上註解。

> **您**
> 請說明下列程式執行過程,同時為這個程式增加註解
> ```python
> # ch8_7.py
> class Queens:
>     def __init__(self):
>         self.queens = size * [-1]
>         self.solve(0)
>         for i in range(size):
>             for j in range(size):
>                 if self.queens[i] == j:
>                     print('Q ', end='')
>                 else:
>                     print('. ',end='')
>             print()
>     def is_OK(self, row, col):
>         for i in range(1, row + 1):
>             if (self.queens[row - i] == col
>                 or self.queens[row - i] == col - i
>                 or self.queens[row - i] == col + i):
>                 return False
>         return True
>
>     def solve(self, row):
>         if row == size:
>             return True
>         for col in range(size):
>             self.queens[row] = col
>             if self.is_OK(row, col) and self.solve(row + 1):
>                 return True
>         return False
>
> size = 8
> Queens()
> ```

> **ChatGPT**
> 這個程式是用來解決八皇后問題（Eight Queens Problem），目的是在 8x8 的棋盤上放置八個皇后，使得彼此之間無法攻擊（即無兩個皇后在同一行、同一列或同一對角線上）。
>
> 以下是這個程式的執行過程解釋，同時帶有註解：

第 7 章　ChatGPT 輔助 Python 程式設計

```python
# ch7_7_chatgpt.py

class Queens:
    def __init__(self):
        self.queens = size * [-1]   # 初始化棋盤，每個皇后的初始位置設為-1
        self.solve(0)   # 呼叫 solve 函數開始解決八皇后問題
        for i in range(size):   # 輸出結果的迴圈，將皇后位置用 'Q' 表示，空位用 '.' 表示
            for j in range(size):
                if self.queens[i] == j:
                    print('Q ', end='')
                else:
                    print('. ', end='')
            print()

    def is_OK(self, row, col):
        # 檢查在(row, col)位置放置皇后是否合法，即是否與之前的皇后位置衝突
        for i in range(1, row + 1):
            if (self.queens[row - i] == col
                or self.queens[row - i] == col - i
                or self.queens[row - i] == col + i):
                return False   # 若與之前位置衝突，回傳 False
        return True   # 若合法，回傳 True

    def solve(self, row):
        if row == size:   # 若已經成功放置了八個皇后，回傳 True
            return True
        for col in range(size):
            self.queens[row] = col   # 嘗試在(row, col)位置放置皇后
            if self.is_OK(row, col) and self.solve(row + 1):
                return True   # 若在這個位置放置皇后後，可以成功解決剩餘的問題，回傳 True
        return False   # 若在這個位置放置皇后後無法解決問題，回傳 False

size = 8   # 棋盤大小為 8x8
Queens()   # 建立 Queens 類別的實例，開始執行解決八皇后問題的過程
```

> 程式中的 `solve` 函數使用遞迴的方式來嘗試在每一行放置皇后，並檢查是否滿足問題的條件。當成功放置八個皇后時，就會輸出結果。這個程式使用的是簡單的回溯法，逐步嘗試不同的配置，直到找到符合條件的解答。

7-6-2　重寫擴充程式功能

上述八皇后問題只能找到一個解，現在要求 ChatGPT 擴充此程式找出所有 12 個獨立的解。

7-6 重寫程式

> **您**
> 請改寫上述程式，可以找出12個獨立的解
>
> **ChatGPT**
> 為了找出多個獨立的解，我們可以修改 `Queens` 類別，使其能夠持續尋找不同的解。以下是修改後的程式碼：

```python
# ch7_7_rewrited.py
class Queens:
    def __init__(self):
        self.solutions = []        # 儲存所有找到的解
        self.queens = size * [-1]
        self.solve(0)
        self.print_solutions()
    def is_OK(self, row, col):
        for i in range(1, row + 1):
            if (
                self.queens[row - i] == col
                or self.queens[row - i] == col - i
                or self.queens[row - i] == col + i
            ):
                return False
        return True
    def solve(self, row):
        if row == size:
            self.solutions.append(self.queens[:])    # 找到一個解後, 將其複製並存儲
            return

        for col in range(size):
            self.queens[row] = col
            if self.is_OK(row, col):
                self.solve(row + 1)
    def print_solutions(self):
        count = 0
        for solution in self.solutions[:12]:    # 僅輸出前12個解
            count += 1
            print(f"Solution {count}:")
            for i in range(size):
                for j in range(size):
                    if solution[i] == j:
                        print('Q ', end='')
                    else:
                        print('. ', end='')
                print()
            print()

size = 8
Queens()
```

執行結果 下列只列出部分結果。

```
================== RESTART: D:\AI_free\ch7\ch7_7_rewrited.py ==================
Solution 1:
Q . . . . . . .
. . . . Q . . .
. . . . . . . Q
. . . . . Q . .
. . Q . . . . .
. . . . . . Q .
. Q . . . . . .
. . . Q . . . .
Solution 2:
Q . . . . . . .
. . . . . Q . .
. . . . . . . Q
. . Q . . . . .
. . . . . . Q .
. . . Q . . . .
. Q . . . . . .
. . . . Q . . .
```

> 這個修改後的程式碼將找到的解存儲在 `self.solutions` 列表中，並在找到 12 個獨立解後，輸出這些解。這樣你就可以看到前 12 個不同的解。

7-7 程式除錯 (Debug)

程式除錯分為語法錯誤和語意錯誤，我們也可以借助 ChatGPT 協助分析。此外，我們也可以將編譯的錯誤訊息提供給 ChatGPT，讓他分析同時提出解決的方法。

7-7-1 分析語法錯誤

有一個程式 ch7_8.py 功能是列出串列 scores[ ] 的前 5 名成績，此程式內容如下：

```
1  # ch7_8.py
2  scores = [94, 82, 60, 91, 88, 79, 61, 93, 99, 77]
3  scores.sort(reverse = True)         # 從大到小排列
4  count = 0
5  for sc in scores
6      count += 1
7      print(sc, end=" ")
8      if count == 5                   # 取前5名成績
9          break                       # 離開for迴圈
```

下列是請求 ChatGPT 除錯此程式。

7-7 程式除錯 (Debug)

> 您
> 請Debug下列程式
> # ch8_8.py
> scores = [94, 82, 60, 91, 88, 79, 61, 93, 99, 77]
> scores.sort(reverse = True)   # 從大到小排列
> count = 0
> for sc in scores
>   count += 1
>   print(sc, end=" ")
>   if count == 5   # 取前5名成績
>   break   # 離開for迴圈

> ChatGPT
> 這個程式碼有一個小錯誤，`for` 迴圈的迭代語句缺少冒號 `:`。以下是修正後的程式碼：

```
1  # ch7_8_debug.py
2  scores = [94, 82, 60, 91, 88, 79, 61, 93, 99, 77]
3  scores.sort(reverse=True)    # 從大到小排列
4  count = 0
5  for sc in scores:            # 加上冒號
6      count += 1
7      print(sc, end=" ")
8      if count == 5:           # 加上冒號
9          break                # 離開 for 迴圈
```

執行結果
```
================ RESTART: D:\AI_free\ch7\ch7_8_debug.py ================
99 94 93 91 88
```

> 這樣修改後應該就能正確執行了。請注意在 `for` 迴圈中的每個迭代語句都應該以冒號結尾。

7-7-2 分析錯誤訊息

ChatGPT 也可以從錯誤訊息分析程式，然後找出錯誤。有一個程式 ch7_9.py，功能是要輸出 0～9 的費氏數列 (Fibonacci)，內容如下：

```
1   # ch7_9.py
2   fib = []
3   n = 9
4   fib.append(0)
5   fib.append(1)
6   for i in range(2,n+1):
7       f = fib[i] + fib[i-1]
8       fib.append(f)
9   for i in range(n+1):
10      print(fib[i], end=', ')
```

執行結果

```
============================ RESTART: D:\AI_free\ch7\ch7_9.py ============================
Traceback (most recent call last):
  File "D:\AI_free\ch7\ch7_9.py", line 7, in <module>
    f = fib[i] + fib[i-1]
IndexError: list index out of range
```

下列是將上述錯誤訊息給 ChatGPT 分析的過程和執行結果。

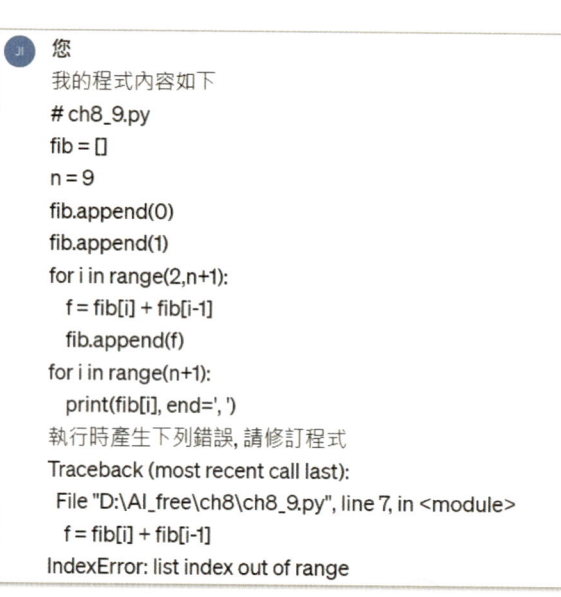

> **您**
> 我的程式內容如下
> # ch8_9.py
> fib = []
> n = 9
> fib.append(0)
> fib.append(1)
> for i in range(2,n+1):
>   f = fib[i] + fib[i-1]
>   fib.append(f)
> for i in range(n+1):
>   print(fib[i], end=', ')
> 執行時產生下列錯誤, 請修訂程式
> Traceback (most recent call last):
>   File "D:\AI_free\ch8\ch8_9.py", line 7, in <module>
>   f = fib[i] + fib[i-1]
> IndexError: list index out of range

> **ChatGPT**
> 這個錯誤是由於在計算 `f = fib[i] + fib[i-1]` 的時候，`fib` 列表的長度不足 `i+1`，導致索引超出範圍。為了修正這個問題，我們需要確保在計算 `f` 的時候已經有足夠的元素存在。
>
> 以下是修正後的程式碼：

7-7 程式除錯 (Debug)

```python
fib = []
n = 9
fib.append(0)
fib.append(1)

# 確保 fib 列表中至少有 n+1 個元素
for i in range(2, n+1):
    fib.append(0)

for i in range(2, n+1):
    fib[i] = fib[i-1] + fib[i-2]

for i in range(n+1):
    print(fib[i], end=' ')
```

這樣修改後，我們在計算 `f` 前先確保 ↓ , 列表中有足夠的元素，避免超出範圍的問題。

您
你可以簡化設計嗎

ChatGPT
當然，我們可以簡化程式碼以避免超出範圍的問題，這裡使用一個迴圈計算斐波那契數列的值並輸出：

...

這個版本中，我們初始化了前兩個斐波那契數字（0 和 1），然後使用迴圈計算後續的數字。最後使用 `join` 方法將列表中的數字串接成一個字串並輸出。

< 2/2 >

您
請修改程式為直接輸出串列

ChatGPT
這裡是修改後的程式碼，直接輸出斐波那契數列的列表：

7-21

```
1   # ch7_9_rewrited.py
2   n = 9
3   fib = [0, 1]
4
5   for i in range(2, n+1):
6       fib.append(fib[i-1] + fib[i-2])
7
8   print(fib)
```

執行結果
```
================= RESTART: D:\AI_free\ch7\ch7_9_rewrited.py =================
[0, 1, 1, 2, 3, 5, 8, 13, 21, 34]
```

這個版本在計算完斐波那契數列後，直接使用 `print(fib)` 將列表輸出。

從上述可以看到，ChatGPT 不僅指出錯誤，同時用程式實例講解正確的用法。同樣是輸出 0 ~ 9 的費氏數列，從上述筆者也學會了矽谷工程師的程式邏輯思維。

註 在台灣 Python 的 list 是稱串列，大陸稱列表。

7-7-3 分析語意錯誤

設計程式時，常會發生語意的錯誤，例如：程式實例 ch7_10.py 是要輸出 1 ~ 10 之間的偶數，結果程式語意錯，輸出奇數同時輸出了 11，如下所示：

```
1   # ch7_10.py
2   index = 0
3   while index <= 10:
4       index += 1
5       if index % 2:
6           print(index)
```

執行結果
```
================= RESTART: D:\AI_free\ch7\ch7_10.py =================
1
3
5
7
9
11
```

下列是讓 ChatGPT 協助我們修正程式錯誤。

7-7 程式除錯 (Debug)

> **您**
> 下列程式是要輸出1～10之間的偶數，可是輸出奇數，請修正此程式
>
> ```
> # ch8_10.py
> index = 0
> while index <= 10:
>     index += 1
>     if index % 2:
>         print(index)
> ```
>
> **ChatGPT**
> 這個程式碼的問題在於 `if index % 2:` 中的條件，這會導致程式印出奇數。應該修改為 `if index % 2 == 0:` 來確保只印出偶數。
>
> 以下是修正後的程式碼：

```
1   # ch7_10_revised.py
2   index = 0
3   while index <= 10:
4       index += 1
5       if index % 2 == 0:   # 修正條件
6           print(index)
```

執行結果
```
================ RESTART: D:\AI_free\ch7\ch7_10_revised.py ================
2
4
6
8
10
```

> 這樣修改後，程式應該能夠正確印出1到10之間的偶數。

第 7 章 ChatGPT 輔助 Python 程式設計

第 8 章
AI 搜尋與知識問答引擎 Perplexity

8-1　Perplexity 是什麼

8-2　進入與認識 Perplexity 操作環境

8-3　應用 Perplexity

8-4　Pro 版的聊天搜尋

第 8 章　AI 搜尋與知識問答引擎 - Perplexity

Perplexity 是近年非常熱門的 AI 搜尋引擎，結合了「即時網路搜尋」+「AI 知識回答能力」，讓使用者能像和 ChatGPT 對話一樣，用自然語言提問，得到有依據的即時答案。

註　Perplexity 是輝達執行長黃仁勳推薦，與每天使用的 AI 工具。

8-1　Perplexity 是什麼

Perplexity 是一個結合搜尋引擎與 AI 知識聊天機器人的平台，它使用 OpenAI（如 GPT-4o）等語言模型來即時回應使用者問題，並在回答中附上資料來源連結，讓你可以一邊看答案，一邊驗證資訊。

8-1-1　Perplexity 的主要特色

Perplexity 主要特色功能如下：

- 即時搜尋整合：每次提問都會查詢網路最新資料（不靠舊訓練資料）。
- 來源透明：回答內容下方會列出引用來源網址（可點開查證）。
- 多模型支援：支援 GPT-4o、Claude 3.7、Gemini 等模型（Pro 版可選擇）。
- 學術 / 文件摘要：能讀取文章、學術論文、PDF 等進行摘要與解釋。
- 瀏覽模式（Copilot 模式）：像旅行、購物、學習主題時，會自動幫你規劃資訊流程

8-1-2　免費與付費版差異

免費版 Perplexity 與付費版 Perplexity Pro 差異如下：

- 使用模型
    - 免費版：GPT 搜尋，一天 3 次 Pro 模型使用。
    - 付費版：GPT-4o、Claude 3.7、Grok、Gemini 等多模型。
- 回答品質
    - 免費版：已具水準。
    - 付費版：回答更深入、分析更完整。

- 搜尋深度
    - **免費版**：一般查詢。
    - **付費版**：支援更進階搜尋與資料整合。
- 價格
    - **免費版**：免費。
    - **付費版**：20 美元 / 月。

早期 ChatGPT 無搜尋功能前，這也是筆者每天使用的 AI 搜尋引擎平台。簡單的說 Perplexity 就像會上網查資料的 ChatGPT，不只會答，還會附上參考來源，是你學習、工作、研究的 AI 搜尋好幫手！

8-2 進入與認識 Perplexity 操作環境

8-2-1 進入 Perplexity

讀者可以用下列網址進入 Perplexity。

https://www.perplexity.ai

進入後將看到下列畫面：

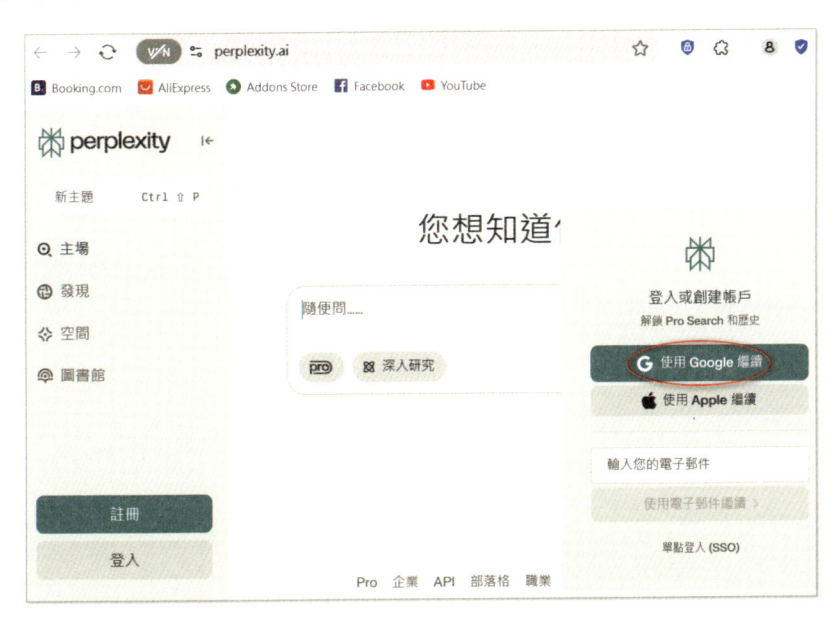

8-2-2　認識 Perplexity 操作環境

註冊完成，正式登入後，將看到下列畫面：

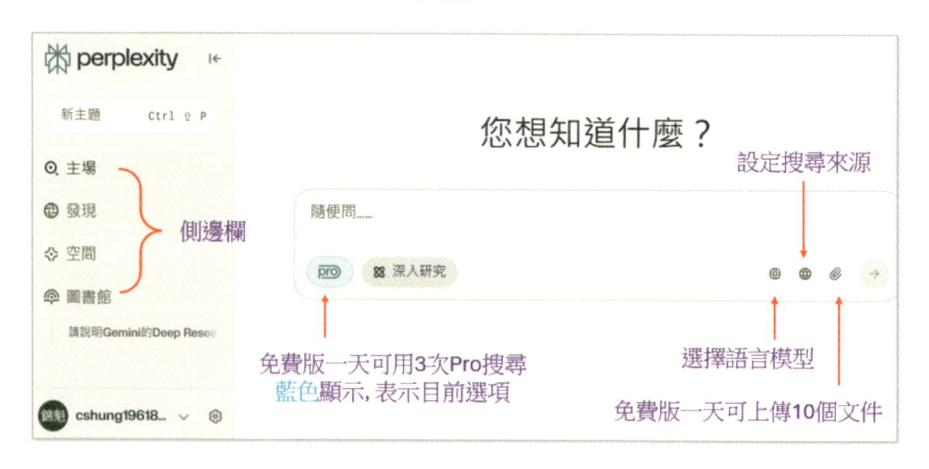

從測試者角度看，Perplexity 是一個好工具，即便是使用免費版，每天仍可以應用付費 Pro 版幾次功能。上述幾個功能特色如下：

- Pro：免費版每天可以用 3 次付費版的 Pro 功能，細節可以參考 8-4 節。
- 深入研究：每天可以用 3 次付費版的深入研究功能，Perplexity 的「深入研究」功能是它最強大、最受知識工作者喜愛的一個特色，它讓 AI 不只是簡單回答問題，而是深入查閱多個來源、比較觀點、彙整內容，提供更具深度與可信度的回答。幾個重要的特色如下：
  - 多來源分析：同一問題引用多個網頁、論文、新聞資料來整理答案。
  - 多角度說明：呈現不同觀點，適合做比較、利弊分析、爭議議題。
  - 條列式摘要：將研究結果拆解為子問題或小節，幫你一目了然。
  - 步驟式追問：每一小段都可以「展開深入」，AI 會接著查資料補充。
  - 來源真實可點擊：回答底下每一句的來源都有超連結（通常包含：Wikipedia、News、學術期刊、政府網站等）。
- 語言模型：當用 pro 搜尋時，讀者可以由此選擇語言模型。

8-2 進入與認識 Perplexity 操作環境

```
最佳                                          ✓
Selects the best model for each query

Sonar
Perplexity 的快速模型

克勞德 3.7 韻文
Anthropic 的進階模型

GPT-4o
OpenAI 的多功能模型
```

如果是選擇免費版,就看不到此選項,如下:

```
隨便問......

 pro   深入研究                        ⊕  ⌘  →
  ↑                                    ↑
藍色顯示,表示是免費版搜尋        少了語言模型選擇圖示
```

- 搜尋來源:可以選擇 Perplexity 的搜尋來源。

```
                                    ⊕
⊕ 網絡                               ●
  在整個互聯網上搜索

🎓 學術                               ○
  搜尋學術論文

✕ 社交                               ○
  討論和意見
```

- 上傳文件:設定一天可以上傳文件的數量。

```
隨便問......
                                    附加 文件. 10 今天剩餘
 pro   深入研究                    ⊕  ⌘  →
```

8-5

8-2-3 側邊欄功能區

側邊欄有主場、發現、空間和圖書館功能區：

- 主場
- 發現
- 空間
- 圖書館

❑ 主場

這是 Perplexity 的首頁入口，也就是你進行「問問題、開始搜尋」的起點。功能包含：

- 輸入問題並選擇模型。
- 查看最近使用紀錄。

此功能適合想要快速開始搜尋或提問的使用者，預設也是這個功能，我們就是在此功能下與 Perplexity 交談。

❑ 發現

這是 Perplexity 的「探索中心」，可以看到其他人正在搜尋、推薦或關注的熱門主題。功能包含：

- 熱門問題與答案。
- 編輯推薦的主題（例如：川普關稅政策、科技、AI、醫療）。
- 搜尋靈感來源。

此功能適合：

- 想找靈感的人。
- 想看看「現在大家都在查什麼」的人。
- 教師或內容創作者想知道趨勢話題。

下列是點選此功能的畫面，讀者可以捲動視窗看到更多內容。

8-2 進入與認識 Perplexity 操作環境

❑ 空間

這是你自己或與他人共用的「知識收藏區」，類似於「主題式資料夾」或「AI 搜尋筆記本」。功能包含：

- 將相關的提問與回答收藏在一起（像資料夾）。
- 可建立多個主題空間（如「AI 應用」、「投資學習」、「旅行規劃」）。
- 可以公開或私密分享。

此功能適合：

- 想整理搜尋成果、建立知識庫的人。
- 教學用、報告蒐集、團隊協作。

下列是點選此功能的畫面，讀者可以點選創建空間鈕，建立類似資料夾的標題。

8-7

❏ 圖書館

這是你個人的「AI 搜尋歷史資料庫」，記錄你曾問過的所有問題與回答。功能包含：

- 自動保存提問紀錄。
- 快速搜尋過去的對話。
- 標記收藏重點答案。

此功能適合：

- 長期查資料的學生、研究人員、工作者。
- 想「回顧學過的知識」或「重用舊搜尋內容」的人。

下列是點選此功能的畫面，可以看到筆者與 Perplexity 聊天的紀錄。

8-3　應用 Perplexity

下列是可以應用的領域：

- 查找最新科技新聞、產品比較。
- 搜尋某個專業術語的多來源定義。
- 研究主題整理（例：AI 在醫療的應用現況）。
- 學術報告前的背景資訊蒐集。

8-3-1 查找最新科技新聞

讀者可以應用下列查找最新科技新聞的 Prompt，與 Perplexity 聊天。

實例：請整理最近一週的全球科技新聞重點，並列出出處。

實例：請幫我摘要 2025 年第一季關於 AI、晶片或電動車領域的重要新聞動態。

實例：請列出三則與生成式 AI 相關的最新科技新聞，附上資料來源與發表時間。

實例：最近有哪些創投或大公司在投資 AI、量子運算或生醫科技？請舉例說明。

下列是輸入「請整理最近一週的全球科技新聞重點，並列出出處。」的畫面。

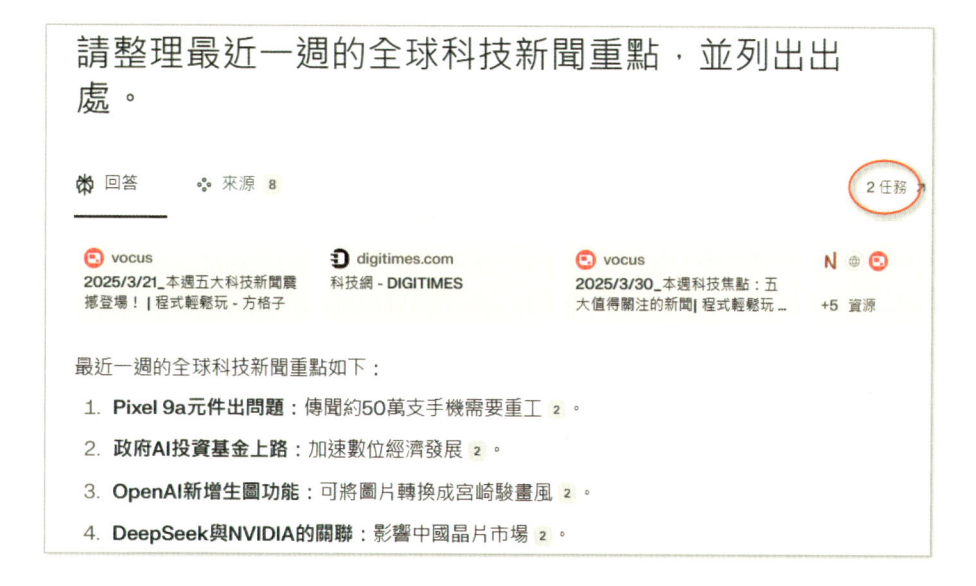

請整理最近一週的全球科技新聞重點，並列出出處。

回答　來源 8　　　　　　　　　　　　　　　2 任務

vocus　　　　　　　digitimes.com　　　vocus　　　　　　　N
2025/3/21_本週五大　科技網 - DIGITIMES　2025/3/30_本週科技焦點：五
科技新聞震撼登場！|　　　　　　　　　大值得關注的新聞| 程式輕鬆
程式輕鬆玩 - 方格子　　　　　　　　　玩 ...　　　　　　+5 資源

最近一週的全球科技新聞重點如下：

1. **Pixel 9a元件出問題**：傳聞約50萬支手機需要重工 [2]。
2. **政府AI投資基金上路**：加速數位經濟發展 [2]。
3. **OpenAI新增生圖功能**：可將圖片轉換成宮崎駿畫風 [2]。
4. **DeepSeek與NVIDIA的關聯**：影響中國晶片市場 [2]。

...

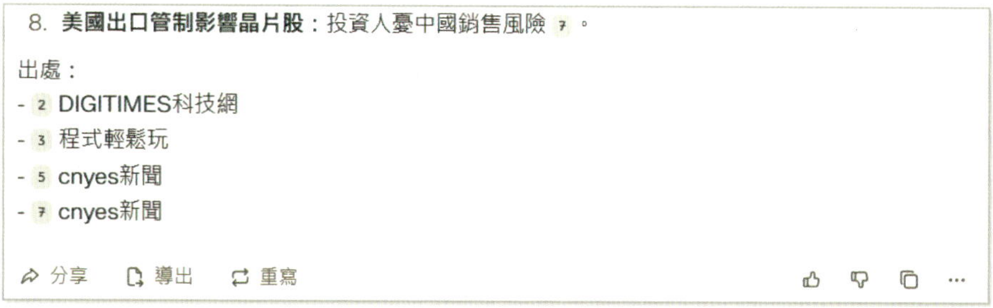

8. **美國出口管制影響晶片股**：投資人憂中國銷售風險 [7]。

出處：
- [2] DIGITIMES科技網
- [3] 程式輕鬆玩
- [5] cnyes新聞
- [7] cnyes新聞

分享　導出　重寫

第 8 章　AI 搜尋與知識問答引擎 - Perplexity

　　從上述可以看到，右上方標記此聊天任務的數量，新聞重點末端有標記來源，同時 Perplexity 回應末端有出處的連結。此外，滑鼠游標移到新聞末端的標記，也可以看到新聞出處的連結。

8-3-2　產品比較

讀者可以應用下列產品比較的 Prompt，與 Perplexity 聊天。

實例：「請比較 iPhone 16 Pro、Samsung Galaxy S24 與 Google Pixel 9 Pro 的功能差異與價格，並附上最新評測資料。」

實例：「請幫我整理 2025 年三款熱門 AI 筆記型電腦的規格與評價比較。」

實例：「目前市場上最推薦的無線藍牙耳機有哪些？請列出優缺點與使用者評價。」

實例：「請比較 Notion AI、ChatGPT、Felo AI 的主要功能與優勢，用表格呈現。」

下列是輸入「請比較 iPhone 16 Pro、Samsung Galaxy S24 與 Google Pixel 9 Pro 的功能差異與價格，並附上最新評測資料。」的畫面。

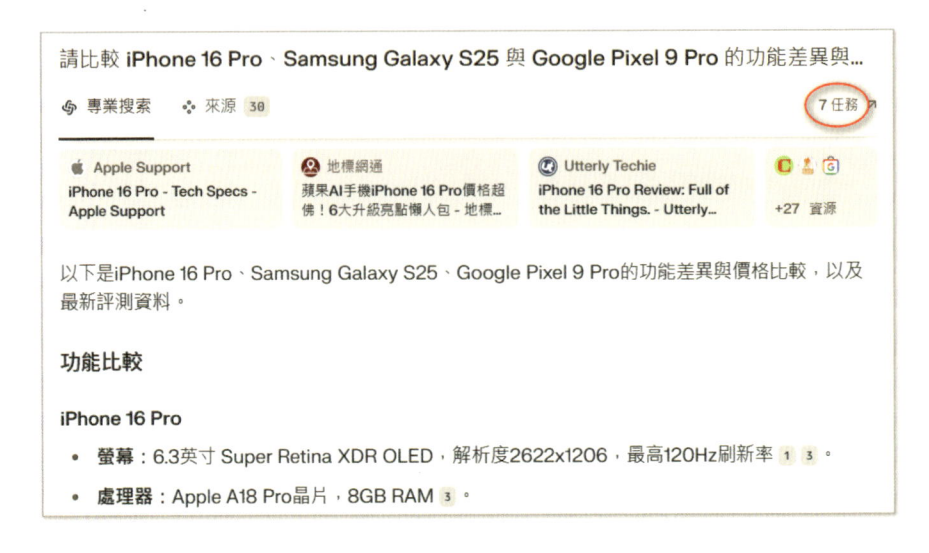

8-10

…

> **評測資料**
> - **iPhone 16 Pro**：評測者稱讚其輕盈的鈦合金框架、USB-C接口，以及提升的相機功能 [3]。然而，動態島在觀看視頻時可能會分散注意力 [3]。
> - **Samsung Galaxy S25**：評測者對其相機功能持中立態度，但讚賞其高效能和長期軟件更新支持 [4]。
> - **Google Pixel 9 Pro**：具體評測資料未在搜索結果中提及。
>
> **結論**
> iPhone 16 Pro以其優異的螢幕和相機功能，以及輕盈的設計，吸引了許多用戶。Samsung Galaxy S25系列提供了強大的性能和相機功能，並且價格相對親民。Google Pixel 9 Pro的具體評測資料未在搜索結果中提及，但通常以其優異的相機功能而聞名。選擇時應根據個人需求考慮螢幕大小、相機功能、價格等因素。

8-4 Pro 版的聊天搜尋

Perplexity Pro 是 Perplexity 提供的進階付費版本，提供更強大的 AI 模型選擇、更深入的搜尋能力、更長的上下文理解、以及更多「研究級」的功能。它特別適合需要高品質資訊整理、學術支援、寫作輔助、技術研究的使用者。免費版的使用者，每天可以用 3 次。

簡單的說，「Perplexity Pro 就像一位全天候的 AI 研究助理，能幫你查資料、整理觀點、分析趨勢，適合知識密集型工作者使用。」

8-4-1 Pro 版的核心特色

Pro 版核心特色如下：

- 搜尋功能：深入研究（多來源、多層分析）。
- 模型選擇：可選 GPT-4 Turbo、Claude 3.7、... 等模型。
- 回答品質：更準、更深度、可長篇輸出。
- 文件分析：可上傳 PDF、文章網址進行閱讀與摘要。
- 上下文理解長度：支援更長（高達 128K 上下文）。
- 資料來源引用：更完整、清晰分段引用、支援論文連結。

8-4-2　Pro 版適合誰

- 研究人員與學生：需要可靠來源、分析觀點、引用資料。
- 內容創作者與部落客：需快速整理資料、生成文章草稿。
- 行銷與企劃人員：做市場調查、競品分析、趨勢彙整。
- 商業決策者與管理層：查詢多角度資料、跨領域知識整合。
- 科技人與工程師：查閱最新技術報導、產品比較、學術資訊。

8-4-3　Pro 版的亮點功能介紹

- 深入研究模式：能自動拆解問題、從多篇網頁中彙整內容，適合做報告、論文或產業研究。
- 多模型選擇：你可以依需求選擇 GPT-4o、Claude 3.7、… 等強大模型（OpenAI / Anthropic 提供），效果與角度都不同。
- PDF 與網址分析：可上傳 PDF、輸入網址，讓 AI 幫你摘要、找重點、甚至產生問題解答。
- 多輪追問、主題延伸：Pro 模型支援上下文更長，可做連貫式問答、推理與深度討論。

8-4-4　實例應用

下列是 Pro 版的應用實例，讀者須先點選圖示 pro ，然後輸入下列 Prompt。

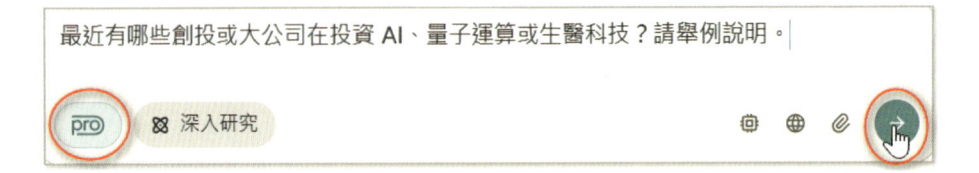

```
最近有哪些創投或大公司在投資 AI、量子運算或生醫科技？請舉例說明。
```

```
pro    ⊗ 深入研究                                  ⊕ ⊕ ⌀ →
```

執行後，可以看到 Perplexity 進行比較完整的搜尋與回應，下列是執行結果畫面。

8-4 Pro 版的聊天搜尋

> 最近有哪些創投或大公司在投資 AI、量子運算或生醫科技？請舉例說明。

專業搜尋　　來源 59　　　　　　　　　　　　4 任務

crescendo.ai	CNBC	Semiconductor Engineer…	
The Latest VC Investment Deals in AI Startups - 2025 -…	Tech megacaps to spend more than $300 billion in 2025 to…	Startup Funding: Q1 2025 - Semiconductor Engineering	+56 資源

近期有許多創投和大公司在人工智能(AI)、量子運算和生醫科技領域進行了重大投資。以下是一些顯著的例子：

人工智能(AI)投資

1. 大型科技公司計劃在2025年投入巨額資金：

...

生醫科技投資

1. Epicrispr Biotechnologies獲得6800萬美元B輪融資，用於將其肌肉萎縮症治療推進到臨床階段 6 。
2. Character Biosciences籌集9300萬美元B輪融資，用於推進其眼科疾病治療項目 6 。
3. Augustine Therapeutics獲得8480萬美元A輪融資，用於開發神經系統疾病治療方案 6 。
4. Tempero Bio籌集7000萬美元B輪融資，用於開發物質使用障礙治療方案 6 。

這些投資顯示了AI、量子運算和生醫科技領域持續受到投資者的強烈關注，預計將推動這些領域在未來幾年內的快速發展。

第 8 章　AI 搜尋與知識問答引擎 - Perplexity

第 9 章

安全理念的 AI - Claude

9-1　Claude 的功能與潛在應用

9-2　Claude 聊天環境

9-3　創意寫作

9-4　Claude 的 AI 視覺

9-5　讀取與摘要 PDF 文件

9-6　多檔案的 PDF 文件測試

9-7　機器學習資料分析

第 9 章　安全理念的 AI - Claude

江湖傳說，Anthropic 的創辦人和 OpenAI 主要團隊在大型模型的安全性功能處理上，理念不一致，造成集體出走，同時創立了 Anthropic。AI 語言模型稱 Claude，目前最新版是 Claude 3.7，版本仍在持續更新中。這個 AI 語言模型更強調的是安全性和無害性，產生冒犯性或危險性的輸出的可能性大大降低。

因此 Anthropic 公司網頁也指出，公司目標是開發大規模的人工智慧系統，同時研究它們的安全特性。依此理念建立更安全、可控制、更可靠的模型 Claude，這也是被視為 ChatGPT 最強勁的競爭產品。

註 1：使用前與大部分 AI 軟體一樣需要註冊，筆者不再重複敘述。

註 2：為了鼓勵讀者付費升級，付費版本與免費版本畫面是不一樣。

9-1　Claude 的功能與潛在應用

這一節主要是描述付費版功能，但是目前免費版無法進入 Claude 3.7 付費版畫面。

9-1-1　認識 Claude

Claude 3.7 Sonnet 是 Anthropic 公司目前最先進的語言模型，它在多個關鍵領域都取得了顯著的進步。以下是 Claude 3.7 的主要特色：

- 混合推理模型
  - Claude 3.7 Sonnet 是首個混合推理模型，這意味著它結合了不同的推理技術，以提高準確性和效率。
  - 它具有「延伸思考模式」，讓模型在回應前進行自我反思，從而提升數學、物理、程式設計等任務的準確性。
- 強大的多模態處理能力
  - Claude 3.7 Sonnet 具備廣泛的多模態處理能力，能夠處理和理解文字、圖像等多種形式的資訊。
  - 這使得它在需要結合不同類型資料的任務中表現出色。
- 卓越的性能
  - 在推理、編碼、多語言任務、長上下文處理、誠實度和圖像處理方面都取得了頂級成果。

- 這意味著它能夠更準確、更可靠地完成各種複雜的任務。
- 長上下文處理
  - Claude 3.7 Sonnet 能夠處理更長的上下文，這使得它在需要理解長篇文件或對話的任務中表現出色。
  - 輸出量大幅提升，一次可處理高達 12 萬字（128K token）。
- 提升的效率與可負擔性
  - 定價與上一代相同，相較於其他競爭對手，Claude 3.7 Sonnet 具有價格優勢。
- 更佳的用戶體驗：「無理拒答」情況較上一代減少 45%，使用體驗更佳。
- 多平台可用性
  - Claude 3.7 Sonnet 在所有 Claude 方案中提供，包括 Free、Pro、Team 和 Enterprise。
  - 用戶也可以透過 Anthropic API、Amazon Bedrock 及 Google Cloud Vertex AI 取用。

總結來說，Claude 3.7 Sonnet 代表了 AI 語言模型領域的重大進步，它在多個方面都超越了以往的模型，為用戶提供了更強大、更可靠的 AI 助手。

9-1-2　Claude 的潛在應用

Claude 3.7 Sonnet 作為 Anthropic 目前最先進的語言模型，其應用範圍相當廣泛，以下是一些主要的應用領域：

❑ **軟體開發**
- 程式碼生成與除錯：Claude 3.7 Sonnet 在編碼方面表現出色，能夠協助開發者生成程式碼、解決程式錯誤，並進行程式碼分析。
- 軟體工具創建：能創建可重用組件、完善複雜工作流程及自動化工件創建。

❑ **商業應用**
- 市場分析與趨勢預測：Claude 3.7 Sonnet 能夠處理大量數據，進行深入分析，並提供市場趨勢預測，協助企業制定更精準的商業策略。

- 客戶服務與互動：利用其自然語言處理能力，Claude 3.7 Sonnet 能夠提供更人性化的客戶服務，回答客戶問題，並提供個性化建議。
- 商業決策分析：提供深思熟慮的分析，以利商業上的決策。

❏ 內容創作
- 文章與報告撰寫：Claude 3.7 Sonnet 能夠生成高品質的文章、報告和新聞稿，協助企業進行內容行銷。
- 創意寫作：在詩歌和複雜敘事方面有優秀的表現。
- 多媒體內容生成：能處理圖片等多模態的資料，讓產出的內容更加的多元化。

❏ 學術研究
- 文獻分析與摘要：Claude 3.7 Sonnet 能夠快速分析大量文獻，提取關鍵資訊，並生成摘要，協助研究人員進行文獻回顧。
- 數據分析與視覺化：能夠處理和分析複雜的數據，並生成視覺化圖表，協助研究人員進行數據分析。

❏ 個人助理
- 行程管理與提醒：Claude 3.7 Sonnet 能夠協助用戶管理行程，設定提醒，並提供個性化建議。
- 資訊檢索與整理：能夠快速檢索網路資訊，並將其整理成易於理解的格式，協助用戶獲取所需資訊。

9-2 Claude 聊天環境

為了鼓勵讀者付費，免費版和付費版的畫面與功能是有區隔的。

9-2-1 免費版視窗畫面

9-2 Claude 聊天環境

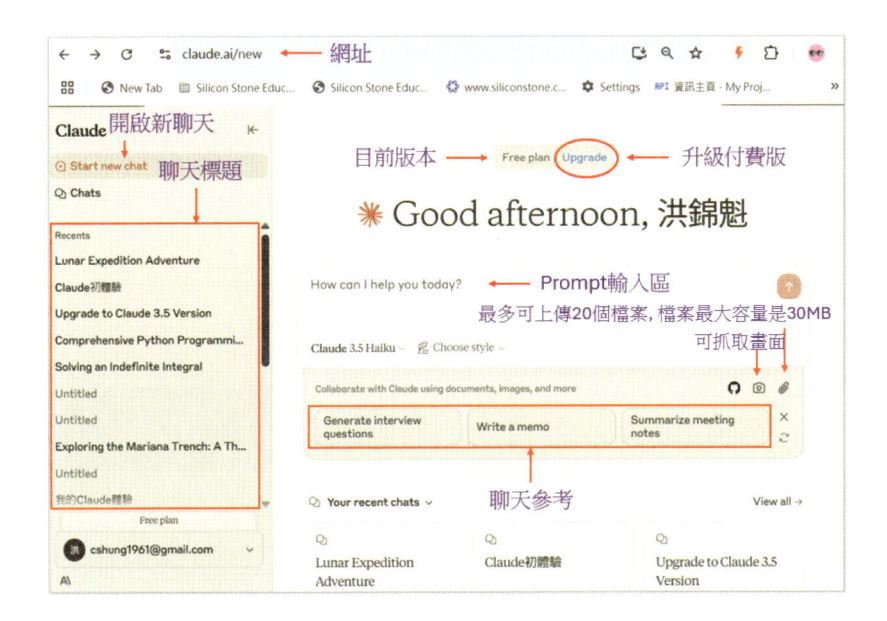

[螢幕截圖：Claude 網頁介面，標註說明包含「網址」、「開啟新聊天」、「聊天標題」、「目前版本」、「升級付費版」、「Prompt輸入區」、「最多可上傳20個檔案，檔案最大容量是30MB」、「可抓取畫面」、「聊天參考」]

原則上，前面應用在 ChatGPT 的 Prompt，皆可以應用在 Claude，可惜的是 Claude 的使用限制比較多。

9-2-2　Claude 的功能

讓 Claude 告訴我們他的功能。

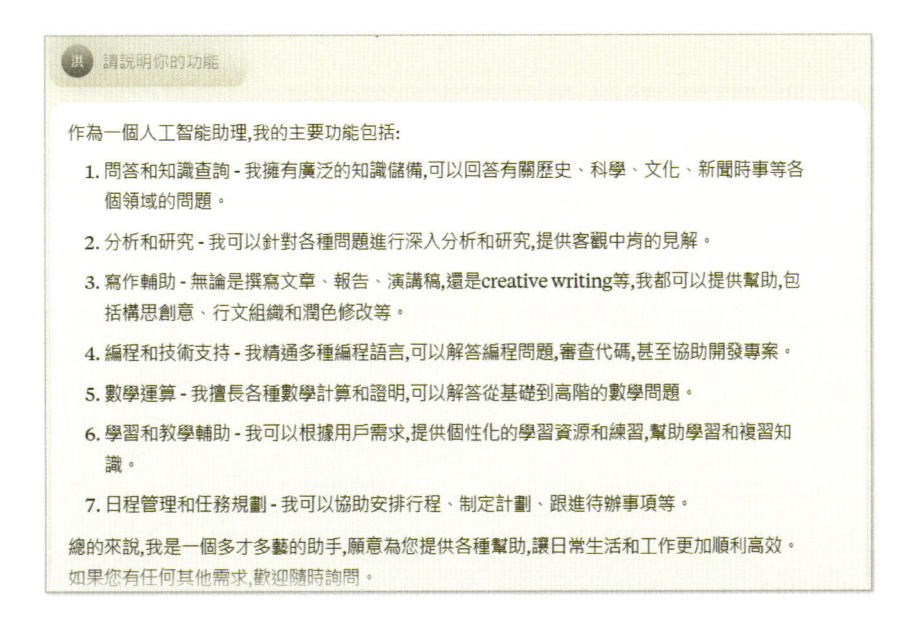

洪　請說明你的功能

作為一個人工智能助理，我的主要功能包括：

1. 問答和知識查詢 - 我擁有廣泛的知識儲備，可以回答有關歷史、科學、文化、新聞時事等各個領域的問題。

2. 分析和研究 - 我可以針對各種問題進行深入分析和研究，提供客觀中肯的見解。

3. 寫作輔助 - 無論是撰寫文章、報告、演講稿，還是 creative writing 等，我都可以提供幫助，包括構思創意、行文組織和潤色修改等。

4. 編程和技術支持 - 我精通多種編程語言，可以解答編程問題，審查代碼，甚至協助開發專案。

5. 數學運算 - 我擅長各種數學計算和證明，可以解答從基礎到高階的數學問題。

6. 學習和教學輔助 - 我可以根據用戶需求，提供個性化的學習資源和練習，幫助學習和複習知識。

7. 日程管理和任務規劃 - 我可以協助安排行程、制定計劃、跟進待辦事項等。

總的來說，我是一個多才多藝的助手，願意為您提供各種幫助，讓日常生活和工作更加順利高效。如果您有任何其他需求，歡迎隨時詢問。

從上述可以看到 Claude 有了我們熟悉的 AI 聊天功能，例如：問答和知識、分析和研究、寫作輔助、編程和技術支持、數學運算、學習和教學輔助、日程管理和任務規劃。同時也解說了可以問 Claude 數學問題，下列是筆者詢問應該如何問你數學問題。

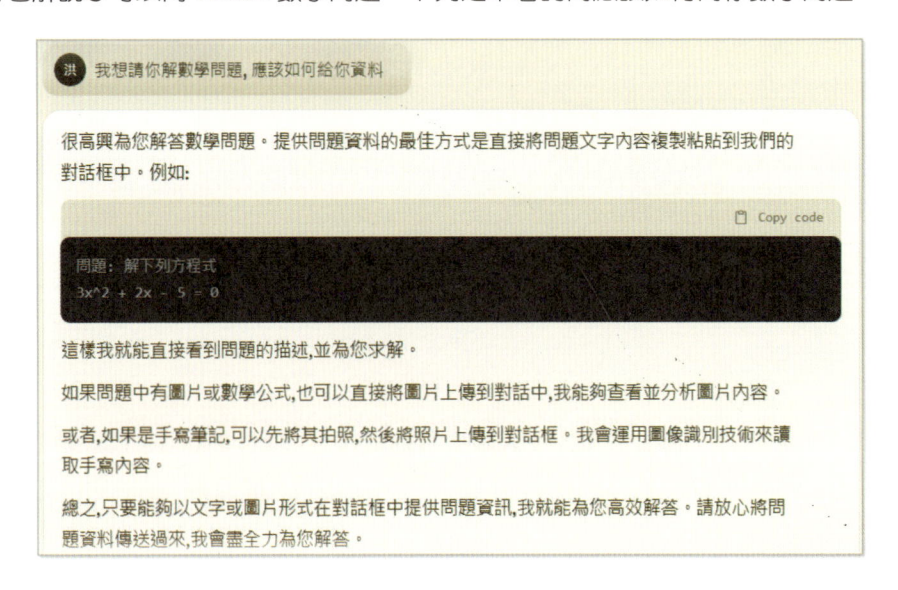

從上述回答筆者可以確定，如果簡單的問題可以直接輸入公式，或是給數學公式的圖片檔案。

9-2-3　更改聊天主題

將滑鼠游標移到聊天主題，按一下 ∨ 圖示，可以選擇 Rename(更改聊天主題) 或是 Delete(刪除聊天主題)。

下列是筆者將聊天主題「Friendly AI Assistant Introduction」更改為「我的 Claude 體驗」的過程。

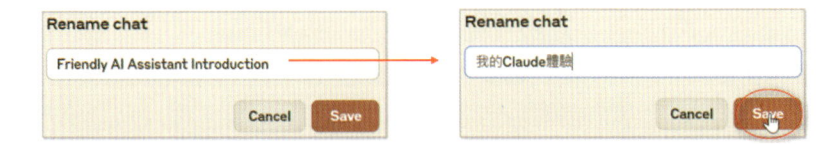

上述按 Save 鈕後,可以得到下列結果。

我的Claude體驗 ⌄

9-2-4　啟動新的聊天

側邊欄的 Start new chat 可以開啟新的聊天 (Start new chat)。

⊕ Start new chat

9-2-5　搜尋聊天

側邊欄的 Chats 可以搜尋聊天記錄。

💬 Chats

9-3　創意寫作

> 洪：請用繁體中文創作一篇300個字的小說,敘述馬里亞納海溝探險的故事
>
> 在這片深不見底的海域之中,一座巨大的潛水艇正緩緩前行。這裡就是馬里亞納海溝,地球上最深的海淵。
>
> 艙內,一群勇敢的科學家正準備著下潛的一切。他們渾身充滿熱忱和期待,希望能在這個未知的領域裡發現新奇的生物種類。
>
> "準備就緒!"隨著船長的一聲令下,潛水艇開始下潛。透過窗口,黝黑的海水像一層厚重的帷幕般將外界的世界徹底遮蔽。大家屏氣凝神,專注地注視著面前的儀器數據。
>
> 隨著下潛的深度不斷增加,周圍的壓力也與日俱增。所有人都能感受到重重的壓迫感。突然間,探照燈照亮了一片奇異的景象 - 一種從未見過的軟體動物正在海底緩緩游動!
>
> "快看!那是什麼?"有人激動地喊出聲來。科學家們紛紛拿起相機,全神貫注地觀察著那生物的一舉一動。
>
> 就在這時,潛水艇發出了劇烈的顫動,顯然是進入了一股強勁的海底暖流之中。所有人不由自主地緊張起來,擔心會失去控制。在船長的英明指揮下,潛水艇很快就穩住了航向。
>
> 大家長舒了一口氣,對著剛才錄下的珍貴影像露出欣喜的笑容。這個冒險之旅雖然充滿未知和驚心動魄,卻也結出了甜美的果實。

9-4 Claude 的 AI 視覺

9-4-1 上傳圖檔生成中國詩句

本書籍實例的 ch9 資料夾有 poetry.png 圖檔,請參考下圖點選 📎 圖示先上傳此圖檔,再輸入「請為你看到的圖像作一首七言絕句詩」。

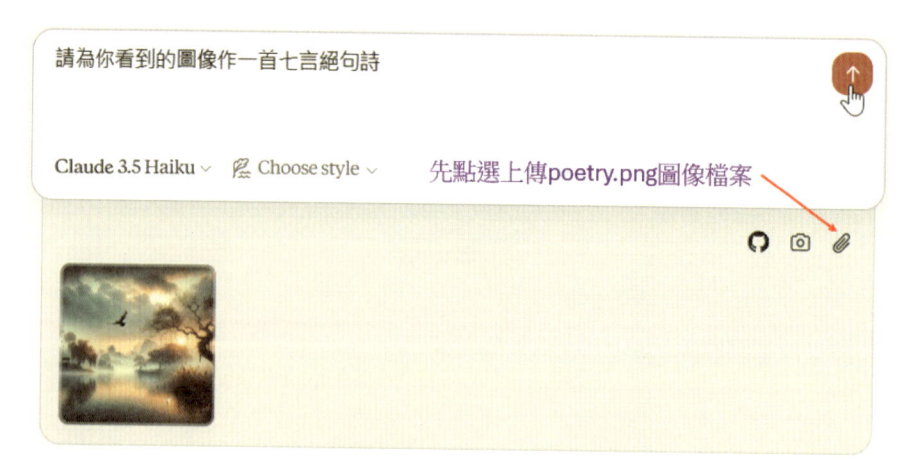

先點選上傳poetry.png圖像檔案

請按 ↑ 圖示,可以得到下列結果。

濛濛煙霞拂雲端,
幽鳥遠巔翼自盤。
古柏參天根底深,
寂寂湖心永鏡現。

9-4　Claude 的 AI 視覺

　　從 Claude 所創作的七言絕句，可以確定 Claude 是具有閱讀圖像能力，同時也有很強的文學創作能力。下列是請 Claude 創作五言絕句的實例：

洪　請為你看到的圖像作一首五言絕句詩

霞光浮水面，
老樹鳥翼盤。
亭樹籠煙霧，
寂寥一片閒。

　　其實 ChatGPT 在創作五言絕句時，常常會出差錯，Claude 一次就成功了，難怪 Claude 可以獲得非常好的評價。

9-4-2　處理數學問題

　　本書 ch9 資料夾內含 equation.png 聯立方程式問題，然後讓 Claude 解此數學問題。

$a + b = 1$
$5a + b = 2$

洪　請解所看到圖像的數學問題

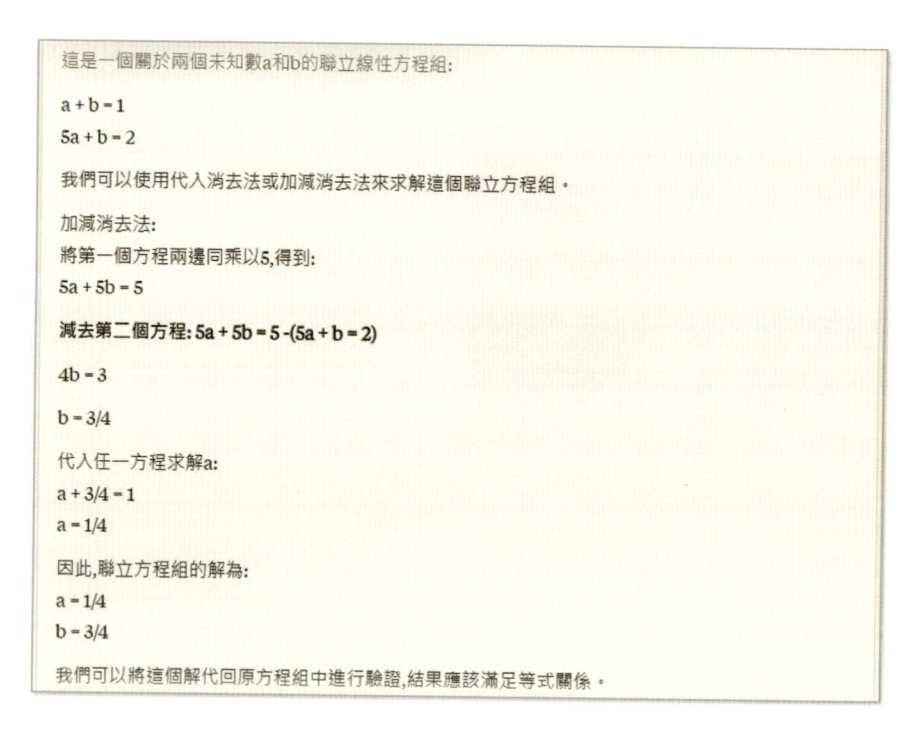

```
這是一個關於兩個未知數a和b的聯立線性方程組：

a + b = 1
5a + b = 2

我們可以使用代入消去法或加減消去法來求解這個聯立方程組。

加減消去法：
將第一個方程兩邊同乘以5,得到：
5a + 5b = 5

減去第二個方程: 5a + 5b = 5 -(5a + b = 2)

4b = 3

b = 3/4

代入任一方程求解a：
a + 3/4 = 1
a = 1/4

因此,聯立方程組的解為：
a = 1/4
b = 3/4

我們可以將這個解代回原方程組中進行驗證,結果應該滿足等式關係。
```

> **註** 筆者嘗試用比較複雜的數學問題,Claude 3 就會出差錯。

9-5 讀取與摘要 PDF 文件

我們可以輸入 PDF 文件讓 Claude 摘要內容,此書 ch9 資料夾有「Python 行銷文案 .pdf」可以供讀者參考,筆者輸入「請用 100 個字摘要 pdf 文件內容」,如下：

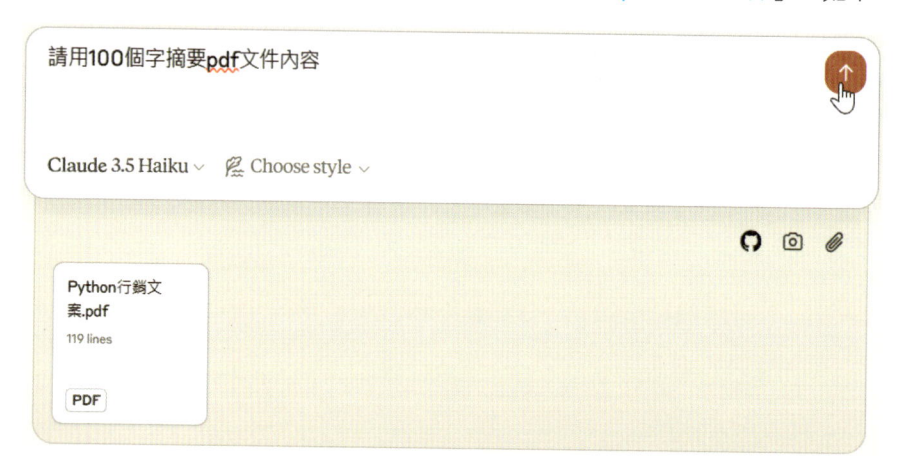

請按 ↑ 圖示，可以得到下列分析結果。

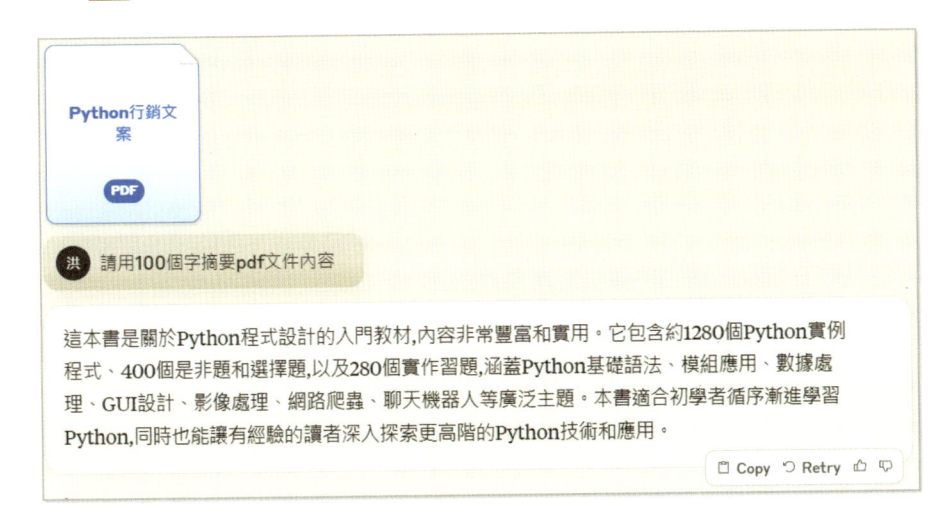

[圖：Claude 對話視窗顯示「請用100個字摘要pdf文件內容」的提問，以及回答：「這本書是關於Python程式設計的入門教材，內容非常豐富和實用。它包含約1280個Python實例程式、400個是非題和選擇題，以及280個實作習題，涵蓋Python基礎語法、模組應用、數據處理、GUI設計、影像處理、網路爬蟲、聊天機器人等廣泛主題。本書適合初學者循序漸進學習Python，同時也能讓有經驗的讀者深入探索更高階的Python技術和應用。」]

如果點選上述 PDF 文件，可以在視窗右邊顯示此 PDF 文件內容。

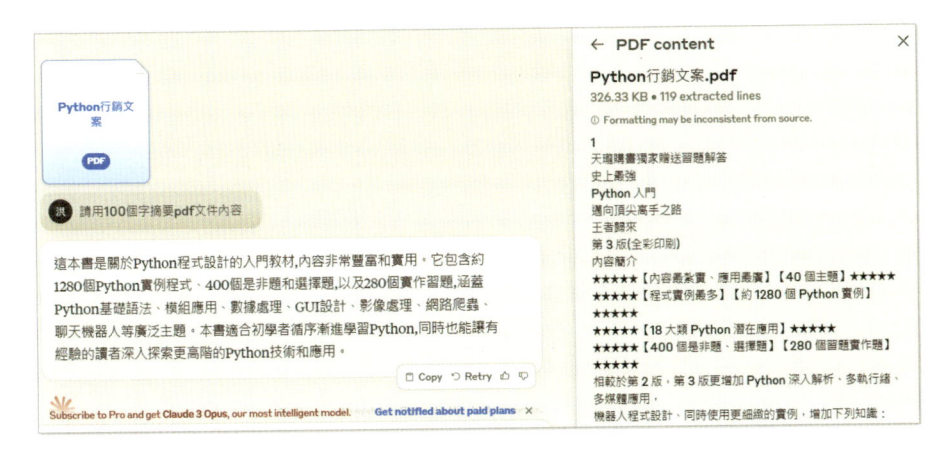

[圖：Claude 視窗右側顯示 PDF content，Python行銷文案.pdf，326.33 KB • 119 extracted lines 的內容預覽]

9-6 多檔案的 PDF 文件測試

　　Claude 最多可以輸入 5 個文件做測試，ch9 資料夾有「機器學習行銷文案.pdf」和「Python 行銷文案.pdf」，下列是筆者分別上傳，同時輸入「請比較這 2 個 pdf 檔案的內容」的畫面。

第 9 章　安全理念的 AI - Claude

按 ↑ 圖示，可以得到下列分析結果。

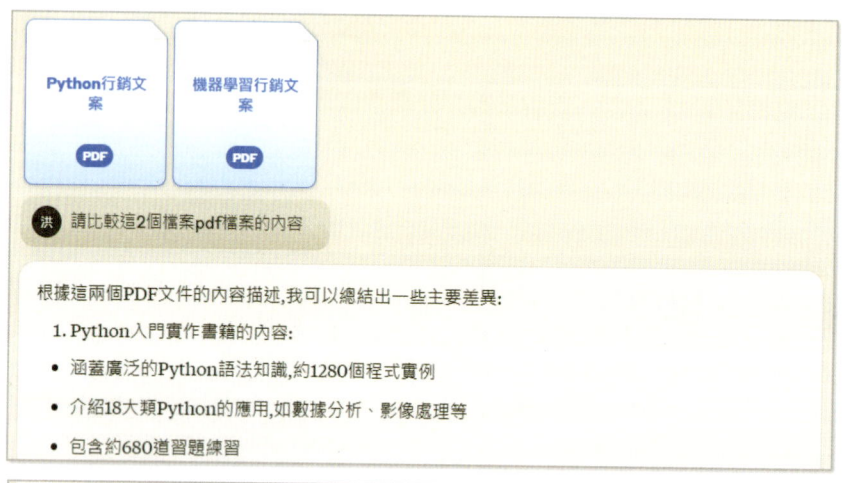

9-7 機器學習資料分析

機器學習領域有一個著名的 糖尿病數據 (diabetes.csv)，本書 ch9 資料夾有此檔案，我們可以上傳，詢問 Claude 是否知道此檔案，如下所示：

按 ↑ 圖示，可以得到下列分析結果。

這個檔案看起來是一個名為 `diabetes.csv` 的逗號分隔值(CSV)檔案，裡面包含一些關於糖尿病患者的數據。

第一行是欄位名稱，包括：

- Pregnancies (懷孕次數)
- Glucose (葡萄糖濃度)
- BloodPressure (血壓)
- SkinThickness (皮膚厚度)
- Insulin (胰島素)
- BMI (身體質量指數)
- DiabetesPedigreeFunction (遺傳函數)
- Age (年齡)
- Outcome (是否患有糖尿病，0為否，1為是)

從第二行開始每一行代表一個糖尿病患者的各項數據，共有多筆記錄。這些數據可以用於機器學習模型訓練，預測是否會罹患糖尿病等分析。

第 10 章
整合 Google 資源的 AI 模型 – Gemini

10-1　Gemini 的特色與 ChatGPT 的比較

10-2　登入 Gemini

10-3　Gemini 的聊天環境

10-4　語音輸入

10-5　Gemini 回應的分享與匯出

10-6　閱讀網址內容生成摘要報告

10-7　生成圖片

10-8　AI 視覺

10-9　Deep Research

10-10　Canvas - 生成文件和程式碼

第 10 章 整合 Google 資源的 AI 模型 – Gemini

Google Gemini 是由 Google 開發的一款聊天機器人，一般簡稱 Gemini。2023 年 3 月第一次發表，稱 Google Bard，2024 年 2 月正式改名 Google Gemini，同時也不斷地在進步中。

10-1 Gemini 的特色與 ChatGPT 的比較

10-1-1 Gemini 特色

Gemini 是由 Google DeepMind 所開發的多模態大型語言模型，是 Google 對抗 OpenAI GPT 系列的重要產品。它的設計目標是讓 AI 更靈活、智慧，並廣泛應用於文字、圖片、程式碼等多種任務。

❏ **多模態處理能力（Multimodal）**

Gemini 天生設計就是為了能同時處理多種輸入格式，包括：

- 文字（Text）
- 圖片（Images）
- 影片（Video）
- 語音（Audio）
- 程式碼（Code）

這代表你可以用圖說話、用聲音問問題，Gemini 都能理解並給出對應答案或反應。

❏ **強化程式碼能力（Code Pro）**

Gemini 特別強調在 程式撰寫、除錯、解釋程式碼 等領域的實力：

- 能處理多種語言如 Python、JavaScript、C++、Go 等
- 擁有 Code completion、自動註解與除錯建議
- 可協助開發者理解遺留程式或進行轉換（如 Python 轉 R）

❏ **整合 Google 產品生態系**

Gemini 已經深度整合進 Google 的核心產品中，如：

- Gmail：幫你寫信、總結郵件

- Google Docs：生成文字草稿、潤飾內容
- Google Sheets：自動填表、生成公式
- Google 搜尋：Gemini 搜尋體驗即將進化

這讓用戶無縫地在日常工作中體驗 AI 助力。

❑ 安全與責任導向設計

Gemini 強調 AI 安全性與道德原則，具備：

- 內容過濾與偏見檢測機制
- 透明的回應來源與提示說明
- 針對多語言與文化的訓練優化

Google 特別強調 Gemini 的訓練過程融合了 可信任的資料來源與 AI 責任準則。

❑ 總結

Gemini 的定位與優勢。

項目	Gemini 特色
多模態	同時理解文字、圖片、程式碼、影片、語音
整合性	深度融入 Gmail、Docs、Sheets 等 Google 服務
開發力	程式設計、除錯、程式碼轉換能力強
安全性	具備多層內容審查與偏見控制機制
未來性	對標 GPT-4，將成為 Google AI 生態的核心引擎

10-1-2　Gemini vs ChatGPT

項目	Gemini（Google）	ChatGPT（OpenAI）
開發公司	Google DeepMind（整合 Bard 為 Gemini）	OpenAI（與 Microsoft 合作）
最新模型版本	Gemini 2.0（2024 年底發表）	ChatGPT 4.5/o1/o3
使用入口	gemini.google.com、Android App	chat.openai.com、iOS/Android App
語言理解與生成能力	強（Gemini 2.0 加強推理與長文閱讀能力）	極強（GPT-4o 在語意表達與複雜任務上表現穩定）
多模態能力	Gemini 2.0 原生支援圖像、影片、語音、文字多模態輸入	GPT-4o 支援即時語音對話、圖像辨識與處理

第 10 章　整合 Google 資源的 AI 模型 – Gemini

項目	Gemini（Google）	ChatGPT（OpenAI）
程式碼處理能力	非常強，支援跨語言解釋與除錯，整合 Google Colab	非常強，Codex 支援 Copilot 並精通多種語言
與辦公工具整合	深度整合 Gmail、Google Docs、Sheets、Drive 等	整合 Microsoft Word、Excel、PowerPoint（透過 Copilot）
模型速度與互動性	Gemini 2.0 Pro 快速；Nano 可在裝置端即時回應	GPT-4 較慢；GPT-4o 極速回應且具自然語音互動能力
自訂能力（Custom AI）	尚未開放自訂模型	可建立自訂 GPTs，支援個人化與 API 整合
API 提供	Gemini API（Google Cloud AI Studio）	OpenAI API / Azure OpenAI API
中文表現	良好，Gemini 2.0 已優化多語言理解	非常優異，GPT-4 在中文語意處理上具領先地位
應用生態	Android 原生整合 + Google 生態系應用	GPT Store 可搜尋、使用他人開發的 GPT 助理

10-2　登入 Gemini

　　Gemini 是由 Google 開發的聊天機器人，我們可以使用 Gmail 登入，請開啟瀏覽器進入下列 Gemini 的中文網址：

　　https://gemini.google.com/?hl=zh-TW

　　上述點選登入，可以看到系列註冊過程，就可以進入 Gemini 的頁面。

10-3　Gemini 的聊天環境

進入 Gemini 聊天環境後，視窗畫面如下：

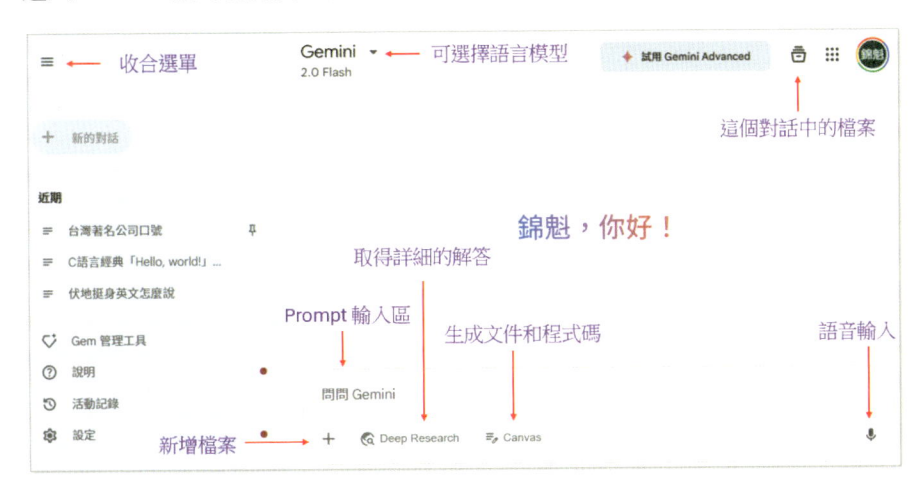

[圖示標註：收合選單、可選擇語言模型、這個對話中的檔案、取得詳細的解答、Prompt 輸入區、生成文件和程式碼、語音輸入、新增檔案]

Gemini 基本上是和 ChatGPT 競爭的產品，所以先前應用在 ChatGPT 上的對話，皆可以應用在 Gemini 上。以下是幾個重要的功能：

- Deep Research：提供更深入的資訊檢索、分析和報告生成能力，這項功能的可用性，Google 有提供給一般使用者，但付費版本享有更多的使用權，可參考 10-9 節。

- Canvas：這個 ChatGPT 的畫布 (Canvas) 功能類似，可以建立獨立視窗，多次編輯文件和程式，可參考 10-10 節。

- 新增檔案：在輸入框左下方有圖示 ✚，點選可以上傳檔案，以便 Gemini 能夠理解檔案內容並提供更相關的回應。這項功能擴展了 Gemini 的應用範圍，使其能夠處理更複雜的任務。

- 對話中的檔案：視窗右上方有圖示，點選可以看到此對話過程出現的檔案。

- Gemini 的語言模型：可以有下列語言模型選項。

10-5

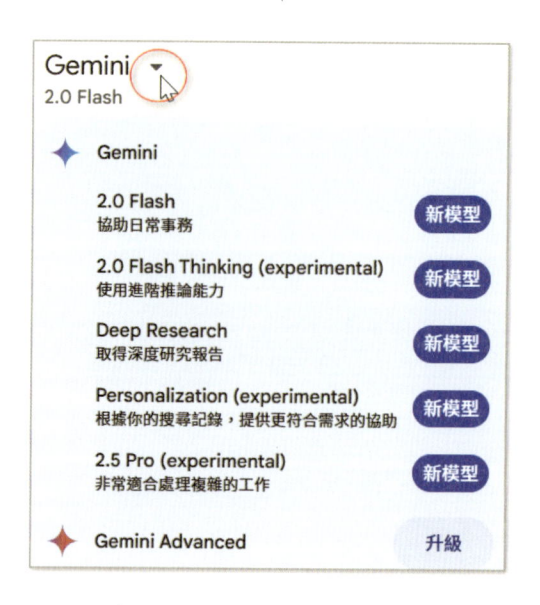

- Gemini 2.0 Flash：這是預設。

  - 速度極快，效率高。

  - 專為需要快速回應的任務而設計。

  - 適合用於聊天機器人、虛擬助理等需要低延遲的應用。

- Gemini 2.0 Flash Thinking (experimental)

  - 在 Gemini 2.0 Flash 的基礎上，加入實驗性的「思考」功能。

  - 可能具備更強的推理能力，能在快速回應的同時，提供更深入的回答。

  - 由於是實驗性功能，其表現和穩定性可能仍在開發中。

- Deep Research：前面已有說明。

- Personalization (experimental)

  - Gemini 可以根據用戶的個人資料、偏好和歷史記錄，提供更個人化的體驗。

  - 這項功能仍在實驗階段，代表它正在積極開發和改進中。

- Gemini 2.5 Pro (experimental)

  - 是 Gemini Pro 的進階版本，處於實驗階段。

  - Pro 版本已經是設計用於廣泛任務的最佳模型，因此 2.5 Pro 可能在多種任務上都有更優異的表現。

◆ 可能在理解上下文、生成高品質文本、處理複雜推理等方面有所提升。
◆ 由於是實驗性功能，其具體效能和應用仍在評估和開發中。

10-3-1　第一次與 Gemini 的聊天

下列是筆者第一次的輸入：

註　上述若是想輸入多列，可以同時按 Shift + Enter 增加新的列。

```
                                                    請說明AI未來的發展

◆  人工智慧（AI）的未來發展充滿了無限可能，以下是一些主要的趨勢和預測：

1. 更強大的生成式AI：
    • 生成式AI，如ChatGPT和DALL-E，將持續進化，能夠產生更逼真、更具創意的內容，包括文
      字、圖像、音訊和影片。
    • 這將對內容創作、行銷、娛樂等產業帶來革命性的變革。
```

...

```
6. 超越人類智慧：
    • 一些專家預測，AI最終可能超越人類智慧，達到「通用人工智慧」（AGI）的階段。
    • 這將引發關於AI風險和潛在影響的深入討論。

總結：
AI的未來充滿了機遇和挑戰。我們需要積極應對，充分利用AI的潛力，同時防範其風險，確保AI為人
類社會帶來福祉。
```

10-3-2　編輯輸入

如果將滑鼠游標移到輸入區，可以看到一隻筆的圖示 ✏️，這是編輯文字圖示，點選可以編輯輸入，讓 Gemini 重新回應。

10-3-3 Gemini 回應的圖示

在每個 Gemini 回應下方可以看到下列圖示：

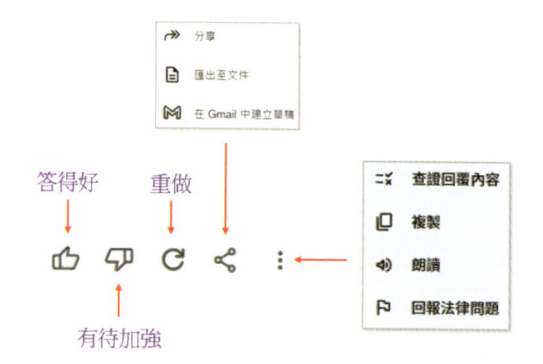

上述幾個重要圖示說明如下：

- 👍（答得好）：點選可以給 Gemini 鼓勵。
- 👎（有待加強）：點選可以給 Gemini 未來參考。
- ⟳（重做）：點選後，Gemini 可以重新回答。

上述⋮圖示可以有下列功能：

- 查證回覆內容：所有回覆內容可以用 Google 搜尋查證回覆內容的品質與正確性，查證結果會用醒目提示表達更多說明，可以參考 10-3-4 節。
- 複製：可以複製 Gemini 的回答。
- 回報法律問題：如果感覺回答觸犯法律問題，可以由此功能回報 Google 公司。

有關分享與匯出 ⤴ 圖示，將在 10-5 節說明。

10-3-4 查證回覆內容

當點選查證回覆內容圖示 ≡✗，如果有問題的部分會用醒目提示標記，不同顏色醒目提示的說明如下：

10-3 Gemini 的聊天環境

解讀結果
點按回覆中醒目顯示的陳述即可瞭解詳情。各顏色與標籤的說明如下：

Google 搜尋找到與陳述相似的資訊。
系統會提供連結，但這不一定是 Gemini 生成回覆時使用的資料來源。

Google 搜尋找到的資訊可能與陳述有出入，或未找到任何相關資訊。
系統會提供找到的資訊連結。

未醒目顯示的文字
資訊不足，無法評估陳述的可信度，或是陳述並非用於回答事實資訊。Gemini 目前會略過表格和程式碼中的內容。

10-3-5 啟動新的聊天

將滑鼠游標移到左側聊天標題欄上方的新的對話圖示，可以重啟聊天主題。

＋ 新的對話

10-3-6 認識主選單與聊天主題

Gemini 不主動顯示聊天主題列表，必須按展開選單 ≡ 圖示，才顯示聊天主題。

≡

＋ 新的對話

選單展開後，此 ≡ 圖示變成收合選單功能，可以關閉選單。

10-3-7 更改聊天主題

將滑鼠游標移到聊天主題，可以看到 ⋮ 圖示。

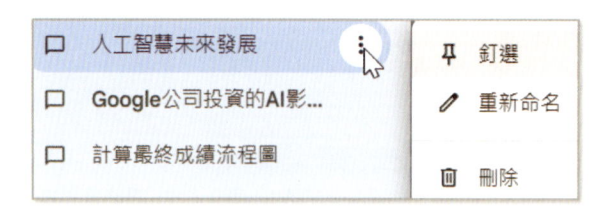

按一下此圖示,可以開啟下列功能表:

- 釘選:若是選擇釘選,會詢問是否重新命名聊天主題。
- 重新命名:可以更改聊天主題。
- 刪除:可以刪除聊天主題。

10-3-8 釘選聊天主題

如果有釘選的主題會額外在聊天主題上方顯示,通常我們可以針對重要的,必須常常參考的主題釘選,例如:可以將「台灣著名公司口號」的聊天主題釘選,下列是示範過程。

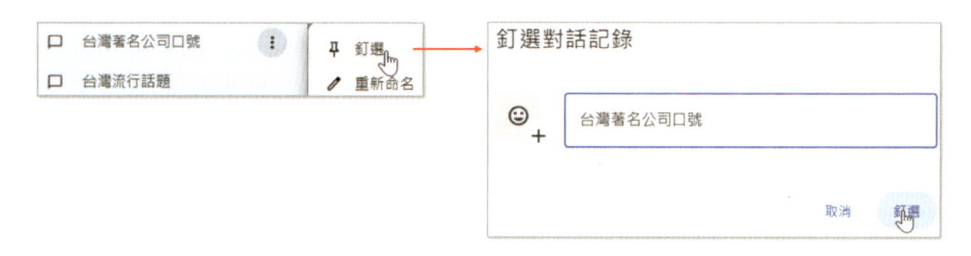

下列是結果。

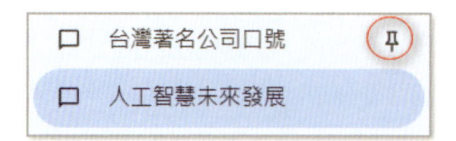

10-4 語音輸入

第一次語音輸入,Gemini 會徵求我們同意使用麥克風,如下所示:

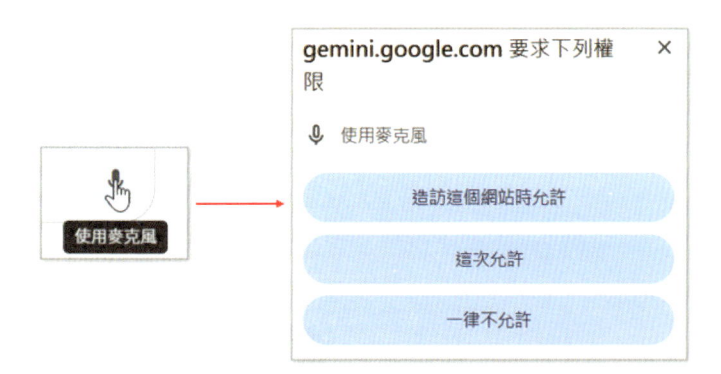

請按造訪這個網站時允許鈕，未來再點選麥克風 🎤 圖示，可以在輸入區看到「聽取中」的字串，表示可以開始使用語音輸入了。

10-5 Gemini 回應的分享與匯出

本節是繼續 10-3-2 節的主題，可以參考下圖。

10-5-1 分享對話

分享功能可以選擇這個提示和回覆或是整個對話內容分享，內容會變成一個頁面。點選分享後，可以看到下列可分享的公開連結對話方塊。

讀者可以複製此連結，然後透過社交軟體傳送給指定的對象。

10-5-2 匯出至文件

Gemini 也可以將文件匯出，請點選匯出至文件，可以看到下列畫面。

請點選開啟文件，此時會啟動 Google 文件開啟。

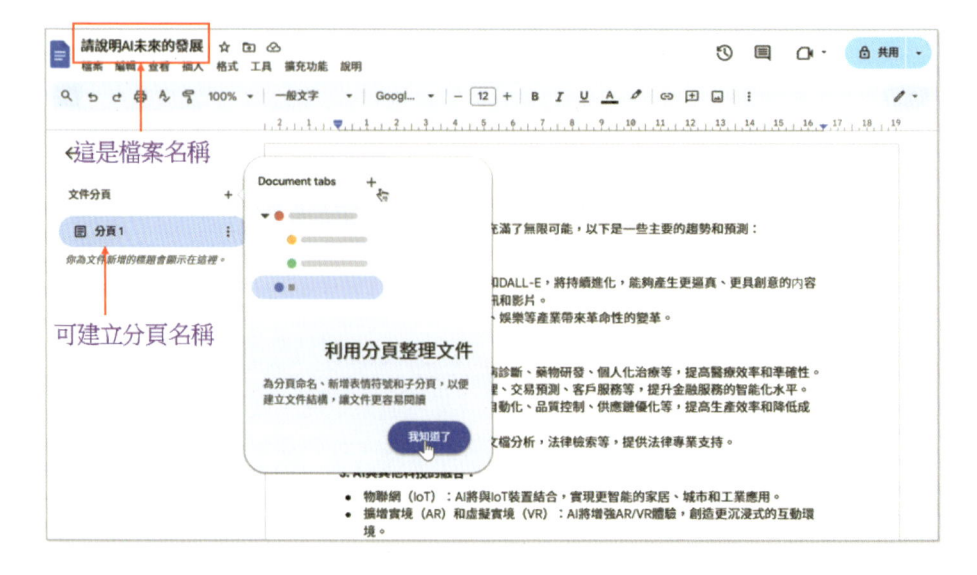

10-5 Gemini 回應的分享與匯出

這個檔案是在雲端，讀者可以更改檔案名稱，也可以執行 檔案 / 下載 /Microsoft Word(.docx) 指令下載。

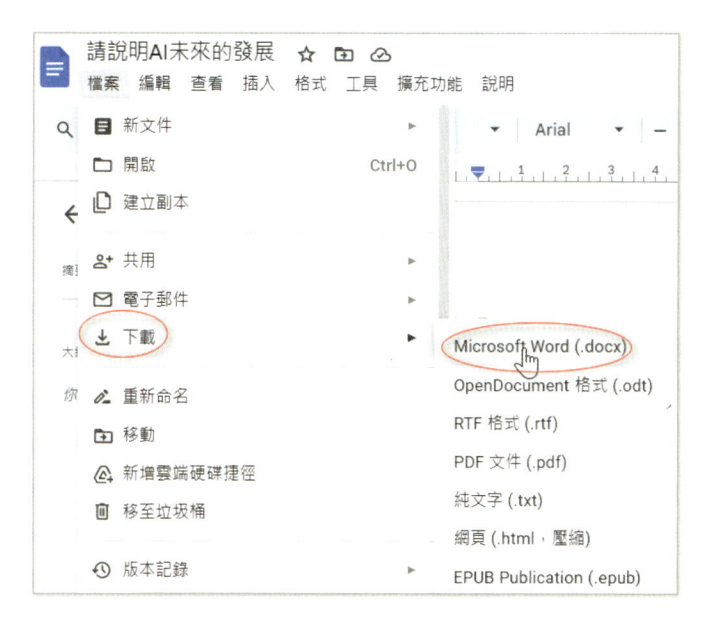

上述執行後可以在硬碟的下載區看到此檔案。

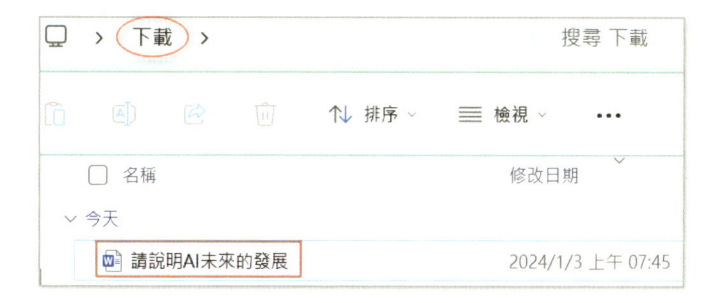

10-5-3 在 Gmail 建立草稿

點選在 Gmail 建立草稿，可以看到下列畫面。

點選開啟 Gmail 後，可以開啟 Gmail 然後生成的內容複製到郵件內。

10-13

第 10 章　整合 Google 資源的 AI 模型 – Gemini

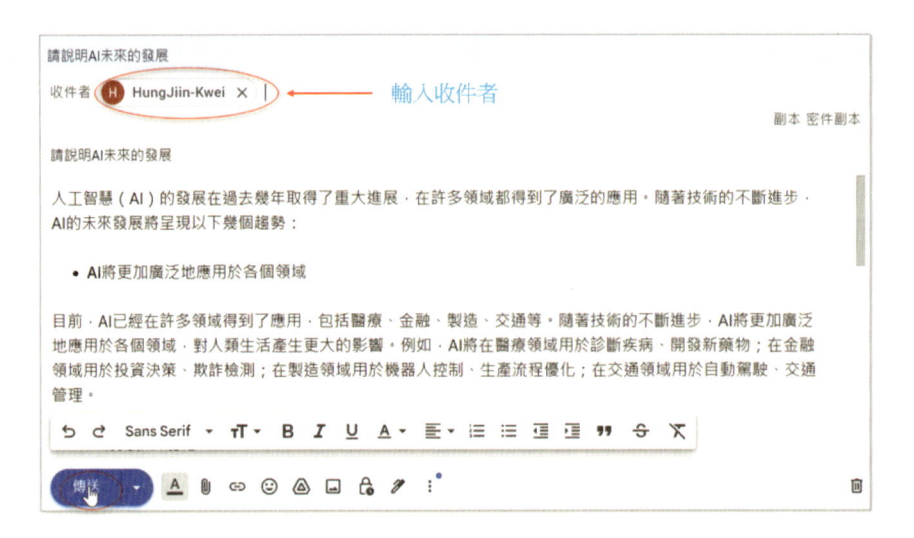

請在收件者欄位輸入郵件收件人的地址，然後按左下方的傳送鈕，就可以將郵件傳送出去。

10-6　閱讀網址內容生成摘要報告

10-6-1　閱讀 Youtube 網站產生中文摘要

我們可以給予 Gemini 相關的 YouTube 網址內容，然後要求說明內容，下列是輸出，可以看到此 YouTube 影片，每一重要時間戳同時列出影片內容。

10-14

10-6 閱讀網址內容生成摘要報告

> YouTube
> 總結這段影片
>
> 林憶蓮 Sandy Lam【為你我受冷風吹 Suffer for you】Official Music Video
> 滾石唱片 ROCK RECORDS
>
> 為你我受冷風吹
>
> 詞曲 李宗盛
> ...

甚至，也可以播放此 YouTube 影片。

10-6-2　閱讀中文網站生成摘要

下列是閱讀深智公司網址的部分內容說明。

> 錦魁　請說明下列網址內容
> https://deepwisdom.com.tw
>
> 顯示草稿 ∨
>
> 深智數位股份有限公司是一家位於台灣台北市的教育科技公司，致力於提供高品質的資訊科技專業認證教材和課程。他們與多家國際認證機構合作，例如微軟、思科、Oracle、Linux Foundation 等，並擁有經驗豐富的講師團隊。
>
> 深智數位的教材涵蓋了廣泛的資訊科技領域，包括作業系統、數位生活、概論/科技趨勢、程式設計/APP開發、洪錦魁系列、網頁開發設計、資料庫/大數據等。他們還提供飲食保健、心理勵志、生活風格等類別的書籍。
>
> 深智數位的服務包括：
>
> - 銷售 SSE 認證教材
> - 提供最新書單(圖書目錄)下載
>
> ...

10-15

10-6-3 生成表格式的報告

我們也可以指定 Gemini 生成表格式的報告，可以參考下列實例。

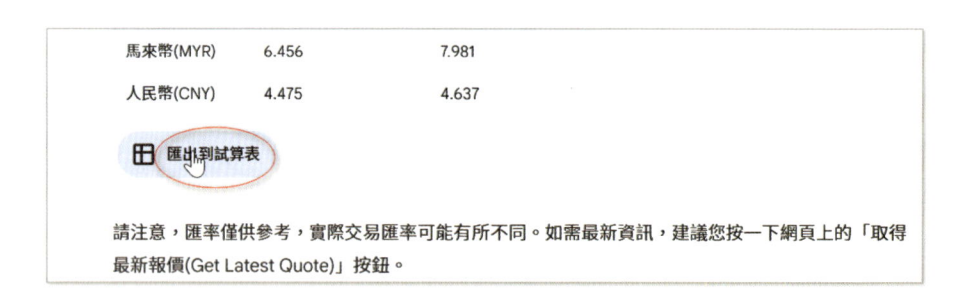

```
請參閱下列網址，給我表格報告
https://rate.bot.com.tw/xrt?Lang=zh-tw
```

◆ 該網頁是臺灣銀行的匯率查詢頁面，提供即期匯率和現金匯率的資訊。

以下是網頁內容的表格報告：

幣別(Currency)	現金匯率(Cash Rate)	即期匯率(Spot Rate)
	本行買入(We Buy)	本行賣出(We Sell)
美金(USD)	32.8	33.47
港幣(HKD)	4.112	4.316

…

馬來幣(MYR)	6.456	7.981
人民幣(CNY)	4.475	4.637

⊞ 匯出到試算表

請注意，匯率僅供參考，實際交易匯率可能有所不同。如需最新資訊，建議您按一下網頁上的「取得最新報價(Get Latest Quote)」按鈕。

當生成表格資料後，表格下方有匯出到試算表超連結，可以將表格匯到 Google 的試算表，請點選匯出到試算表，可以看到下列畫面。

> 已建立新試算表　　　開啟試算表　✕

點選開啟試算表，可以用 Google 試算表開啟，如下所示：

10-7 生成圖片

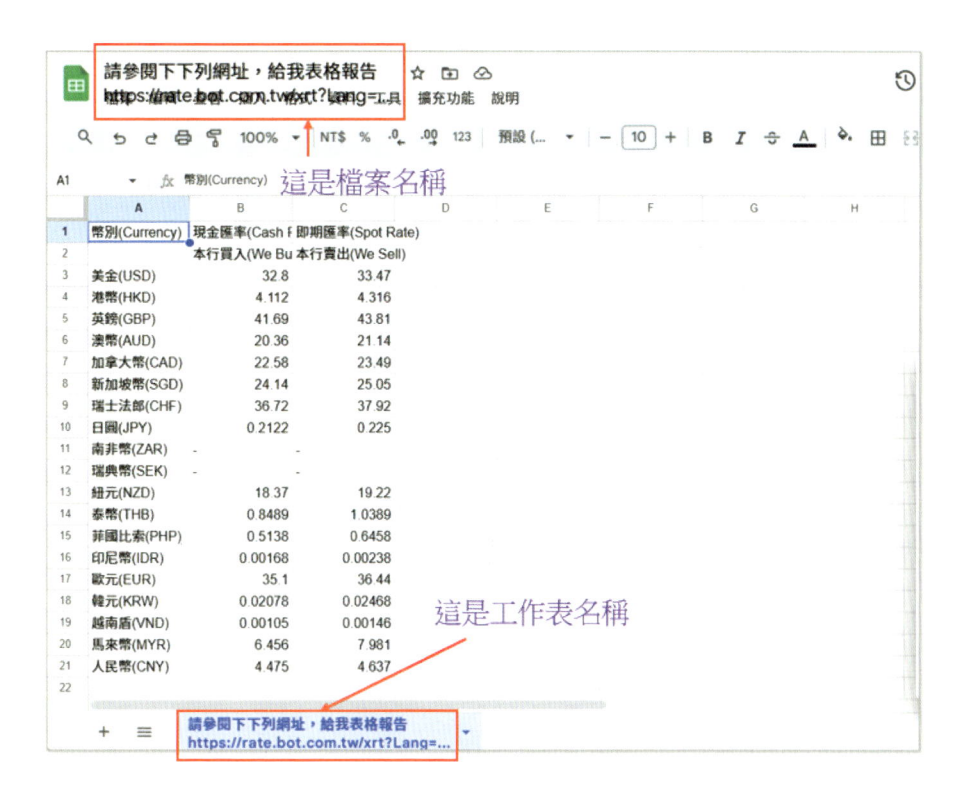

上述讀者可以<u>更改檔案名稱</u>或是<u>工作表名稱</u>，此外，也可以執行<u>檔案</u> / <u>下載</u>，然後選擇下載的檔案格式下載此工作表。

10-7 生成圖片

Gemini 目前也具有生成圖片的能力，而且生圖的精緻度也非常好。

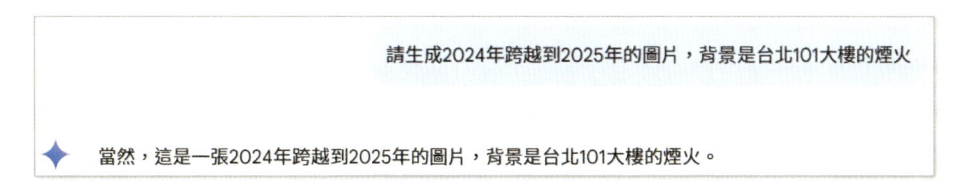

> 請生成2024年跨越到2025年的圖片，背景是台北101大樓的煙火

◆ 當然，這是一張2024年跨越到2025年的圖片，背景是台北101大樓的煙火。

10-17

右上方有下載圖示,可以用原尺寸下載所生成的圖像。

10-8 AI 視覺

Gemini 支援上傳各種檔案類型,包括文件、試算表、簡報等,可以參考下圖:

Gemini 可以讀取檔案中的資訊，然後執行下列工作：

- 分析檔案內容：Gemini 可以分析檔案內容，提取關鍵資訊、回答相關問題，並提供摘要和洞察。
- 根據檔案內容生成回應：Gemini 可以根據檔案內容生成更精確、更相關的回應。

10-8-1 圖片測試

Gemini 具有 AI 視覺功能，我們可以輸入圖片，然後詢問讓 Gemini 回答。首先請點選上傳檔案的 ＋ 圖示，請點選圖片圖示 圖片 ，可以看到開啟對話方塊，請點選 ch10 資料夾的 skytower.jpg，按開啟鈕，圖片會出現在輸入框，請輸入「請告訴我這是哪裡」。

請按提交 圖示，可以得到下列完全正確的結果。

> 這張圖片的風景是**日本東京的東京晴空塔**。
>
> 以下是一些可以幫助您識別的線索：
> - **東京晴空塔的獨特外觀**：塔的形狀和照明是其標誌性特徵。
> - **水面反射**：圖片中水面的倒影，表示其位置靠近水域。
> - **都市景觀**：背景中的城市天際線表明這是一個城市環境。

上述回答是正確的。

10-8-2 數學能力

9-4-2 節的聯立方程式圖片，Gemini 也可以處理。

> 你可以解上傳的數學問題嗎
>
> $a + b = 1$
> $5a + b = 2$

> 當然，我可以幫你解這個數學問題。這是一個二元一次聯立方程式，我們可以透過以下步驟來求解：
>
> **步驟一：消去法**
> - 將第二個方程式減去第一個方程式，得到：(5a + b) - (a + b) = 2 - 1 4a = 1 a = 1/4
>
> **步驟二：代入法**
> - 將 a = 1/4 代入第一個方程式，得到：1/4 + b = 1 b = 1 - 1/4 b = 3/4
>
> **答案**
> - a = 1/4
> - b = 3/4
>
> 所以，這個二元一次聯立方程式的解為 a = 1/4，b = 3/4。

10-8-3 摘要檔案內容

這一節是上傳一份 Word 檔案，讓 Gemini 摘要的實例，在點選<u>上傳檔案</u>的＋圖示後，請點選<u>檔案</u>圖示 [📎 檔案]，其他細節請參考下圖。

```
洪星宇_網頁設計師履歷
W DOCX

請摘要上傳的檔案內容

  +    Deep Research    Canvas
```

分析完成

我從你上傳的履歷檔案 "洪星宇_網頁設計師履歷.docx" 中提取了以下內容摘要：

這是一份由洪星宇撰寫的網頁設計師履歷。

- **個人資訊**：洪星宇畢業於明志科技大學電機系，目標是成為一名專業的網頁設計師。
- **技能專長**：他擅長多種程式語言（Python、Java、HTML、CSS、JavaScript），熟悉設計與開發工具（WordPress、Photoshop、Illustrator），並具備SEO優化知識。
- **自我介紹**：洪星宇熱衷於網頁設計，能夠打造兼具美感與功能性的網站。他期待加入公司，發揮專長。
- **其他**：履歷中還提到了他曾獲得SSE攝影競賽全國第一名。

10-9 Deep Research

Gemini 的 Deep Research 功能是一項強大的工具，旨在提升 Gemini 在資訊檢索、分析和報告生成方面的能力。以下是 Gemini Deep Research 功能的主要特色和應用：

❑ 主要特色

- **多步驟網路搜尋**：Gemini 能夠進行更複雜的網路搜尋，跨越多個來源和頁面，以獲取更全面的資訊。
- **資訊分析與整合**：Gemini 能夠分析和整合來自不同來源的資訊，提取關鍵要點，並識別趨勢和模式。
- **研究報告生成**：Gemini 能夠生成詳細的研究報告，其中包含引用的來源和參考資料，提高了資訊的可信度和透明度。
- **規劃能力**：Gemini 可以把使用者輸入的提示轉換成研究計畫。
- **自動化思考**：Gemini 在搜尋資訊的過程中會不斷思考，並呈現給使用者。

- 整合報告：Gemini 能將搜尋到的資訊，整理成詳細的報告。
- 多模態分析：Gemini 不只可以分析文字，還可以讀取使用者提供的檔案，例如試算表和圖片，並進行分析，讓研究結果更加多元化。

❑ 應用範圍
- 市場研究：分析市場趨勢、競爭對手和消費者行為。
- 學術研究：進行文獻回顧、數據分析和研究報告撰寫。
- 商業分析：評估商業機會、風險和策略。
- 新聞報導：收集和分析新聞事件，生成深度報導。
- 個人研究：使用者可以利用 Gemini 來快速的整理分析大量的資訊。

❑ 與傳統搜尋引擎的差異
- 答案導向：Gemini Deep Research 直接提供答案和分析，而非僅提供連結。
- 對話式互動：使用者可以與 Gemini 進行對話，追問問題並獲得更深入的資訊。
- 來源引用：Gemini 強調提供完整的來源引用，提高資訊的可信度。

10-9-1　Deep Research 應用情境與實例

我們可以將 Deep Research 應用在下列領域：

❑ 市場調查與競爭分析
- 應用情境
  - 分析特定產業的市場趨勢。
  - 比較競爭對手的產品和服務。
  - 評估新產品的市場潛力。
- Prompt 提示範例
  - 「請針對電動汽車市場進行深度研究，分析主要競爭者、技術發展趨勢以及未來市場預測。」
  - 「比較分析三家主要的智慧手機製造商：蘋果、三星和谷歌，重點比較它們的產品特性、定價策略和市場佔有率。」

- ❏ 學術研究與文獻回顧
  - ● 應用情境
    - ■ 整理特定學術領域的最新研究成果。
    - ■ 分析文獻中的關鍵概念和理論。
    - ■ 找出研究中的空白和潛在的研究方向。
  - ● Prompt 提示範例
    - ■ 「請針對人工智慧在醫療診斷中的應用進行文獻回顧，整理相關研究並分析其優缺點。」
    - ■ 「分析關於氣候變遷對海洋生態影響的最新研究，並找出研究中的主要爭議和未解決的問題。」

- ❏ 商業決策支援
  - ● 應用情境
    - ■ 評估投資項目的風險和回報。
    - ■ 分析消費者行為和市場需求。
    - ■ 制定行銷策略和產品開發計畫。
  - ● Prompt 提示範例
    - ■ 「請針對投資太陽能發電項目的潛在風險和回報進行深度分析，並提供相關的財務預測。」
    - ■ 「分析年輕消費者對可持續時尚產品的偏好和購買行為，並提出相應的行銷建議。」

10-9-2　Deep Research 分析智慧手機品牌

使用「深度研究」的注意事項：

- ● 明確具體的指示：越詳細的提示，越能得到精確的結果。
- ● 關鍵字：提供足夠且精準的關鍵字，幫助模型快速找到相關資訊。
- ● 輸出格式：如果需要特定格式的報告，請事先說明。
- ● 資料來源：檢視模型提供的資料來源，確保其可靠性和權威性。

第 10 章　整合 Google 資源的 AI 模型 – Gemini

下列是書籍實例，首先請點選 Deep Research 語言模型，然後輸入下列提示。

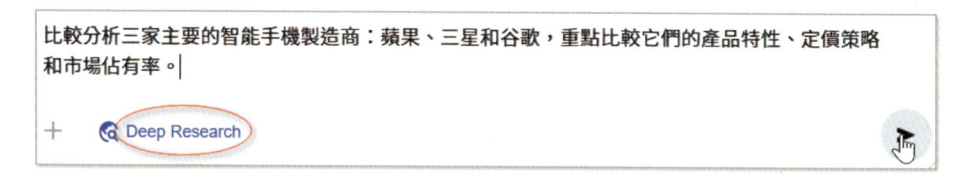

```
比較分析三家主要的智能手機製造商：蘋果、三星和谷歌，重點比較它們的產品特性、定價策略和市場佔有率。
```

執行後可以看到 Gemini 的研究方式。

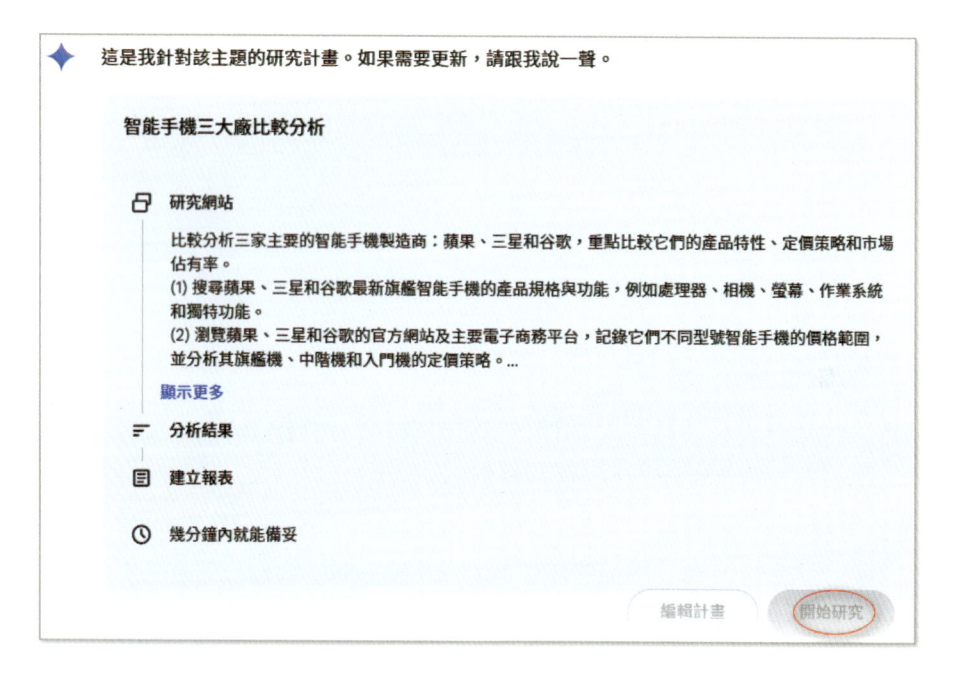

請點選開始研究鈕，以這個實例而言，Gemini 共分析了 100 多篇網站文章。分析完成後，會自動開啟分析結果，未來也可以點選開啟鈕，開啟分析結果。

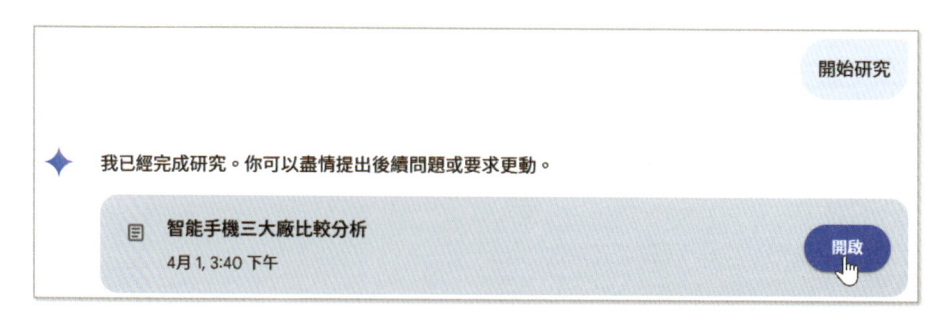

10-24

下列是 Gemini 分析結果。

```
智能手機三大廠比較分析                                    匯出至文件  ∨  ✕

主要智能手機製造商比較分析：蘋果、三星和谷歌

全球智能手機市場是一個價值數十億美元的產業，其特點是技術進步迅速且競爭激
烈。蘋果、三星和谷歌是其中最主要的參與者，它們共同塑造了產業的發展方向和
消費者的偏好。本報告旨在對這三家巨頭進行全面的比較分析，考察它們在多個關
鍵方面的策略和表現。

分析將涵蓋其最新旗艦智能手機的產品特性、在不同市場區隔（旗艦、中階和入門
級）的定價策略、在全球及主要地區的市場佔有率、來自專家和消費者對其產品特
性的評價、它們獨特的定價方式、行銷和品牌定位策略及其對市場佔有率的影響，
以及它們在產品創新、生態系統整合和售後服務方面的表現。最終目標是為商業專
業人士和投資者提供對智能手機市場競爭格局以及這三家主要廠商戰略定位的深入
理解。

最新旗艦智能手機產品特性比較

 • 蘋果 (iPhone 17 Pro Max/Ultra)：此分析基於公開資訊和產業傳聞，因為官
   方發布預計在 2025 年 9 月。
```

…

我們可以點選右上方的匯出至文件，用新文件格式匯出到 Google 文件。

10-10　Canvas - 生成文件和程式碼

　　Gemini Canvas 是 Google 於 2025 年 3 月推出的互動式工作區，也可以稱畫布。在此環境，使用者可以整合文字編輯、程式碼生成與 AI 協作功能，類似 ChatGPT Canvas 與 Claude Artifacts 的設，其主要功能模組如下：

❑ **文件協作與編輯**

- 即時編輯與預覽：文字調整（語氣、長度、格式）會同步顯示於 Canvas 區塊，支援反白段落後要求 Gemini 修改。

- **版本控制**：提供「顯示差異」功能，類似 GitHub 的程式碼比較工具，可追蹤修改歷程。
- **協作整合**：一鍵匯出至 Google 文件，支援團隊協作編輯。

❑ **程式碼開發工具**
- **多語言生成**：支援 HTML、React、Python 等語言，生成後可即時預覽網頁原型或執行結果。
- **雲端部署**：程式碼可直接匯出至 Google Colab 進行雲端運行，降低開發門檻。
- **互動式調整**：要求 Gemini 修改程式碼後，Canvas 會自動刷新預覽結果。

點選輸入框的 Canvas 鈕，當以藍色顯示 Canvas 時，可以進入 Canvas 模式。

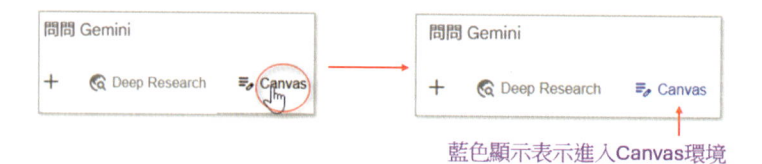

藍色顯示表示進入Canvas環境

10-10-1 文件寫作

Canvas 寫作的特色：

❑ **從「一次性回應」到「多輪編輯」**

過去 Gemini 提供的回應是靜態的、一次性的，無法直接修改原文，創作者需自行整理並重新提出需求。這導致修改過程繁瑣，甚至可能在多輪對話後出現內容混亂。有了協同寫作後的改變是：

- **動態編輯**：創作者可以直接修改 Gemini 生成的內容，讓 AI 即時參考新修訂的文本。
- **內容更新**：修改後的內容成為新的創作基礎，AI 能夠基於最新版本進一步優化。

❑ **從「單向指令」到「雙向互動」**

過去用戶需使用明確的指令來控制 Gemini 的回應，容易出現理解偏差。有了協同寫作後的改變是：

- **即時互動**：AI 能夠基於用戶的即時變更和反饋進行編輯。

10-10　Canvas - 生成文件和程式碼

- 靈活引導：創作者可以引導 AI 強化某段文字、調整語氣或擴展特定主題，實現雙向互動創作。

❑ 從「片段生成」到「全篇整合」

以往 Gemini 生成的內容多為獨立段落，整合與潤色需由創作者手動完成。有了協同寫作後的改變是：

- 全篇編輯：創作者能在一個整合平台上修改、增補和重組段落，AI 會自動進行內容連貫性和語法檢查。
- 一致性維護：AI 能夠確保風格和語氣的一致性，減少人為編排錯誤。

下列是進入 Canvas，生成「太陽能發電」文件的實例。

上述輸入後可以看到下列畫面：

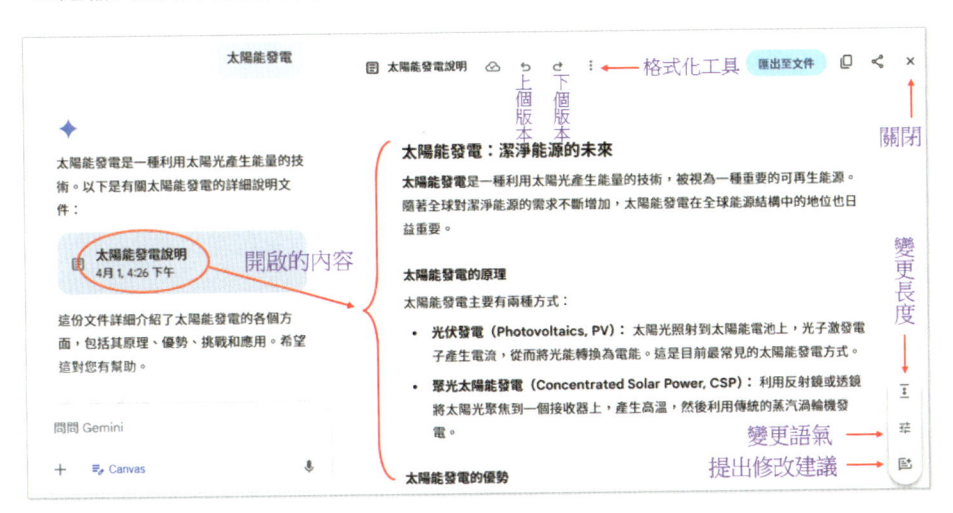

上述我們看到 Gemini 針對主題「太陽能發電」生成了文案，上述幾個重要功能如下：

- 變更長度：可讓 Gemini 自行調整文件長度，例如：極短文、短文、長文與極長文。

10-27

- **變更語氣**：可調整文件的語氣，例如：極口語、口語、正式與極正式。
- **提出修改建議**：可以針對內容提出修改建議。
- **上個版本**：可以回到上一個版本。
- **下個版本**：可以進入下一個版本。
- **格式化工具**：在 Canvas 內，可以選取文字然後用此工具編輯。

此例，點選提出修改建議，可以捲動文件，有需要修改的地方會用黃色底顯示：

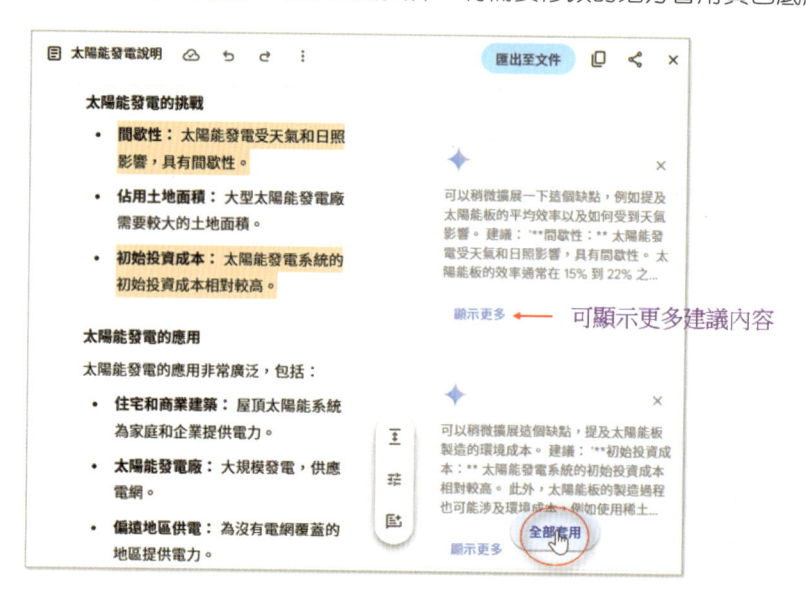

上述點選全部套用鈕，可以全部套用 Gemini 的建議，下列是顯示「間歇性」與「初始投資成本」修改內容的實例。

修改完成後，可以點選匯出至文件鈕，用新文件格式匯出到 Google 文件。

10-10-2　Python 程式設計

我們也可以用 Python 程式設計觀念，在 Canvas 上設計程式。請參考下列實例：

```
請用Python設計程式, 此程式用Unicode繪製機器人
```

可以得到下列結果。

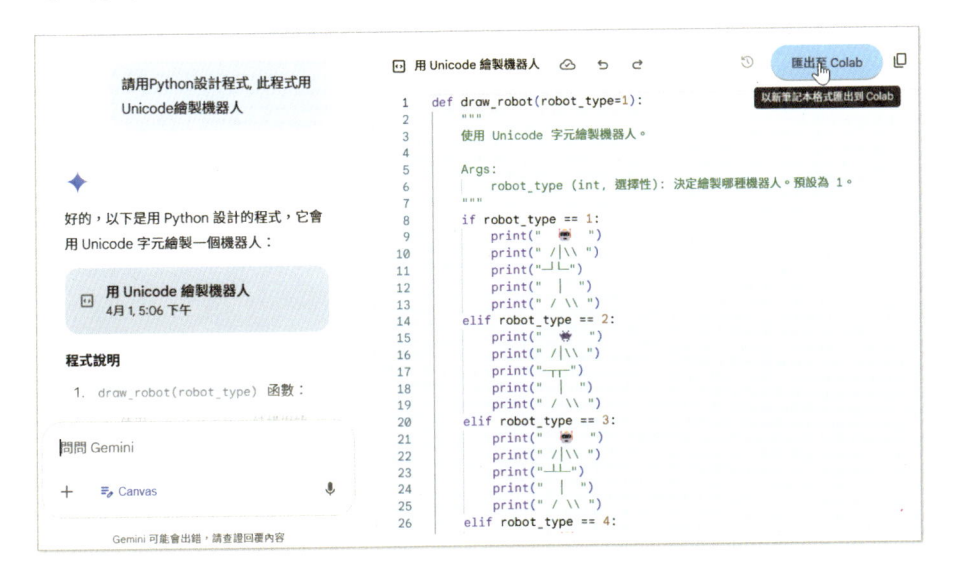

上述點選匯出至 Colab 鈕，可以將程式輸出到 Google 雲端的 Colab 上執行。如果關閉上述 Canvas，可以在下方看到程式的註解說明。

...

3. `if __name__ == "__main__":`：這是 Python 的標準模式，用於指定 `main()` 函數應在腳本作為主程式執行時呼叫。

如何執行程式

1. 將程式碼儲存到一個名為 `robot_drawer.py` 的檔案中。
2. 開啟終端機或命令提示字元。
3. 導覽到儲存該檔案的目錄。
4. 執行命令 `python robot_drawer.py`。
5. 按照提示操作，輸入要繪製的機器人類型。

第 11 章

最全方位的 AI 模型 - Copilot

11-1　認識免費版的 Copilot
11-2　認識 Copilot 聊天環境
11-3　多模態輸入 - 文字 / 語音 / 檔案 / 圖片
11-4　超越 ChatGPT - 圖片搜尋
11-5　聊天生成圖像
11-6　Copilot 視覺
11-7　深入思考（Think Deeper）
11-8　Office 使用 Copilot
11-9　Copilot App – 手機也能用 Copilot

第 11 章　最全方位的 AI 模型 - Copilot

11-1　認識免費版的 Copilot

即使是免費版，Microsoft Copilot 已經是一個強大的 AI 工具，能幫你查資料、寫文章、翻譯、摘要，讓日常工作與學習更高效！

其實，我們用 ChatGPT 執行的工作也可以用 Copilot 執行。

11-1-1　操作 Copilot 平台

即使你是免費使用者，只要有 Microsoft 帳號，就可以透過下列平台體驗 Copilot 的智慧功能！

平台	功能簡介
Copilot 網頁（copilot.microsoft.com）	使用 GPT-4o 模型，與 AI 聊天、寫作、翻譯、摘要等
Edge 瀏覽器（右側 Copilot 面板）	可針對目前瀏覽的網頁做摘要、分析、改寫、解釋術語
Copilot 手機 App（iOS/Android）	用講的和 Copilot 對話，支援語音與圖片輸入（視版本而定）
Bing 搜尋整合 Copilot	一邊搜尋一邊問 AI，查資料、規劃行程、比價都能問
Windows 11 內建 Copilot（部份版本）	可用語音問 AI，快速開啟設定、查資料、問問題

11-1-2　免費 Copilot 可以幫你做什麼？

我們可以用免費的 Copilot 完成下列工作：

- 幫你寫文章、繪圖、簡報草稿、履歷、自傳、email。
- 幫你查資料、找資料來源、比較不同選項。
- 幫你解釋英文、數學、科學、歷史知識。
- 幫你整理重點、摘要內容、翻譯外語。
- 可用語音對話（手機 App 或 Edge）。
- 可上傳圖片讓它辨識（手機 App、部分版本支援）。

11-2 認識 Copilot 聊天環境

11-2-1　Copilot 網頁進入 Copilot

請輸入下列網址，就可以進入 Copilot 網頁。

https://copilot.microsoft.com

Copilot 允許沒有註冊也可以使用，不過還是建議用 Microsoft 帳號註冊使用。

11-2-2　Microsoft Edge 進入 Copilot

當讀者購買 Windows 作業系統的電腦，有註冊 Microsoft 帳號，開啟 Edge 瀏覽器後，可以在瀏覽器的搜尋欄位和右上方看到 圖示，點選後就可以進入 Copilot 聊天環境。

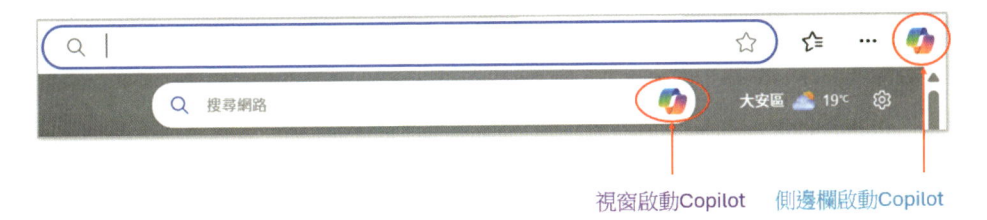

❑ **視窗啟動 Copilot**

可以看到類似 11-2-1 的畫面。

第 11 章　最全方位的 AI 模型 - Copilot

❏ 側邊欄啟動 Copilot

這時的視窗畫面如下：

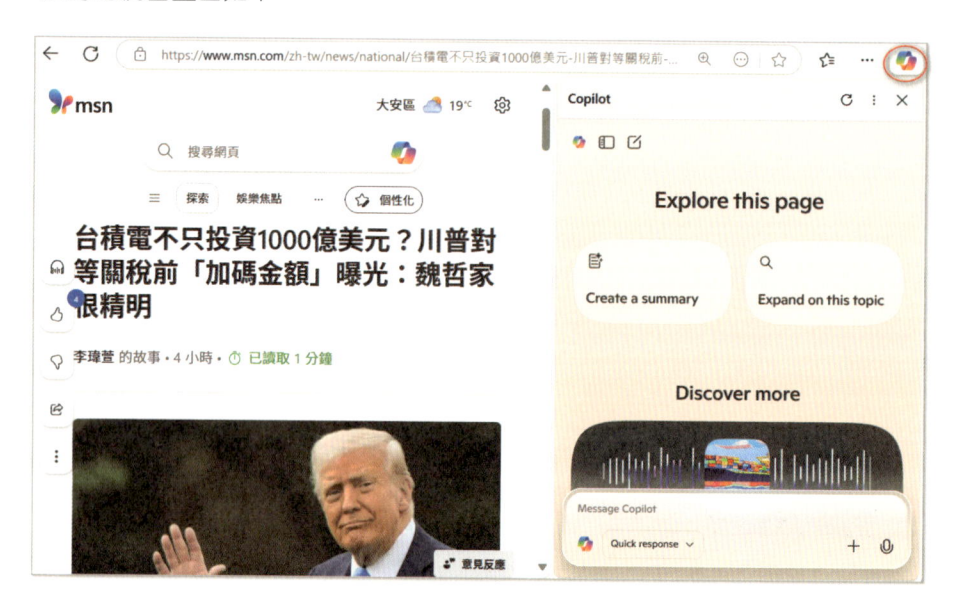

可以看到瀏覽器分成 2 部分，左邊是顯示目前瀏覽的畫面。右邊是 Copilot 畫面。在這種情境下，建議可針對目前瀏覽的網頁做摘要、分析、改寫、解釋術語。例如，請輸入「請摘要目前頁面新聞」，可以得到下列結果。

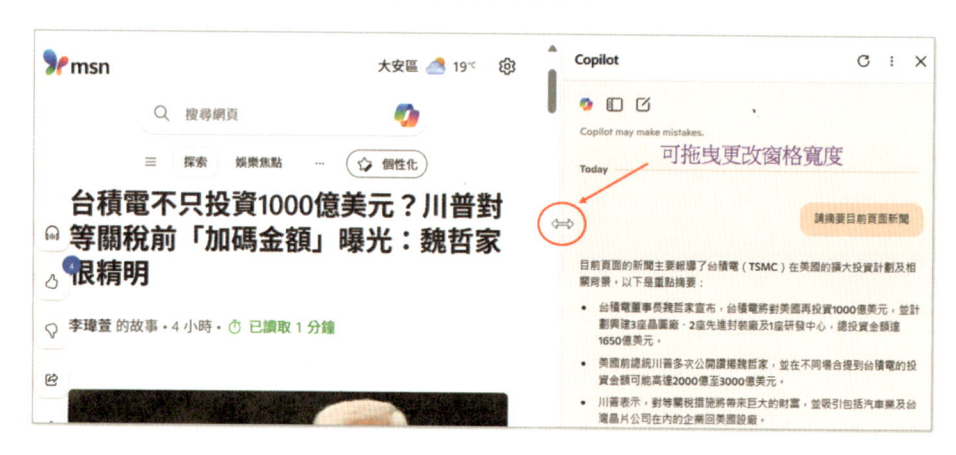

從上述可以看到視窗右邊的 Copilot 窗格，顯示摘要瀏覽器左邊頁面的結果，同時我們也可以拖曳更改顯示摘要的頁面寬度。

11-2 認識 Copilot 聊天環境

11-2-3　Bing 搜尋整合進入 Copilot

請參考 11-2-2 節，從 Bing 搜尋欄位進入 Copilot，請點選 Bing 搜尋欄位右邊的圖示 ，可以參考下圖：

將看到 11-2-1 的畫面，請點選 Sign in 圖示：

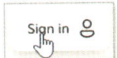

將看到下列畫面：

上述點選 Sing in 功能鈕後，會要求輸入帳號，讀者可以輸入 Microsoft 帳號，就可以登入自己的 Microsoft 帳號的 Copilot 環境。

11-5

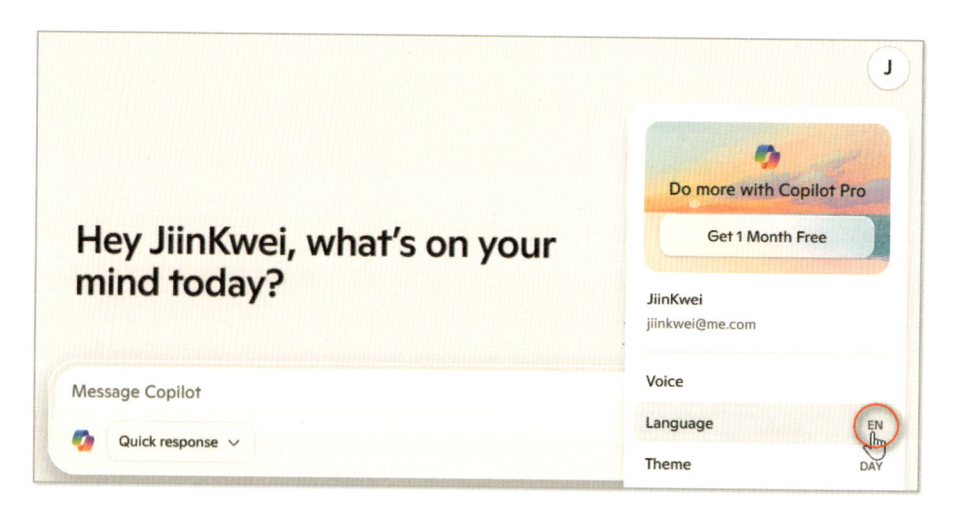

第 11 章　最全方位的 AI 模型 - Copilot

　　如果看到英文環境，可以點選「Language EN」，改為「Chinese Traditional」，就可以進入繁體中文環境。

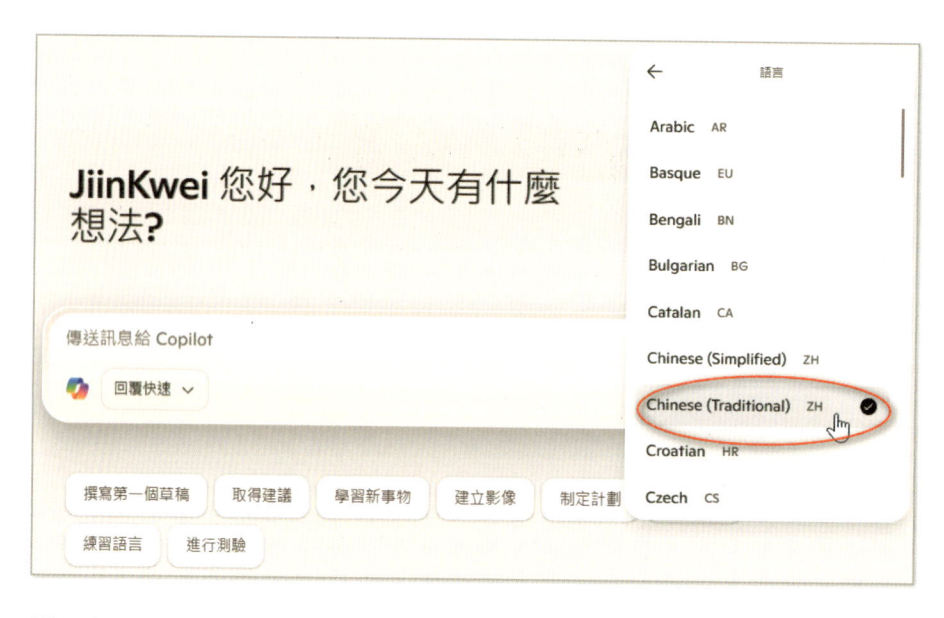

　　進入自己的 Copilot 環境後，將看到下列類似的畫面。

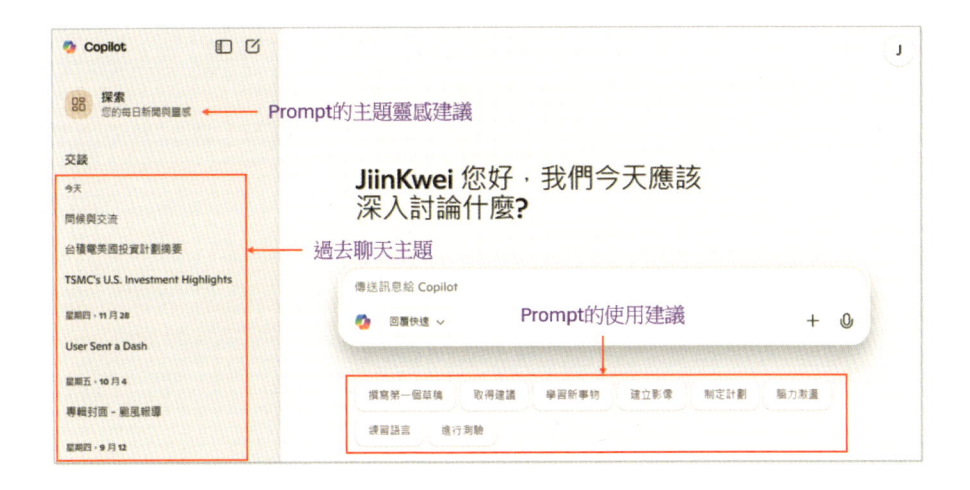

11-2　認識 Copilot 聊天環境

11-2-4　Copilot 回覆方式

Copilot 回覆有 2 種方式，其中回覆快速是預設。

❑ **回覆快速（Reply Quickly）**

- 用途：適合你需要立即得到答案或結果的情境，例如撰寫一封 Email、產生摘要、翻譯一段文字、快速生成表格公式等。
- 特點
    - 速度快、語氣直接。
    - 結果偏向「已知解法」，不會延伸過多。
    - 內容較簡潔，適合處理明確、具體的任務。
- 實例：「幫我回覆這封郵件說我明天會參加會議」→ 回覆快速會立刻產生一封簡短且正式的回信草稿。

11-7

❑ 深入思考（Think Deeper）

- 用途：適合你希望 AI 提供更深入分析、更多選項或創意延伸的情境，例如策略建議、行銷文案、多角度回覆方式等。

- 特點
  - 回應較慢，但內容更豐富。
  - 有時會先分析問題，再提供多種解決方式。
  - 偏向「幫你思考」、類似小幫手陪你腦力激盪。

相關應用實例將在 10-7 節說明。

❑ 如何選擇？

情境	建議模式
需要快速產出、格式正確、動作明確	回覆快速
希望 AI 提供想法、分析、選項或潛在問題	Think Deeper

11-2-5　Copilot 聊天方式

Copilot 聊天方式和前面章節所述的 AI 聊天機器人相同，下列是筆者的輸入與 Copilot 的輸出。

執行後可以得到下列結果。

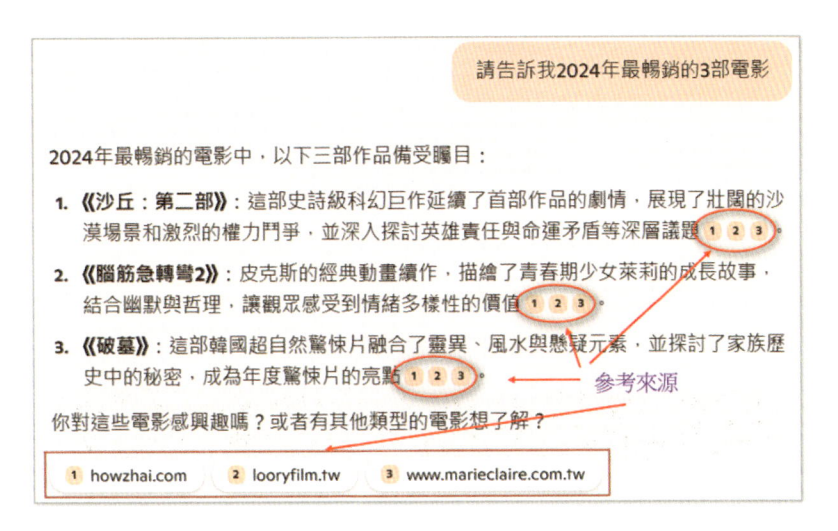

從上述可以看到，Copilot 的回應後面有參考來源，同時也列出參考來源的超連結供我們驗證。

11-2-6 聊天主題的編輯功能

點選聊天主題可以在右邊看到編輯功能：

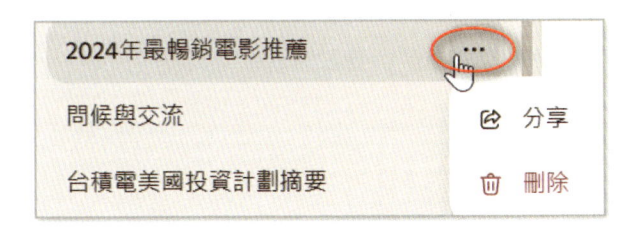

11-2-7 分享聊天主題

這個功能可以將聊天主題的超連結分享，這個功能適合使用簡報人員將主題分享，其他人由超連結可以獲得聊天主題的內容，下列是點選時可以看到的畫面。

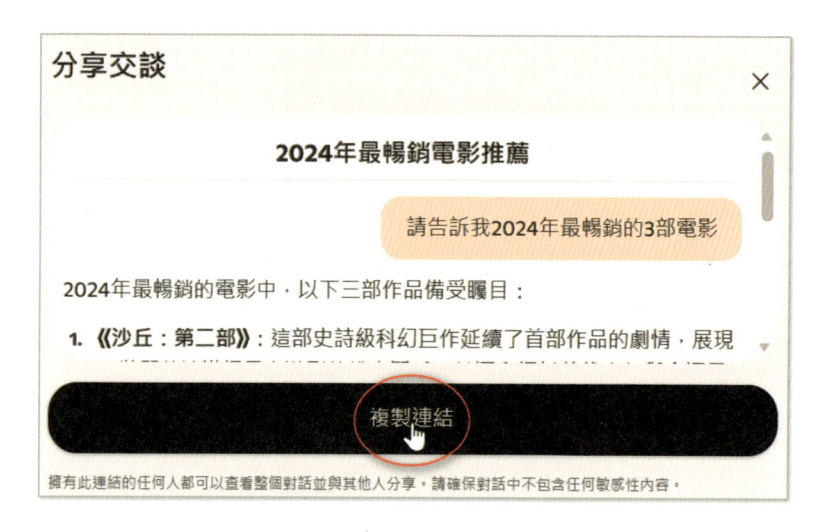

從上述知道，可以用複製連結，未來透過電子郵件分享。

11-2-8　Copilot 回應的處理

將滑鼠游標移到 Copilot 回應下方可以看到功能圖示，每個圖示的功能如下：

- 良好回應：點選可以讓 Microsoft 公司知道，回應良好。
- 不良回應：點選可以讓 Microsoft 公司未來改進。
- 分享訊息和提示：與 11-2-7 功能相同。
- 複製：複製 Copilot 的回應，供未來編輯。

11-3 多模態輸入 - 文字 / 語音 / 檔案 / 圖片

Copilot 預設是鍵盤的文字輸入模式，此外，也有提供了多模態輸入觀念，例如：語音、圖片與檔案輸入。

11-3-1 語音聊天

要執行語音聊天，首先要將喇叭打開，Copilot 的輸入區可以看到 🎤 圖示，可以參考下圖右邊。

點選 🎤 圖示後可以看到下列畫面，Copilot 表示「我正在聆聽」。

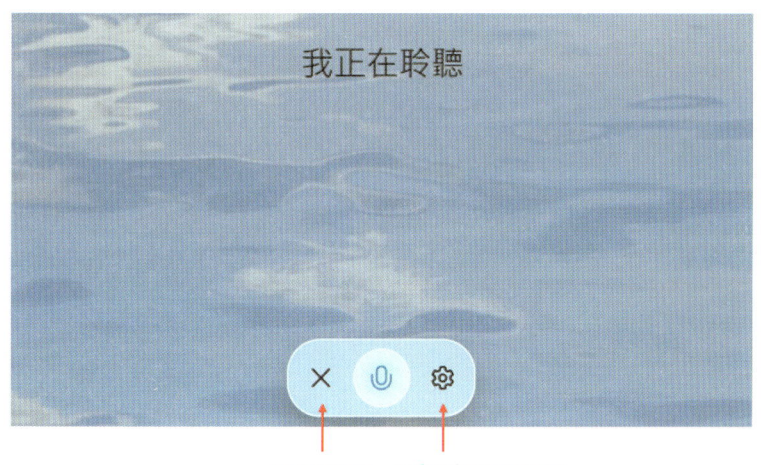

結束聊天　選擇聊天發音員

然後讀者可以與 Copilot 進行語音聊天，再按一次圖示 X，可以停止聊天。所有聊天皆會被記錄，結束聊天後可以看到聊天記錄，下列是示範畫面：

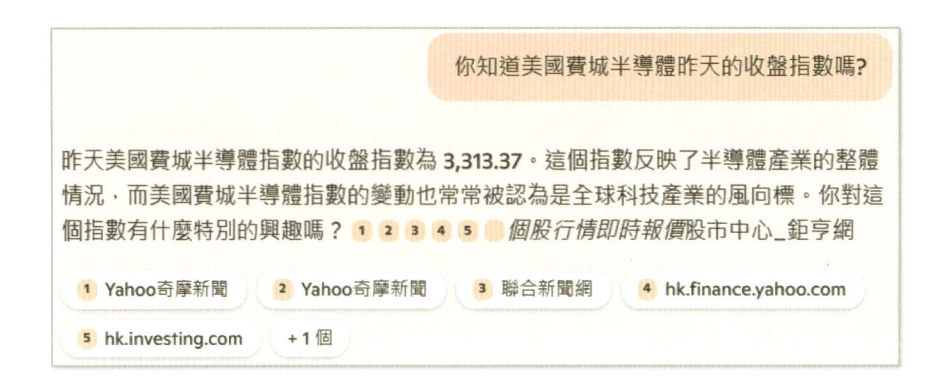

第 11 章　最全方位的 AI 模型 - Copilot

11-3-2　圖片輸入

輸入圖片，可讓 Copilot 告訴我們細節或故事，此功能也可以稱「AI 視覺」。在輸入框右下方有圖示 ＋，此圖示稱新增檔案圖示。

下列是筆者上傳圖片分析的實例，點選新增檔案圖示 ＋ 後，請點選上傳圖示 🔗。然後可以看到開啟對話方塊，請點選 ch11 資料夾的「煙火 .jpg」，請按開啟鈕，可以將此圖片上傳到輸入框。

上方筆者輸入「你可以分析此圖片的內容嗎」，輸入後可以得到下列結果。

> 你可以分析此圖片的內容嗎

這張圖片展示了一場充滿活力的煙火表演，背景是一個夜晚的城市景觀。煙火以各種圖案和顏色爆炸，主要以紅色和金色為主，照亮了整個天空。下方是高樓大廈的燈光，並在水面上形成倒影。整個場景可能來自某次慶祝活動或特殊場合，非常具有視覺感染力，營造出歡慶的氛圍。

這是完全正確的答案。

11-3-3 閱讀與分析 Excel 檔案

Copilot 可以閱讀與分析 Excel 檔案，有一個檔案「旅遊 .xlsx」內容如下：

	A	B	C	D	E	F	G	H	I
2				旅遊市場調查報告				最高評價	
3		評分 : 0-10分						最低評價	
4				西班牙旅遊	瑞士旅遊	法國旅遊			
5		問卷報告							
6		導遊專業度	分數	10	9	5			
7		餐點	分數	8	7	6			
8		住宿	分數	7	9	5			
9		行程安排	分數	5	7	3			

下列是筆者分析的結果。

> 旅遊.xlsx
> Excel
>
> 請閱讀「旅遊.xlsx」告訴我每個旅遊項目的最高評價, 同時列出總體最高評價

第 11 章　最全方位的 AI 模型 - Copilot

這次 Copilot 有錯誤，下列是筆者告知 Copilot 錯誤，最後回應成功的結果。

> 總體最高評價是錯的

感謝你的指正，讓我再次仔細檢視你的檔案內容。

根據「旅遊.xlsx」中的數據，以下是每個評估指標的最高分數：

- 導遊專業度：西班牙旅遊 - **10分**
- 餐點：西班牙旅遊 - **8分**
- 住宿：瑞士旅遊 - **9分**
- 行程安排：瑞士旅遊 - **7分**

如果將所有指標加總以計算總體評價：

- 西班牙旅遊：10 + 8 + 7 + 5 = **30分**
- 瑞士旅遊：9 + 7 + 9 + 7 = **32分**
- 法國旅遊：5 + 6 + 5 + 3 = **19分**

因此，**瑞士旅遊**在總體評分上獲得最高評價。希望這次的分析能正確反映數據內容！如果還有需要進一步討論的地方，請隨時告訴我。😊

11-4　超越 ChatGPT - 圖片搜尋

Copilot 聊天具有搜尋功能，下列是輸入「請搜尋明志科技大學圖片」的執行結果。

> 請搜尋明志科技大學圖片

我找到了一些關於明志科技大學的圖片資源，你可以在以下連結中查看：
明志科技大學校首頁 或 **明志科技大學常用 Logo 設計圖檔與應用**。希望這些資訊對你有幫助！如果需要更多細節，請告訴我。😊

11-5 聊天生成圖像

Copilot 聊天生成圖像,早期每次可以產生 4 張 1024x1024 的圖片,目前改為只生成一張圖像。下列輸入是「請生成加拿大黃刀鎮,冬天晚上,有極光,一位 20 歲的帥哥在戶外喝咖啡」。

> 請生成加拿大黃刀鎮,冬天晚上,有極光,一位20歲的帥哥在戶外喝咖啡

← 下載圖片鈕

11-5-1 修訂影像

影像生成後,我們也可以用互動聊天調整更改影像內容,例如:筆者輸入「請將上述喝咖啡的人改成 15 歲,亞洲人,Hayao Miyazaki 風格」。

> 請將上述喝咖啡的人改成15歲,亞洲人,**Hayao Miyazaki**風格

第 11 章　最全方位的 AI 模型 - Copilot

上述 Hayao Miyazaki 是指宮崎駿，所以我們也可以用「宮崎駿」取代「Hayao Miyazaki」。「Hayao Miyazaki 風格」的 AI 繪圖是指使用人工智慧技術來模仿日本著名動畫導演宮崎駿（Hayao Miyazaki）的獨特藝術風格。宮崎駿是吉卜力工作室（Studio Ghibli）的共同創辦人，以其富有想像力和詩意的動畫電影而聞名，如《龍貓》（My Neighbor Totoro）、《神隱少女》（Spirited Away）和《風之谷》（Nausicaä of the Valley of the Wind）。

在 AI 繪圖中模仿宮崎駿風格通常涉及以下特點：

- **豐富的色彩和細節**：宮崎駿的作品以其色彩鮮豔、細節豐富的視覺風格著稱，AI 繪圖會試圖捕捉這種色彩的豐富性和細膩的紋理。
- **夢幻般的元素**：宮崎駿的動畫中常常包含夢幻和奇幻元素，如飛行的機器、奇異的生物和神秘的自然景觀，AI 繪圖會嘗試融入這些元素。
- **特有的角色設計**：宮崎駿的角色設計獨特，常常具有深刻的情感表達和個性化特徵。AI 繪圖會努力模仿這種風格。
- **敘事風格**：宮崎駿的作品不僅在視覺上獨特，還在敘事上具有深度和多層次性。雖然 AI 繪圖主要關注視覺風格，但也可能試圖捕捉這種敘事的精髓。
- **自然和和諧**：宮崎駿的許多作品強調與自然的和諧共處，這種主題也可能反映在 AI 創建的藝術作品中。

11-5-2　電磁脈衝影像

可以參考下列實例。

> 請繪製「舊金山城市天際線夜景，建築物發出電磁脈衝光，倒映在平靜的水面上。一艘小船在 Golden Gate Bridge 下方水面上緩緩漂流。」

11-5-3　AI 影像後處理

當我們設計 AI 影像完成後，可以將滑鼠游標移到圖像，按一下滑鼠右鍵開啟功能表，執行另存影像、複製、編輯、新增至集錦 ... 等。

執行後可以看到另存新檔對話方塊，請選擇適當的資料夾，預設檔案延伸檔名是 jpeg，然後輸入檔案名稱，再按存檔鈕即可。本書「舊金山 .jpeg」，就是此實例的輸出。

11-5-4 其它創作實例

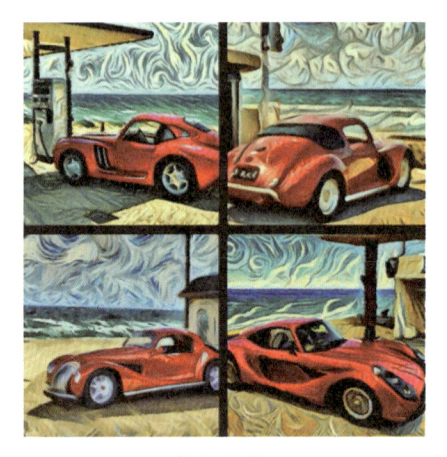

梵谷風格,
海邊加油站的紅色跑車

Aurora當作背景的夜晚, 從
山頂看Schwaz城市全景

Hayao Miyazaki風格, 男孩揹書包,
拿著一本書, 準備上火車

14歲男生, 明亮的眼眸, 宮崎駿風格,
《神隱少女》動畫電影, 森林中散步

11-6 Copilot 視覺

　　11-3-2 節筆者說明了圖片輸入, 讓 Copilot 分析圖片內容, 其實這就是 Copilot 的 AI 視覺功能。這一節將做更多測試, 結果可以發現 Copilot 可以正確解讀圖像內容。

11-6-1　辨識運動圖片

筆者輸入「請告訴我這張圖片的內容」，這題圖片是 ch11 資料夾的 girls_football.png。

> 請告訴我這張圖片的內容

這張圖片展示了一群足球運動員正在比賽的場景。他們穿著各式球衣，奔跑於草地上，追逐著足球。背景中可以看到足球門和體育場的看台，這樣的構圖捕捉了比賽中的活力與緊張氣氛。

11-6-2　圖像生成七言絕句

筆者輸入「請為你看到的圖像做一首七言絕句」，這張圖片是 ch11 資料夾的 fisher.png。

> 請為你看到的圖像做一首七言絕句

人臨水畔揮竿坐，靜影波光山色閃。舟行遠處隨風去，湖心靜謐解愁亂。

這首七言絕句以圖片中寧靜的垂釣場景為靈感，希望能展現出其中的閒適與自然和諧。如果有其他需要調整的地方，請告訴我！😊

11-19

11-7 深入思考（Think Deeper）

11-2-4 節已對深入思考 Think Deeper 的觀念與用途做過解說，簡單的說 Think Deeper 是 Copilot 中類似「資深顧問模式」的選項，不僅能幫你產出內容，更能幫你思考背後的目的與影響。在 AI 越來越智慧的今天，學會使用 Think Deeper，就像擁有一位思考能力強、永不疲倦的幕僚長。

下列將分成 3 個小節分別讓 Copilot 生成「招生說明文件」，然後比較。

11-7-1 「招生說明文件」- Copilot 回覆快速

> 請幫我寫招生說明信件

當然可以！以下是一封招生說明信件的範例，適合用來吸引學生報名課程：

主題：加入我們，共創你的未來！

親愛的 [目標群體，如學生或家長]：我們誠摯地邀請您探索 [機構名稱] 提供的卓越課程與學習機會！無論您是希望拓展技能、深入研究特定領域，或者為未來職涯做好準備，我們的課程都能滿足您的需求。

為什麼選擇我們？

- 高品質師資：我們擁有專業且經驗豐富的教師團隊，致力於為每位學生提供最佳的學習體驗。
- 實用課程設計：課程涵蓋最新知識與技術，確保您能在快速變遷的世界中脫穎而出。
- 支援與關懷：我們重視每一位學生的成長，提供個性化的支援與指導。

課程特色：

- [課程簡短介紹，如「基礎到進階的全方位課程設計」]
- [時間、地點，或其他重要資訊]
- [提供的額外資源或福利，例如「免費試聽課程」或「職涯規劃講座」]

報名時間有限，請於 [截止日期] 前完成申請！現在就行動，為您的夢想開啟新篇章。立即造訪我們的網站 [網址] 或聯絡我們 [聯絡資訊] 獲得更多信息。

期待您的加入！

誠摯的祝福，[機構名稱] [聯絡人姓名或職位]

11-7-2　「招生說明文件」- Copilot Think Deeper

首先進入 Think Deeper 環境，在輸入相同「請幫我寫招生說明信件」。

> 請幫我寫招生說明信件
>
> ◎ Think Deeper ˇ　　　　　　　　　　　　　　　+ 👆

下列是 Copilot 在 Think Deeper 模式的回應。

> 請幫我寫招生說明信件
>
> 以下是一封招生說明信件的範例，您可以根據需求進行調整：
>
> **主旨：開啟未來之門 —— 歡迎加入 [機構名稱]**
>
> 親愛的家長與未來的學員：
>
> 感謝您對知識與成長的重視，現在正是捕捉機遇、追逐夢想的最佳時機！我們誠摯邀請您加入 **[機構名稱]** 的大家庭，一同探索豐富多元的課程與卓越的學習資源，為未來打造堅實的基礎。
>
> **我們的優勢**
>
> - **專業師資陣容** 我們的教師除了擁有深厚的理論基礎，更具備豐富的實務經驗，致力於啟發每位學員的潛能，讓理論與實踐完美結合。
> - **前瞻性課程設計** 課程內容融合最新產業趨勢與技術動態，無論您是初學者或尋求進階，都能找到適合自己的學習方案。
> - **全方位學習支援** 追求知識的路上，我們提供個案輔導、職涯諮詢和實習機會，幫助學員從學習到成就，無縫連接未來舞台。

課程亮點

- 提供循序漸進、涵蓋各學習層次的完整培訓計劃。
- 定期舉辦專題講座與工作坊,讓學員了解行業最新發展與實地運用。
- 推出學習社群活動,促進學員間的互動與經驗分享,共同成長。

報名資訊

- **報名期間**:即日起至 [截止日期]。
- **報名方式**:請前往我們的官方網站(網址:[網站網址])填寫報名表,或直接撥打 [聯絡電話] 與我們洽詢。
- **優惠活動**:前 [x] 位報名者可享有專屬折扣及免費諮詢服務,機會難得,切勿錯過!

加入 [機構名稱],不僅是一段豐富的知識之旅,更是一個開拓未來、實現夢想的平台。我們期待與您攜手共創精彩新章,讓每一步都踏實而充滿可能!

若有任何疑問或需要進一步了解,請隨時與我們聯繫。期待在新學期與您相見!

祝學習愉快、前程似錦,

[機構名稱] [聯絡人姓名 / 職位] [聯絡電話] | [電子信箱] [機構地址]

11-7-3 回覆快速 vs Think Deeper

以下是從內容深度、情感表達、結構安排、行動引導等,4 個項目類別進行分析比較:

❏ 內容深度

項目類別	快速回應	Think Deeper
資訊密度	資訊簡潔,條列式重點說明	資訊完整,具細節與延伸說明
課程特色說明	提到但較概括,例如「全方位課程設計」	具體說明有「專題講座、工作坊、社群活動」等細節
語言層次	適中,偏簡明	用詞更文雅、具故事性與說服力

結論:Think Deeper 提供更具體與深入的內容,有助於建立專業感與信賴度。

❏ 情感與吸引力

項目類別	快速回應	Think Deeper
開頭情感連結	使用「共創未來」的正面語氣	提到「知識與成長的重視」,更貼近讀者情感
整體語氣	中性、鼓勵性語氣	有溫度且帶有願景感,讓人感到被尊重與期待

結論:Think Deeper 的語氣更有親和力與情感共鳴,有助於感性說服。

11-7 深入思考（Think Deeper）

❑ 結構與版面

項目類別	快速回應	Think Deeper
架構清晰度	使用小標題「為什麼選擇我們？」、「課程特色」等，簡潔明瞭	也有標題區塊，但文字較多，資訊量大，閱讀上略重
閱讀流暢度	適合快速掃讀	適合細讀、說服型溝通

結論：快速回應適合時間有限或廣發用；Think Deeper 更適合定向行銷或 DM、說明手冊使用。

❑ 行動呼籲與誘因設計

項目類別	快速回應	Think Deeper
報名資訊	有提供報名截止日、網站等，清楚簡明	除了資訊外，還加上「早鳥優惠」、「免費諮詢」等誘因
行動引導	呼籲「立即行動」，但較制式	使用更多激勵語句，如「實現夢想的平台」、「機會難得，切勿錯過！」等

結論：Think Deeper 在行銷策略上較強，能更有效推動報名行為。

❑ 總結比較

項目	快速回應	Think Deeper
時效性	快速完成，適合一般需求	花時間多，但更精緻
內容深度	中等	詳盡、完整、有說服力
情感連結	基本有	強烈、真誠
行動引導	基本有	含誘因與推動力
用途適合	EDM、社群貼文、快速廣發用	招生簡章、校園講座、家長說明會等正式用途

筆者建議（如果你是行銷人員或學校）

- 需要大量寄送、快速產出：可先用快速版，再加一些情感句子簡化發送
- 需要印刷、上傳網站、或一對一說明：建議用 Think Deeper 版，給人專業、用心的感受

11-8　Office 使用 Copilot

Microsoft 也開放免費版的 Copilot 在 Office 365 內使用 Copilot，下列將分別用 Word 和 PowerPoint 作說明。

註 1：筆者測試，目前免費版無法操作 Excel。

註 2：免費版的功能比較簡陋。

11-8-1　Word 的 Copilot

開啟 Word 後，可以在視窗右上方看到 Copilot 圖示 ，點選後可以開啟側邊 Copilot 視窗。我們可以在 Word 使用下列 Copilot 的強大功能：

- 自動撰寫：「幫我寫一封家長通知信，主題是畢業旅行」。
- 改寫重組：「把這段話改得更簡潔有力」。
- 語氣調整：「請將內容轉換為專業語氣」。
- 摘要重點：「請幫我整理這份報告的三個重點」。
- 文件生成：「幫我產出一份會議紀錄範本，含日期、參與人、討論重點」。
- 延伸內容：「請根據這一段，再補充兩點說明」。

下列是自動撰寫「幫我寫一封家長通知信，主題是畢業旅行」的實例。

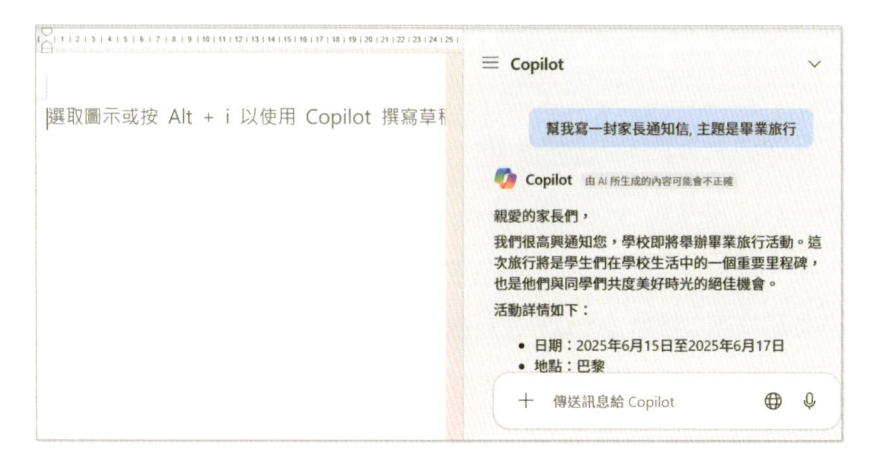

生成文件完成後，請參考下圖點選插入鈕。

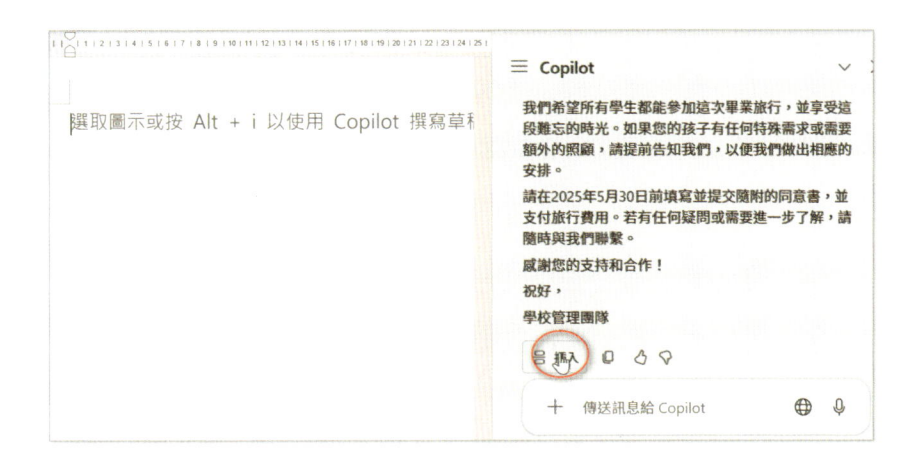

可以在左邊的 Word 內看到插入的生成文件。

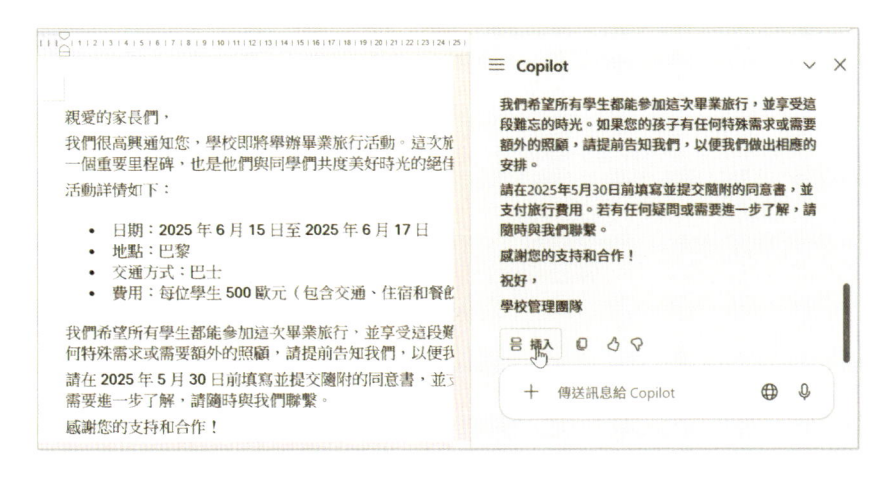

本書 ch11 資料夾的「畢業旅行.docx」就是上述生成的結果。在 Word 中使用 Copilot，就像多了一位 AI 助理，幫你寫文件、潤稿、總結與思考，省時又強大！

11-8-2　PowerPoint 的 Copilot

在 PowerPoint 中使用 Copilot 是目前最讓簡報工作者驚艷的 AI 助手之一，它能根據你的文字描述，自動生成完整簡報、整理重點、設計排版，甚至幫你美化內容！我們可以用 Copilot 在 PowerPoint 中做下列工作：

- 自動生成簡報：根據文字摘要、會議紀錄、產品說明自動產生簡報草稿。
- 整理重點內容：將大量文字轉換為簡報風格的重點條列。
- 插入圖像與設計：自動加入 AI 圖像、智慧建議設計主題與版面配置。

第 11 章　最全方位的 AI 模型 - Copilot

- **改寫與潤飾**：改善投影片內容語氣或語法，例如更具說服力或更簡潔。
- **圖表與結構建議**：建議適合的圖表呈現方式（如流程圖、比較表）

下列是生成「人工智慧發展」的簡報，當進入 PowerPoint 後，可以在頁面編輯區看到白色的 Copilot 圖示 ，將滑鼠移到此圖示，圖示將變為彩色 ，同時列出功能項目。

請執行<u>建立關於以下內容的簡報</u>，將看到下列畫面，請輸入「請建立人工智慧發展簡報」。

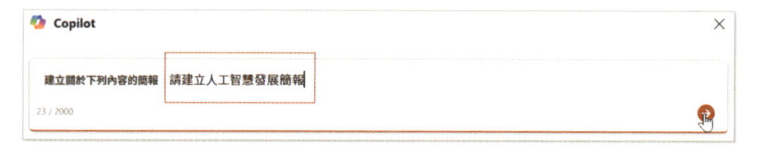

上述執行後，將看到下列建立簡報畫面。

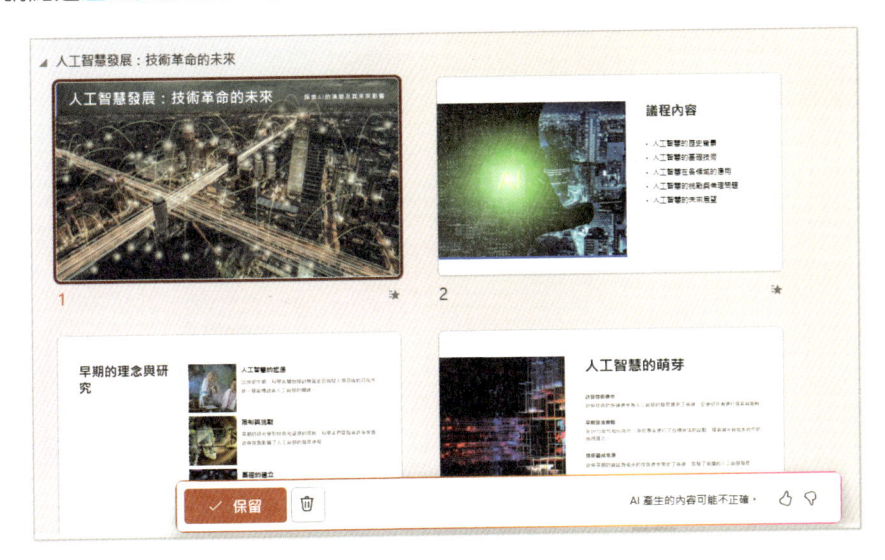

請點選 產生投影片 鈕，就可以得到圖文並茂的簡報。

請點選 保留 鈕，表示要保存此簡報。上述是在投影片瀏覽模式，點選 PowerPoint 視窗下方工具列的 標準 鈕，就可以進入標準模式的簡報。

本書 ch11 資料夾的「人工智慧發展 .xlsx」就是上述生成的結果。

第 11 章　最全方位的 AI 模型 - Copilot

11-9　Copilot App – 手機也能用 Copilot

11-9-1　Copilot App 下載與安裝

Copilot 目前也有 App，讀者可以搜尋，如下方左圖：

安裝後，可以看到 Copilot 圖示，可以參考上方右圖，第 1 次使用需登入 Microsoft 帳號和密碼。未來畫面就會顯示你的名字，同時要你選擇發音員，未來就可以聽到該發音員與你溝通的語音。

註　Copilot App 最大的特色是可以使用注音輸入繁體中文。

11-9-2　手機的 Copilot 對話

進入 Copilot 聊天環境後，可以用注音或語音輸入問題，Copilot 可以回應你的問題。

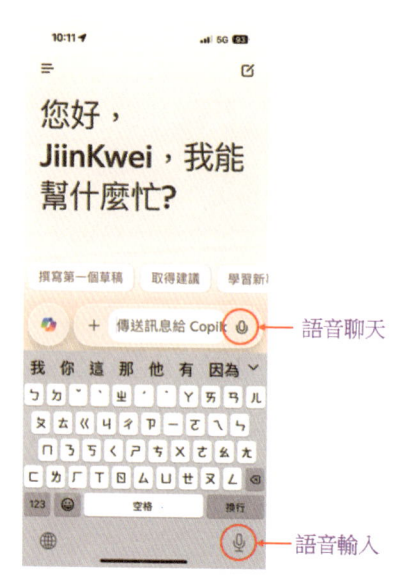

下列是輸入「台灣有哪些美麗風景」的實例。

Prompt 實例:「現在是月黑風高,請寫一首七言絕句」。

11-9-3 語音聊天

進入語音聊天後,你可以看到下方左圖畫面,同時可以聽到 Copilot 的問候。當你說話時,可以看到下方右圖的畫面,Copilot 表示正在聆聽。

第 11 章　最全方位的 AI 模型 - Copilot

讀者進入上述畫面後，就可以和 Copilot 進行語音聊天了。

第 12 章

AI 新亮點 - DeepSeek

12-1　認識 DeepSeek

12-2　進入與認識 DeepSeek 環境

12-3　AI 聊天與測試 DeepSeek 的能力

第 12 章　AI 新亮點 - DeepSeek

DeepSeek 是中國新創公司 DeepSeek Inc. 開發的 AI 產品平台，主打開源的大型語言模型（LLM），致力於打造高效、低成本、可用性強的 AI 助理。它支援中英文雙語，已在 Web、iOS、Android 等平台上提供服務。

12-1　認識 DeepSeek

2025 年 1 月 20 日，DeepSeek 推出了 DeepSeek-R1 模型的免費聊天機器人應用程式。僅一週內，該應用程式即超越 ChatGPT，成為美國 iOS 應用商店免費應用下載榜首，並導致輝達（Nvidia）股價下跌 18%。

DeepSeek 的成功在於其開源策略，允許其生成式人工智慧演算法、模型和訓練細節可供免費使用、修改和查看，這使得開發者能夠在其基礎上進行創新。 此外，該公司積極從中國頂尖高校招募年輕的人工智慧研究者，並聘請計算機科學以外領域的人才，以豐富其模型的認知和能力。

12-1-1　筆者的提醒 - 讀者須了解的爭議

DeepSeek 的崛起也引發了一些爭議，包括對知識產權、數據來源、隱私和數據安全的擔憂，以及對計算能力成本和對芯片依賴的討論。此外，該公司的模型在處理政治敏感話題時，可能會出現審查或限制，這引發了對資訊自由和透明度的關注。

總的來說，DeepSeek 以其創新的技術和策略，在全球人工智慧領域引起了廣泛關注，並對現有的市場格局產生了深遠影響。

12-1-2　DeepSeek 的主要功能

DeepSeek 的主要功能類別有：

- 智慧對話助理：像 ChatGPT 一樣進行多輪對話、解釋概念、提供建議。
- 文字生成：寫文章、改寫段落、總結資料、創作文學。
- 知識查詢與問答：查詢常識、歷史、科技等問題，並給出邏輯性解釋。
- 推理與程式設計：支援程式碼生成（Python、JavaScript、… 等），可編譯與除錯。
- 文件閱讀與摘要（進階功能）：支援讀取長篇文字、整理重點摘要（需高階模型支援）

- 網頁查詢功能：結合即時搜尋，回覆帶有最新資料來源（部分模型支援）。
- App 多平台支援：提供 Android/iOS App，跨裝置使用體驗良好。

12-1-3 DeepSeek 的五大特色

- 高效能、低成本
  - 旗艦模型（如 DeepSeek-V3）在推理速度與回應效率上表現優異。
  - 開發成本僅為 GPT-4 的一小部分（約 600 萬美金），運算資源需求較低。
- 全開源策略
  - 官方釋出完整模型、訓練資料與程式碼，對學術與開發者社群友好。
  - 支援本地部署與再訓練（可應用於企業自建 AI 解決方案）。
- 中英文雙語精通
  - 模型訓練同時覆蓋中文與英文語料，對中文理解特別優異。
  - 適合華語用戶日常應用、教育學習、商務寫作。
- 界面簡潔易用，跨平台支援
  - 提供 Web、iOS、Android App，並有乾淨的對話介面。
  - 可登入帳號同步紀錄與提問紀錄。
- 類 GPT-4 水準的智慧能力
  - 在文字生成、邏輯推理、語言流暢度等方面接近 GPT-4。
  - 適合用於學術研究、內容創作、技術問答等場景。

12-1-4 DeepSeek 與其他 AI 工具比較

這一節筆者比較了 ChatGPT、Gemini 和 DeepSeek 等三大 AI 語言模型，同時做使用建議。

❑ 三者簡介表

平台	開發公司	發布時間	定位
ChatGPT	OpenAI（美國）	2022/11 月	全球最普及的 AI 對話系統
Gemini	Google DeepMind（美國）	2023/12 月（原 Bard）	Google 生態系整合智慧助理
DeepSeek	DeepSeek Inc.（中國）	2025/1 月	中文導向、高效率開源 AI

第 12 章　AI 新亮點 - DeepSeek

❏ 語言理解與生成能力比較

項目	ChatGPT 4o	Gemini 2.0	DeepSeek-V2/V3
中文理解	中上	中上	優秀（特別優化中文）
英文表現	優秀	優秀	中上
語言風格生成	多樣、自然	精煉、學術風	中等偏穩定
回應邏輯與一致性	強且穩定	強	穩定但偏保守

❏ 技術功能與模型支援比較

功能	ChatGPT 4o	Gemini 2.0	DeepSeek V3
多輪對話追蹤	強	很好	穩定
上傳與閱讀文件	PDF、Word、圖片	Google Docs、圖片	文件、圖片
圖像生成	DALL·E 3	Gemini	Janus-Pro 有圖像生成模型（另開工具）
多模態能力	（圖＋文＋語音）	（圖＋文＋影片）	圖文理解有，但未整合語音或影片
資料引用與即時搜尋	有、強	有、強	少量支援，依平台實作為主

❏ 開放性與生態整合

項目	ChatGPT	Gemini	DeepSeek
App 支援	網頁 / iOS / Android	整合 Google App / Web	網頁 / App（簡潔）
知識來源	OpenAI 訓練語料 + 即時搜尋（Pro）	Google + YouTube + Docs + 即時網路	中英文資料庫、開源模型
開源性	封閉	開源	開源，模型可自行訓練部署
生態整合	Microsoft Office, Teams 等	Google Search, Gmail, Docs	社群開發中，自建生態

❏ 適合對象與使用情境

使用者	ChatGPT	Gemini	DeepSeek
學生 / 創作者	寫作、翻譯、故事創作強	筆記、資料整理方便	簡單問答與摘要好上手
商務 / 辦公	整合 Office 功能最完整	整合 Google Workspace 優勢明顯	功能尚不完整，適合輕量使用
中文用戶	支援良好但非母語級	支援不錯，偏技術風	中文本地化與回應品質極佳
開發者	OpenAI API 封閉昂貴	Gemini API 限制多	模型與參數開源，自主彈性高

❑ 總結比較表

評比項目	ChatGPT	Gemini	DeepSeek
多語言表現	⭐⭐⭐⭐	⭐⭐⭐⭐	⭐⭐⭐
文件處理與整合	⭐⭐⭐⭐	⭐⭐⭐⭐	⭐⭐
多模態能力	⭐⭐⭐⭐	⭐⭐⭐⭐	⭐⭐（有潛力）
開源性	⭐	⭐	⭐⭐⭐⭐
中文優化	⭐⭐⭐	⭐⭐⭐	⭐⭐⭐⭐
使用成本	免費 /GPT-4 Plus 月費	免費 /Gemini Advanced 月費	多數功能免費，模型可自架

❑ 建議選擇依據

如果你……	建議選擇
想要最強、最穩、創作多樣化的 AI	選 ChatGPT GPT-4o
是 Google 生態用戶，喜歡筆記 + 搜尋整合	選 Gemini 2.0
偏好中文問答、想低成本用 AI、喜歡開源自由	選 DeepSeek（V2/V3）

12-2 進入與認識 DeepSeek 環境

12-2-1 進入 DeepSeek

讀者可以用下列網址進入 DeepSeek。

https://www.deepseek.com/

將可以進入 DeepSeek 官方首頁。

第 12 章　AI 新亮點 - DeepSeek

請點選 開始對話 區塊，可以進入註冊過程，建議可以用 Google 帳號註冊。

12-2-2　DeepSeek 聊天環境

DeepSeek 的聊天環境簡潔、清楚，畫面如下：

從上述可以知道，免費版可以用下列 3 種模式開啟 AI 聊天：

- 預設免費：在此環境讀者除了和 DeepSeek 聊天外，也可以請 DeepSeek 寫程式、讀文件和寫各種創意內容。
- 深度思考 (R1)：預設是不啟動，此時圖示是 深度思考(R1) 。點選可以切換 啟動 / 不啟動，啟動後圖示是 深度思考(R1) 。
- 聯網搜索：預設是不啟動，此時圖示是 联网搜索 。點選可以切換 啟動 / 不啟動，啟動後圖示是 联网搜索 。

12-3　AI 聊天與測試 DeepSeek 的能力

基本上，先前章節與 ChatGPT 對話內容，皆可以用來和 DeepSeek 對話。這一小節筆者將從幾個角度列出測試的 Prompt，讀者可以自行測試 DeepSeek 的實力和表現。

12-3-1　中文語言理解與重寫能力

測試它對中文語境的掌握、語氣調整、重寫表達等能力。

實例：請用簡單中文解釋「量子糾纏」，讓小學生能懂。

實例：請將以下一段文字改寫為更有說服力的版本。（附上段落）

實例：幫我將這封郵件改寫成更有禮貌的口吻。

12-3-2　邏輯推理與資訊組織能力

測試 DeepSeek 處理條件推論、因果關係、歸納整理的邏輯性。

實例：如果一杯水每天蒸發 10%，第 10 天剩下多少水？請列出計算過程。

實例：請比較太陽能、風力與核能的優缺點，並建議哪一種適合台灣長期發展。

實例：幫我整理三個選項的優劣：租屋、買房、住家裡，從財務與自由角度分析。

12-3-3　創意寫作與語氣變換

測試它生成內容的創意性與語言風格掌握力。

實例：請寫一首現代詩，主題是「人工智慧與人類的關係」。

實例：幫我寫一篇以 AI 作為主角的微小說，限制 300 字。

實例：請用古文風格寫一段讚美科技進步的文字。

12-3-4　程式設計與解說能力

測試它的程式生成與說明是否清楚，是否能修錯與優化。

實例：請用 Python 寫一個計算 BMI 的函數，並加入例外處理。

實例：這段程式錯在哪？請幫我找出錯誤並改正。（貼上有錯的程式碼）

實例：我想學會用 pandas 處理 Excel 表格，請寫個簡單的教學範例。

第 12 章　AI 新亮點 - DeepSeek

12-3-5　知識回答與摘要整合能力

測試它對常識、新聞、專業主題的知識掌握與整理能力。

實例：請幫我摘要 2024 年以來關於生成式 AI 的三個重大發展。

實例：請解釋「通貨膨脹」的原因與影響，並舉一個實際案例。

實例：用表格比較 iPhone 16 Pro 和 Galaxy S25 的重點規格與售價。

12-3-6　筆者的測試

筆者請 DeepSeek 先自我介紹，再寫一段 AI 的想像文測試 DeepSeek。

> 我想測試你的中文理解、邏輯與創意，請先自我介紹一下，再寫一段 AI 未來的想像短文。
>
> 深度思考 (R1)　　聯網搜索

可以得到下列結果畫面：

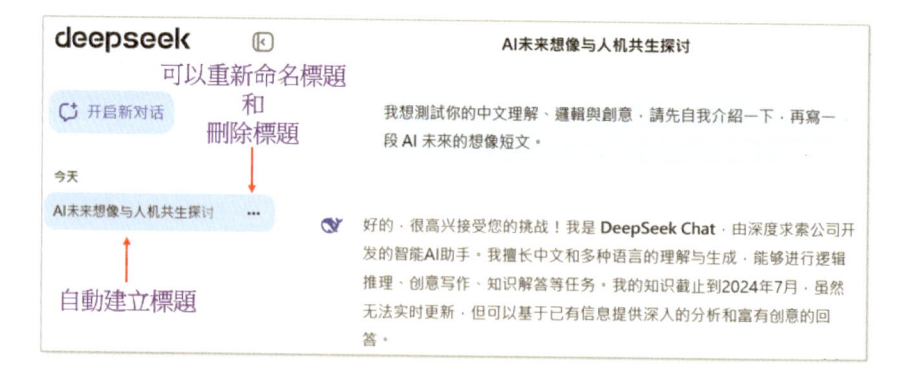

> deepseek
> 可以重新命名標題 和 刪除標題
> 開啟新對話
> 今天
> AI未來想像與人機共生探討
> 自動建立標題
>
> AI未來想像與人機共生探讨
> 我想測試你的中文理解、邏輯與創意，請先自我介紹一下，再寫一段 AI 未來的想像短文。
> 好的，很高兴接受您的挑战！我是 DeepSeek Chat，由深度求索公司开发的智能AI助手。我擅长中文和多种语言的理解与生成，能够进行逻辑推理、创意写作、知识解答等任务。我的知识截止到2024年7月，虽然无法实时更新，但可以基于已有信息提供深入的分析和富有创意的回答。

往下捲動畫面可以得到下列結果。

> AI 未来的想像：人机共生的新纪元
>
> 在不久的将来，AI 不再仅是工具，而是人类社会的「思维伙伴」。清晨，你的AI管家会以最舒适的光线与音乐唤醒你，并依据脑波数据推荐最佳日程；街道上，无人驾驶车流如交响乐般流畅，AI交通系统让拥堵成为历史。

> 最惊人的是「意识联网」——人类可短暂接入集体智能云，共享思维、体验他人的感官，语言隔阂与文化误解烟消云散。但这也引发新议题：当AI能完美模拟逝去亲人的记忆与性格，「数字永生」是否模糊了生与死的边界？
>
> 这场变革的核心，或许是AI教会人类重新定义「人性」：在机器擅长效率时，我们更专注创造与情感；当算法预测一切，人类反而拥抱不确定性的浪漫。未来，不是人对抗AI，而是人机共舞——像光与影，相互成就。
>
> 您觉得这样的未来是乌托邦还是警示寓言呢？😊 我很想听听您的看法！

這篇 AI 想像文題為〈AI 未來的想像：人機共生的新紀元〉，整體具有相當高的創意與敘事張力，以下從文學性、創意深度、結構安排、思辨層次四個角度進行第三人稱評論：

❏ 文學風格與語言表現

DeepSeek 這篇文章以簡潔優雅的筆調展現對未來的想像，語言自然流暢，帶有輕微的詩意。例如開頭使用「清晨，你的 AI 管家會以最舒適的光線與音樂喚醒你」一句，營造出極具畫面感的科技生活日常。而結尾以「人機共舞——像光與影，相互成就」作收，語言富有象徵性，成功地將技術議題提升到哲思層次。

- 優點：語感優美、富有節奏感。
- 技巧：使用比喻、對偶、對比等手法增添文采。

❏ 創意與想像力

DeepSeek 展現出高水準的創意，跳脫工具層面，將 AI 描繪成「思維夥伴」、「教育啟發者」、「醫療守護者」、「記憶守護者」，甚至擴展到「共享意識」與「數位永生」的深層應用。這些情境不僅科技前衛，也具有濃厚的科幻美學。

- 優點：想像具突破性，涵蓋醫療、教育、城市、社會結構。
- 範例精彩：意識聯網、數位永生為亮點橋段，頗具《黑鏡》式風格。

第 12 章　AI 新亮點 - DeepSeek

❏ 結構安排與敘事節奏

全文採用三段主體 + 結尾總結的結構，分別鋪陳 AI 的生活應用 → 醫療教育深化 → 社會與哲學層面挑戰，最後再回到「人性」主題收束。段與段之間承接自然，節奏漸進，層層深入，展現出良好的邏輯與組織力。

❏ 深度與思辨層次

本篇文章不僅描繪科技美好，更提出極具哲思性的問題：「當 AI 能模擬逝者記憶，生死是否仍有界線？」以及「人類是否因為 AI 而更加重視創造與情感？」這些問題引發讀者反思，不流於科技樂觀論，具有平衡且成熟的視角。

- 優點：從技術進步轉入人文省思。
- 特點：結合倫理、哲學與社會價值探討，提升文章厚度。

這篇 DeepSeek 生成的《AI 未來的想像》文章，不僅展示出未來科技的可能性，也透過細膩的語言、流暢的結構與深刻的思辨，呈現出「科技進步下的人性重建」。在寫作風格上，文筆優美、節奏掌控得當；在內容創意上，涵蓋廣泛且層次分明。對任何關心未來科技與人類命運的人而言，這是一篇引人入勝、值得一讀再讀的 AI 主題短文。

從上述測試結果來看，DeepSeek 也值得列為 AI 聊天的選擇之一。

第 13 章
AI Agent 的知識與簡報生成 Felo

13-1　認識 Felo

13-2　進入與認識 Felo 環境

13-3　YouTube 影片摘要小幫手

13-4　AI 簡報製作神器

13-5　心智圖產生器

13-6　事實查核

第 13 章　AI Agent 的知識與簡報生成 - Felo

Felo.ai 簡稱 Felo，這是一款來自日本的對話式 AI 搜尋平台，融合了 AI 聊天、即時搜尋、心智圖生成與簡報製作等功能，讓你能用自然語言詢問，快速獲得經過組織與視覺化處理的資訊，適合學生、研究人員、教師、內容創作者與知識工作者使用。

13-1　認識 Felo

Felo 不只是一個搜尋引擎，它是一位會與你對話、整理資訊、製作簡報與建構知識地圖的 AI 助手。對於習慣思考與學習的人而言，它讓資訊不再只是片段，而成為可視化的知識網絡。

13-1-1　核心定位 - AI 搜尋 + 資訊整理 + 創意輸出

與傳統搜尋引擎不同，Felo 不只是列出網頁，而是主動整理、總結、視覺化與延伸內容，結合了 GPT 模型、AI Agent、學術引擎與思維導圖功能，打造全方位的 AI 助理平台。

13-1-2　Felo 的主要功能

功能	說明	適用情境
AI 對話式搜尋	以自然語言提問，Felo 整合多種資料來源回應	問答、查資料、定義說明
搜尋意圖導引（AI Agent）	主動分析使用者意圖並延伸子問題、推薦關鍵點	做研究、釐清主題方向
心智圖自動生成	依據搜尋結果或對話自動建立結構化的知識圖譜	建立知識架構、筆記整理
AI 簡報製作	根據提問自動產出簡報初稿（可修改或下載）	教學簡報、專案說明
學術搜尋與引用	整合 Google Scholar、Semantic Scholar 等學術引擎，自動列出引用來源	論文、報告撰寫
主題整理 / 摘要整合	將多筆搜尋內容整理成精簡摘要或清單	快速讀懂主題精華

13-1-3　特色亮點

- **心智圖功能超強**：輸入一個問題，Felo 自動生成關鍵子問題與邏輯架構，讓你視覺化理解整體知識脈絡，適合複雜主題研究與教學使用。
- **一鍵簡報產出**：Felo 能將搜尋結果或指定主題轉化為簡報框架（包含標題、重點、圖片建議），支援 PPTX 或 PDF 下載，是教師與簡報族的好幫手。

- **學術資料整合力強**：提供學術搜尋與引用格式生成，自動抓取 DOI、作者、年份等資訊，幫助學生與研究人員輕鬆找到可信資料。
- **多輪對話 + 主題追蹤**：與 ChatGPT 類似，Felo 支援多輪追問，並可儲存主題內容作為知識庫延伸，未來將加入「空間」與「收藏」功能。

13-1-4　常見應用場景

常見的使用者與應用場景：

- **學生 / 教師**：課程簡報、報告查找、主題導圖、學術引用。
- **專案企劃 / 行銷人員**：簡報草稿生成、趨勢整理、資料比對。
- **內容創作者**：主題延伸、資料彙整、知識結構編排。
- **知識型學習者**：每日提問、建立知識網、跨領域查詢。

13-1-5　Felo 免費與 Pro 版差異

功能	免費版	Felo Pro
基本對話 / 搜尋	有	有
心智圖	有	支援匯出與客製
簡報生成	有限功能	支援匯出、套版設計
引用格式管理	有限部分支援	自動格式化與引用整合
模型選擇	GPT 3.5 為主	GPT-4o、Claude 等多模型

13-2　進入與認識 Felo 環境

13-2-1　進入 Felo

讀者可以用下列網址進入 Felo。

https://www.felo.ai/

將可以進入 Felo 官方首頁。

第 13 章　AI Agent 的知識與簡報生成 - Felo

與 ChatGPT 一樣，沒有註冊也可以聊天，不過未來無法保留聊天記錄。建議點選登入 / 註冊鈕，用 Google 帳號註冊後登入。

13-2-2　認識 Felo 操作環境的側邊工具欄位

在 Felo 視窗的側邊欄，可以看到 5 個工具欄位。這一節將詳細說明與使用方式，幫助你快速理解這些工具在實際操作上的意義與用途：

❏ 新增討論串

「新增討論串」就像是在建立一個新的問答主題或聊天會話，讓你針對某個問題展開與 AI 的對話流程。這功能相當於 ChatGPT 中的「新對話」。

- 用法建議
    - 輸入你想討論的問題或主題（例如：「什麼是區塊鏈？」）。
    - 系統會以一個乾淨的畫面開啟新對話。
    - 可多輪追問、延伸探討。
- 適用情境
    - 問某一個清楚的主題問題。
    - 開始一段全新的 AI 對話路徑。

13-4

由於 Felo 同樣具備 AI 聊天與搜尋功能，因此本書前面章節中與 ChatGPT 對話所使用的 Prompt，也可直接應用於與 Felo 的互動中。考量篇幅限制，本章將聚焦介紹 Felo 的特色功能，並透過實例展示其擅長的應用場景。

❑ Felo Agent

Felo 側邊欄中的 Felo Agent 功能，是 Felo 搜尋引擎中一個相當強大的工具，旨在透過「代理」的概念，讓使用者更有效率地進行資訊搜尋與整理。

以下為其主要用法與特色：

- **搜尋代理（Agent）核心概念**：Felo Agent 的重點在於「代理」，也就是預先設定好的搜尋與資訊處理流程。這些代理可以自動執行多個搜尋步驟，並將結果以報告或摘要的形式呈現，大幅節省使用者手動搜尋與整理的時間。讀者可以點選右上方的建立鈕，建立自己專屬的代理。

- **Felo Agent 精選推薦**
    - **代理寶庫**：Felo Agent 精選推薦提供多種預設的代理模板，涵蓋影片摘要、學術研究、商業分析等多個領域。

- 使用者可以根據自身需求選擇合適的模板，並進行客製化調整。
- 這些模板持續更新，以滿足各種不同的需求。

● 主要功能與特色
- **多階段搜尋與自動化**：Felo Agent 可以自動執行多個搜尋步驟，並產生最終的報告或摘要，將原本需要數小時的工作縮短至數分鐘。
- **多樣的輸出格式**：搜尋結果可以匯出為 PPT、PDF、Notion 或思維導圖等多種格式，方便使用者進一步利用。並且能夠直接在 Google Docs 中編輯。
- **提升研究與工作效率**：對於研究者與學生，Felo Agent 可以快速搜尋學術論文並自動生成摘要，搭配思維導圖工具，更能有效整理研究思路。對於商業使用者，Felo agent 可以快速的進行市場調查，並且有效的分析未來展望。
- **便捷的操作**：常用的代理可以加入收藏或設定快捷方式，方便快速取用。

簡單的說，Felo Agent 透過預設的搜尋模板，讓使用者可以更快速的獲取需要的資訊，並且有效的整理，讓搜尋不再只是單純的搜尋，而是更有效率的資訊處理工具。

❑ 主題集

「主題集」是一個類似「資料夾」或「筆記本」的地方，你可以把多個討論串（問答）歸類整理在一起，形成一個完整的知識主題。

● 用法建議
- 建立「AI 技術」、「行銷策略」、「大學物理筆記」等主題。
- 將相關的提問對話加入主題集。
- 可複習、分類、複用內容。

● 適用情境
- 做知識筆記與學習整理。
- 研究報告 / 學術主題歸檔。
- 整合多個討論成果。

❑ Felo 文件集

這是 Felo 的「簡報與文件管理中心」，用於儲存與管理你由 AI 生成的簡報、摘要報告、心智圖內容等。你可在線上編輯，也可下載成 PPTX 或 PDF。

- 用法建議
  - 在討論串中點選「生成簡報」→ 系統自動加入文件集。
  - 可重複進入修改、重新編排內容。
  - 可點選分享或下載。
- 適用情境
  - 製作上課簡報、報告草稿。
  - 建立展示用內容或提案雛形。

❏ 歷史紀錄

這是你在 Felo 使用過的所有提問與回覆的完整紀錄，可依時間順序瀏覽，支援搜尋與篩選。

- 用法建議：
  - 回顧過去查過的資料。
  - 再次打開有價值的對話。
  - 複製、整理成主題集或匯出內容。
- 適用情境：
  - 不小心關閉視窗想找回內容。
  - 長期使用者建立個人知識庫。

13-2-3 了解 Felo 的回應模式

在新增討論串功能下，也就是 Felo 聊天環境，當有註冊時，每天可以有 5 次 Pro 版可用。此時，可以在輸入框右下方選擇語言模型，預設是 ChatGPT 4o 模型。

也有多個語言模型可以選擇，如下：

第 13 章　AI Agent 的知識與簡報生成 - Felo

除此，Felo 對話時可以選擇下列回應方式：

- 快速：這是預設項，特色是快速檢索，詳細答案，適合日常使用。
- 深度：更多來源，深挖資訊，適合複雜問題。
- 研究：更全面，適合專業主題研究。註：此功能即將開放。

13-2-4　搜尋源

在與 Felo 聊天時，預設搜尋源是網際網路，可以點選更改其他搜尋源：

13-2-5　上傳檔案與圖片

即使是免費版的 Felo，每天仍可上傳 PDF、Word 和 TXT 檔案 3 次，以供進一步分析。

今天是 2025 年 4 月 3 日，目前也可以上傳圖片做分析，這是測試版階段，所以是限時免費。

13-2-6　Felo 的 AI 任務小幫手

在 Felo 輸入框下方，可以看到一系列功能列表，這些其實是 Felo 平台為特定任務所設計的預設指令工具，我們可以稱為 AI 任務小幫手。其實每一個小幫手，皆是 Felo 內部設計的 AI Agent，下一節會更進一步解釋此觀念。

上述 AI 任務小幫手，每一項都對應一個實用的 AI 工具，例如影片摘要、事實查核、簡報製作等。這些工具可視為一鍵啟動的快捷任務，幫助使用者快速達成特定目標，無需額外輸入複雜指令。

13-3　YouTube 影片摘要小幫手

13-3-1　啟動 YouTube 影片摘要小幫手

請點選 YouTube 影片摘要小幫手任務圖示。

13-3-2　Felo 的幕後英雄 - AI Agent

進入 YouTube 影片摘要小幫手後，請將語言由簡體中文改成繁體中文。請點選搜尋源，可以看到下列畫面。

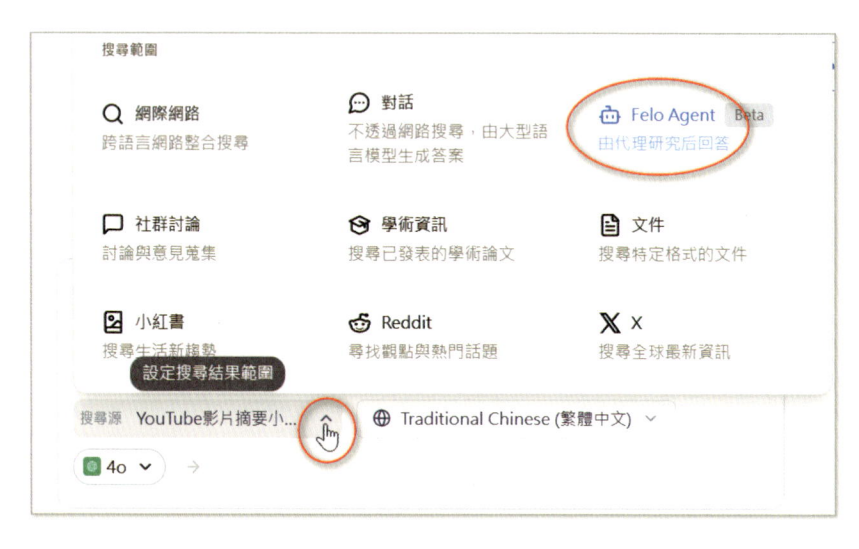

從上述可以看到這由 Felo 的 AI Agent 代理回答未來我們輸入的問題。

13-3-3 摘要影片

2025 年 3 月 OpenAI 公司發表了 ChatGPT 4.5，有一個發佈會影片目前已經可以在 YouTube 上看到。

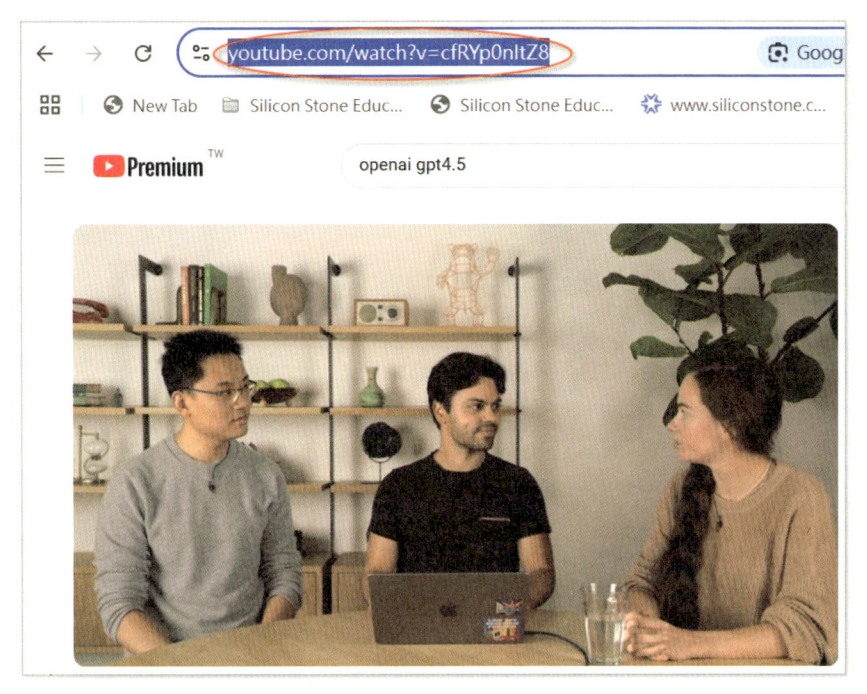

影片取材自 https://www.youtube.com/watch?v=cfRYp0nItZ8

讀者可以複製上述網址，然後貼到 Felo 的輸入框。

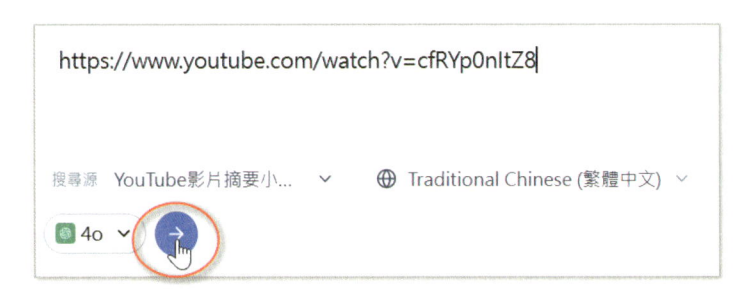

執行後，可以得到下列結果。

第 13 章　AI Agent 的知識與簡報生成 - Felo

上述可以看到已經摘要了記者會的內容，此外，讀者也可以依據上述回應繼續發問。

13-3-4　儲存到主題集

是否要將結果儲存到「主題集」，取決於你的後續用途與內容性質。主題集（類似分類資料夾）適合用來整理長期關注的主題、知識或學習紀錄。適用情境如下：

- 學習一個新主題：如「AI 簡史」、「心理學入門」YouTube 影片分析，可與其他知識整合成筆記。
- 整理長期關注議題：例如多部「氣候變遷」影片摘要，可集中在同一主題集裡，方便查閱。
- 建構知識架構：Felo 對話形成邏輯架構，適合納入主題集持續擴充。
- 教師備課／學生筆記：與課程內容相關的影片分析可歸入主題集，供未來複習或再編寫簡報用。

點選左上方的加入主題鈕，可以將前一節的結果加入主題。

13-3-5 儲存至 Felo 文件

Felo 回應結果的右上方有圖示 ... ，點選可以看到儲存至 Felo 文件和刪除討論串，2 個功能：

讀者可能會想，什麼時候該儲存到「Felo 文件」？

Felo 文件集適合用來產出與輸出用途為主的內容，如簡報、報告草稿、分享摘要等。下列是可能適用情境：

- 要做簡報或教學：把影片內容變成簡報，儲存到文件集可直接編輯與匯出。
- 需要提交報告／成果：對話結果可進一步撰寫成報告草稿、轉換成 PPT 或 PDF。
- 要分享內容給他人：文件集方便整理格式，適合與同事或學生分享摘要或說明稿
- 內容已經定稿：如果你覺得這次回應已經完整且具參考價值，可直接歸入文件集作為成品儲存

第 13 章　AI Agent 的知識與簡報生成 - Felo

❑ Felo 文件庫內容

簡單的說，Felo 文件集強調「內容的輸出與發表」，適合具備可編輯、可發佈或可交付特性的資訊。此例，筆者點選儲存至 Felo 文件，未來可以在側邊欄的 Felo 文件庫，看到此文件。

❑ 開啟文件庫檔案

開啟 Felo 文件庫檔案後，可以看到下列畫面。

❑ 更多指令

點選右上方的圖示 ⋮，可以看到更多操作此文件的指令。

13-14

13-3　YouTube 影片摘要小幫手

❑ 編輯文件名稱

將滑鼠游標移到文件名稱右邊，目前此名稱是原先 YouTube 的網址，先刪除此名網址名稱，請輸入「ChatGPT 4.5 記者會」，可以得到下列結果。

13-3-6　儲存的評估

下列是讀者在處理 Felo 回應時，用主題集或是 Felo 文件集的參考說明。

第 13 章　AI Agent 的知識與簡報生成 - Felo

評估問題	建議儲存位置
這段對話是我知識的一部分嗎？	儲存到主題集
我想未來繼續拓展這個主題嗎？	主題集更適合持續成長
這份內容需要交作業或開會報告嗎？	儲存到 Felo 文件集
我要把這內容轉成 PPT、報告或 PDF 嗎？	文件集更方便轉出
這只是單次用完的參考資料？	可選擇不儲存，或暫存至歷史紀錄查看即可

13-4　AI 簡報製作神器

13-4-1　啟動 AI 簡報製作神器

請點選 AI 簡報製作神器任務圖示。

13-4-2　認識 AI 簡報製作神器環境

進入 AI 簡報製作神器環境後，將看到下列畫面。

13-4 AI 簡報製作神器

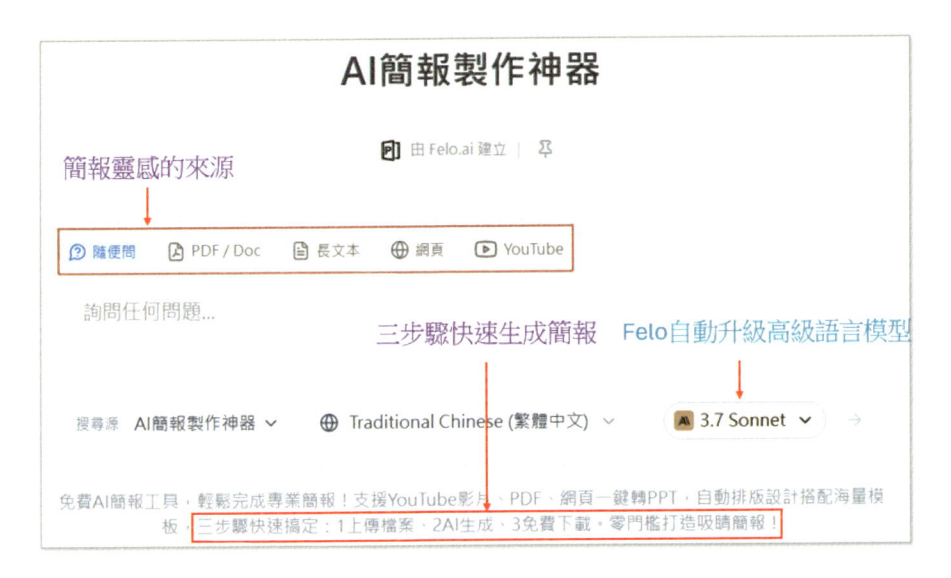

從上述可以看到可以用三個步驟快速生成簡報,另外,簡報的靈感來源可以是下列幾個方式:

- 隨便問:直接輸入簡報主題。
- PDF/Doc:上傳主題的檔案,目前支援 PDF、Doc、TXT 檔案。
- 長文本:可以在輸入框貼上文字。
- 網頁:可以在輸入框貼上 URL。
- YouTube:可以在輸入框貼上影片連結。

13-4-3 隨便問 - 簡報主題參考與實作

在隨便問模式,下列是讀者可以應用的簡報主題 Prompt 參考。

❑ **教學與知識類**

實例:請幫我製作一份簡報,介紹「牛頓三大運動定律」,適合高中學生理解。

實例:製作一份關於『生成式 AI 的基本原理與應用』的教學簡報,內容包含實際例子與圖示建議。」

13-17

❏ 商業與職場應用

實例：請幫我生成一份簡報，主題是「2025 年行銷趨勢」，包含社群、AI 工具與內容策略三大重點。

實例：我要做一份簡報來介紹我們新推出的產品 X，請幫我整理簡報大綱與每頁重點內容。

❏ 社會與時事議題

實例：請幫我做一份關於「氣候變遷的成因與影響」的簡報，用於中學演講比賽。

實例：製作一份主題為「全球 AI 發展趨勢與各國政策比較」的簡報，需有資料引用建議。

❏ 自我成長與軟技能

實例：幫我製作一份簡報，主題是「時間管理的五個實用技巧」，適合學生和上班族。

實例：請生成一份簡報，主題是「有效溝通的關鍵元素」，可用於職場培訓課程。

❏ 創作與輕鬆類型

實例：請幫我做一份簡報，介紹《灌籃高手》動畫的角色與核心劇情，適合粉絲分享。

實例：製作一份趣味簡報：主題是「如果 AI 成為你的生活助理」，用輕鬆幽默的語氣呈現。」

❏ 小技巧

- 想要結果更具體，可以補充：「請包含 5 頁內容」、「每頁請有標題 重點」。
- 若要自訂風格，可補充：「請用專業語氣／請用輕鬆語氣／請用口語方式呈現」。
- 完成後可儲存至「Felo 文件集」，或下載為 PPT/PDF。

下列是建立主題是「時間管理的五個實用技巧」的實例。

13-4 AI 簡報製作神器

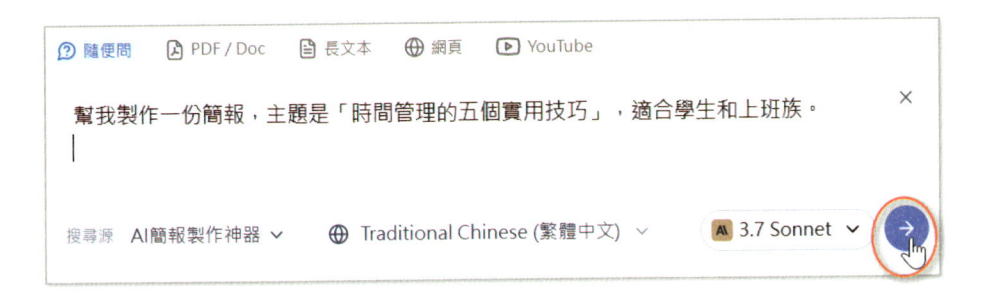

將看到下列簡報內容大綱畫面。

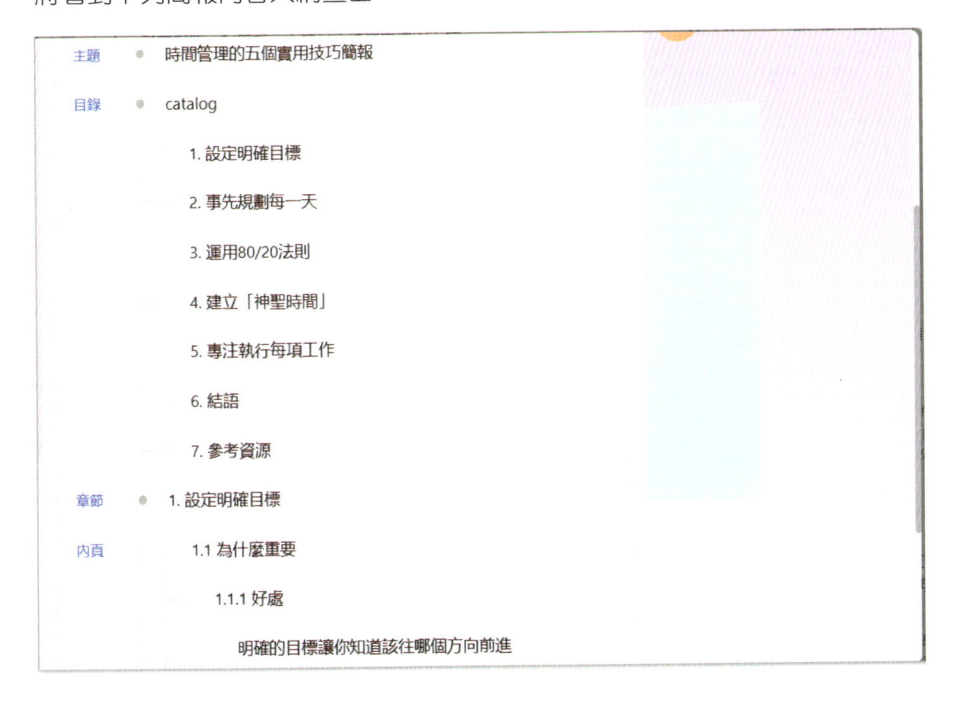

請往下捲動到頁面末端。

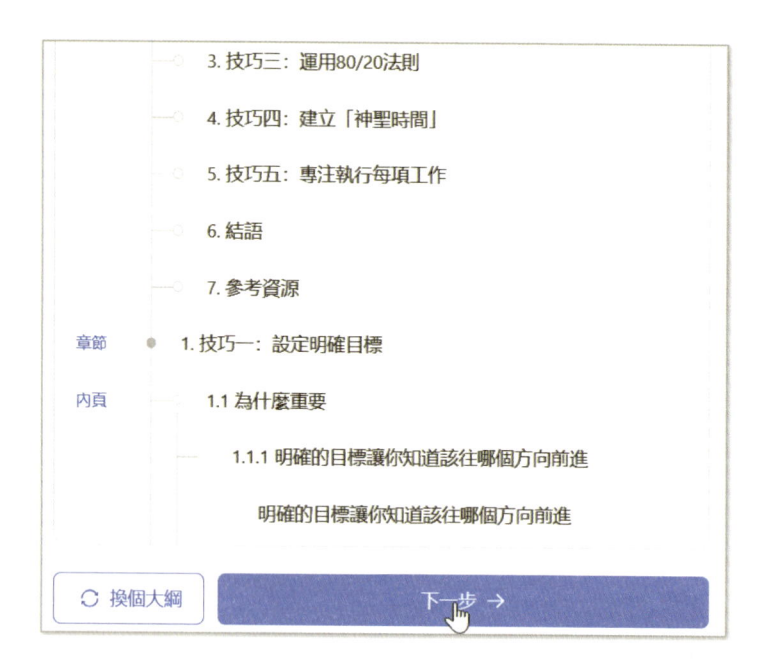

第 13 章　AI Agent 的知識與簡報生成 - Felo

請點選下一步鈕。

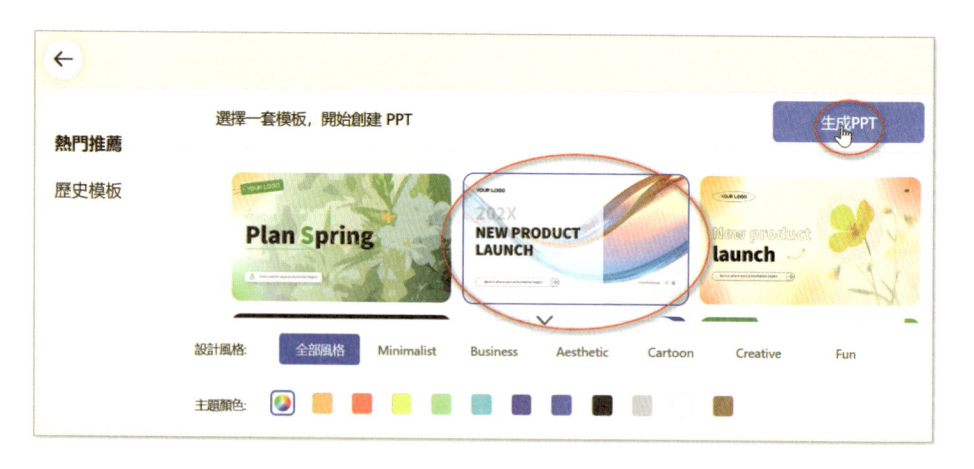

這時可以選擇簡報模板、設計風格和主題顏色，筆者設定如上，請按生成 PPT 鈕。

13-4 AI 簡報製作神器

看到上述可以知道簡報已經生成了，請點選下載鈕，可以看到下列對話方塊。

上述使用預設，請再點一次下載鈕，可以看到下載完成畫面。ch13 資料夾的「時間管理的五個實用技巧簡報.pptx」，就是上述下載的結果。用 PowerPoint 開啟此檔案，可以看到此簡報。

第 13 章　AI Agent 的知識與簡報生成 - Felo

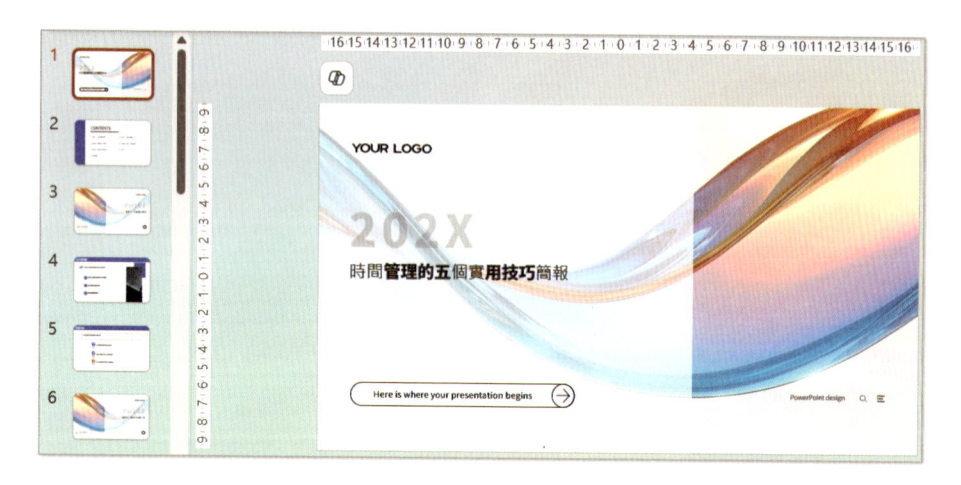

回到 Felo 頁面，可以得到下列結果。

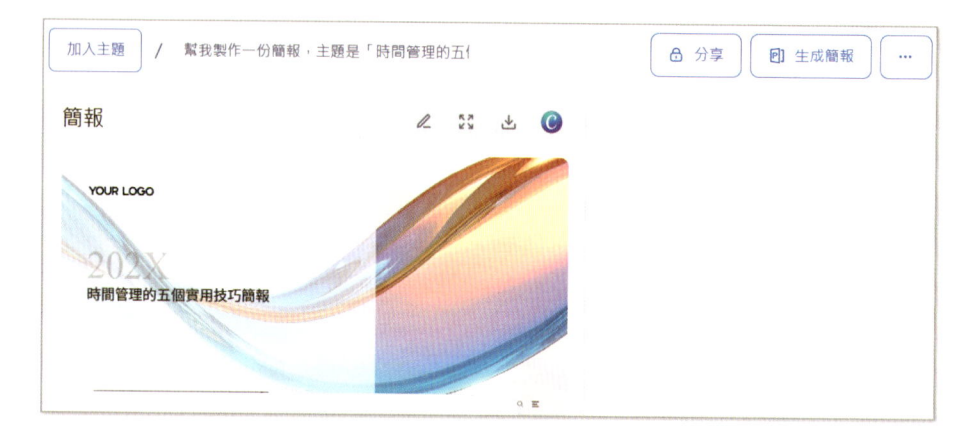

先前下載完成時，可以在側邊欄的 Felo 文件庫看到這個簡報。

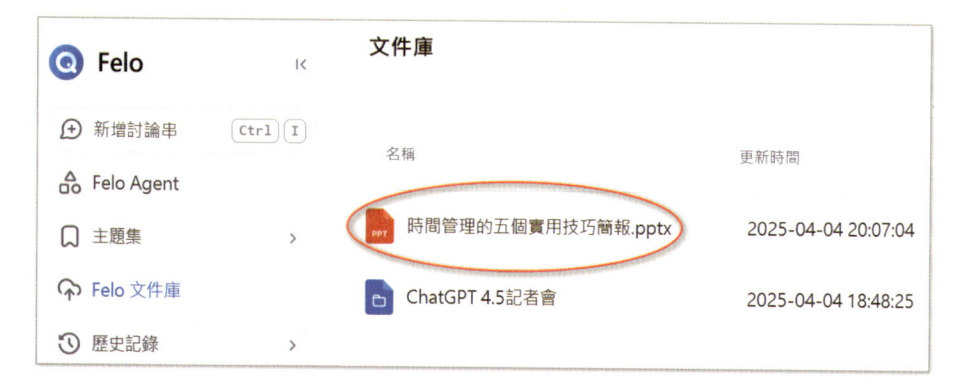

13-4-4 用網頁建立簡報

這一節將用明志科技大學網站,建立簡報,筆者輸入如下:

如果是付費的 Pro 版,就可以用網址生成簡報的方法。不過免費版只能用一次生成簡報。

13-5 心智圖產生器

心智圖(Mind Map)是一種幫助人們組織、視覺化與延伸思考的圖形工具,它將中心主題置於中間,從中發展出多層次的子主題、關鍵字與延伸概念,讓知識結構一目了然。

在 Felo 中,這項功能是由 AI 自動幫你完成的!

13-5-1 認識心智圖

這一小節將分成多方面介紹心智圖。

❏ **Felo 心智圖的功能說明**

功能	說明
自動生成結構圖	輸入一個問題或主題,Felo 自動分析相關概念、子問題與邏輯,繪製出中心主題與分支
互動式點擊展開	每個節點都可以點擊延伸 → 展開更多子問題或進入 AI 對話
文字與知識融合	不只是圖形,點節點可看文字解説或與 AI 深聊
可儲存與分享	可存入「主題集」、匯出為簡報、報告草稿等,方便整理與應用

第 13 章　AI Agent 的知識與簡報生成 - Felo

❏ 功能特色

特色	說明
結構清晰	比一般文章或筆記更好掌握整體架構與重點
激發思考	幫助你發現沒想到的子題與盲點，擴大知識深度
學習利器	適合做課程摘要、報告架構、知識統整筆記
可結合 AI 回答	點節點可即時問 AI，快速補充或延伸學習
可匯入主題集	支援整理歸檔，建立個人知識庫

❏ 適用對象與情境

使用者	實用情境
學生	建立學科整理圖、期末複習架構、寫報告前的內容規劃
教師	製作教案導圖、引導學生提問與歸納
內容創作者	發想文章大綱、影片主題架構、知識分類
知識型學習者	閱讀一本書或學習一個主題的筆記視覺化
專案規劃者	專案拆解、會議架構整理、簡報前邏輯設計

❏ 小技巧建議

- 開始輸入主題時，使用問題式更容易觸發良好架構，例如：「如何學好 Python？」、「氣候變遷的成因是什麼？」。
- 多次展開節點，Felo 會根據上下文不斷補充內容。
- 可搭配「生成簡報」或「建立主題集」進行輸出或延伸使用。

Felo 的心智圖功能，不只是圖像化你的想法，更能結合 AI 智慧，主動拓展、引導、連結知識，是現代學習與資訊整理的強大助手。

13-5-2　啟動心智圖產生器

請點選心智圖產生器任務圖示。

13-5 心智圖產生器

13-5-3 認識心智圖產生器環境

進入心智圖產生器環境後,將看到下列畫面。

從上述可以知道與簡報生成一樣,可以用下列幾個方式:

- 隨便問:直接輸入心智圖。
- PDF/Doc:上傳主題的檔案,目前支援 PDF、Doc、TXT 檔案。
- 長文本:可以在輸入框貼上文字。

- 網頁：可以在輸入框貼上 URL。
- YouTube：可以在輸入框貼上影片連結。

13-5-4 心智圖的參考 Prompt 與實例

以下是適合 Felo 心智圖生成器的 Prompt，這些提示語能幫助你快速觸發結構清晰、有層次的知識圖譜，適用於學習、研究、簡報規劃、專題探索等場景。

☐ **教育與知識類（學習、備課、考試複習）**

實例：請幫我建立一張心智圖，主題是「牛頓三大運動定律」，涵蓋定義、應用與公式。

實例：請整理「人工智慧的基本概念與發展歷程」，用心智圖的方式呈現知識結構。

實例：我想複習「高中地理的氣候類型」，請生成心智圖幫我統整分類與比較。

實例：用心智圖方式幫我說明「光合作用的過程」，並分成步驟與條件。

☐ **社會與時事議題（演講、報告、專題製作）**

實例：請用心智圖方式幫我整理「氣候變遷的成因、影響與對策」。

實例：請分析「全球人工智慧政策與趨勢」，幫我製作一張多國比較的心智圖。

實例：我需要一張「假新聞與事實查核」的心智圖，請從來源、辨識方式與案例分類整理。

☐ **商業與工作應用（簡報架構、策略思考）**

實例：請幫我建立一張心智圖，主題為「行銷 4P 策略」，並針對每一 P 列出關鍵要素。

實例：我想準備一場有關「時間管理技巧」的簡報，請幫我用心智圖整理重點。

實例：以「創業流程」為主題，建立包含市場調查、商業模式、產品設計與資金規劃的心智圖。

☐ **學術研究與知識統整**

實例：請幫我整理「認知心理學的主要理論與代表人物」，製作一張心智圖。

實例:用心智圖幫我比較「定性研究與定量研究」的差異與應用領域。

實例:我想釐清「資料科學、AI、機器學習、深度學習」間的關係,請用心智圖幫我梳理層次。

❏ 創作與主題發想(靈感、故事規劃)

實例:請幫我以「未來城市」為主題,生成一張創意心智圖,包含科技、環境、生活方式。

實例:我想寫一篇關於「數位轉型下的職涯變化」的文章,請先幫我用心智圖整理大綱與要點。

實例:請建立一張「旅遊規劃」的心智圖,從交通、住宿、景點、美食四大面向分類。

❏ 小技巧 - 讓心智圖更有效的提問方式

你可以在 Prompt 裡加上這些指令詞來強化結構:

- 「請用分類 條列方式整理」。
- 「請拆解成個 3～5 主要分支」。
- 「請以高中生／大學生能理解的方式撰寫節點內容」。
- 「加入延伸思考或常見子題」。

下列是建立「時間管理技巧」心智圖的 Prompt 實例。

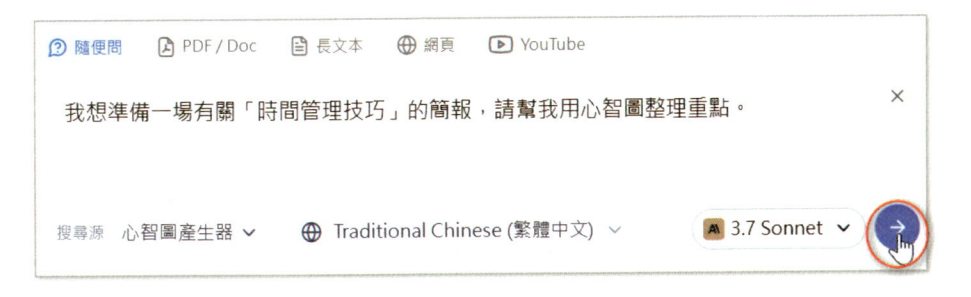

執行後讀者可以看到,內容參考,以及建立過程,下列是執行結果。

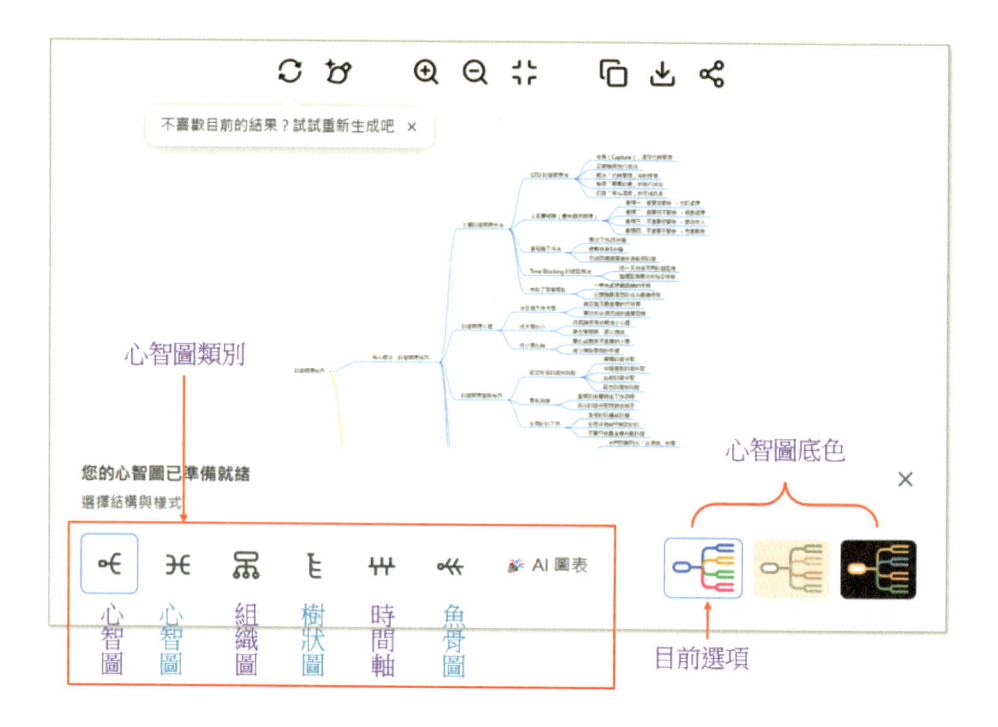

第 13 章　AI Agent 的知識與簡報生成 - Felo

13-5-5　心智圖編輯與下載

筆者點選另一種心智圖樣式圖示 ⌘，如下所示：

得到下列結果。

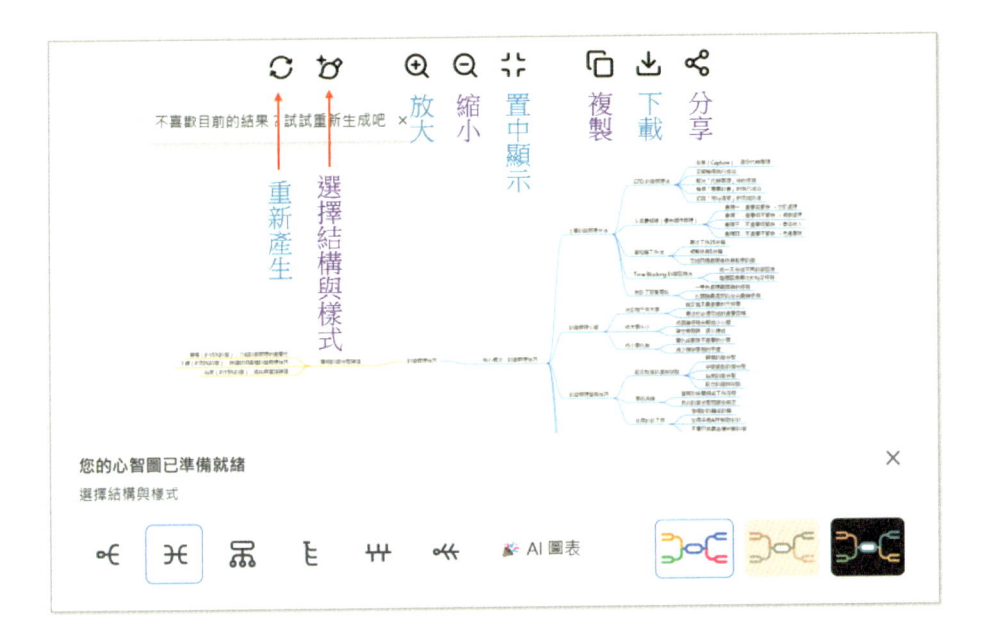

本書 ch13 資料夾有「心智圖 .png」，這是上述點選下載鈕儲存的結果。

13-6 事實查核

這一節將列出一系列的 Prompt，讀者可以參考自行測試。

13-6-1 時事／新聞類

實例：請幫我查證 2025 年 4 月歐洲已全面禁止使用汽油車，這是真的嗎？

實例：傳言說 Google 將關閉 Gmail 服務，請幫我確認這是否為假消息。

實例：有新聞說 Felo Inc. 公司募資超過 10 億美元，這是真的嗎？有來源嗎？

13-6-2 科學／健康類

實例：喝檸檬水真的能改變體質並鹼化身體嗎？

實例：最近網路上流傳「5G 會導致頭痛與癌症」，請幫我查證此說法是否有科學根據。

實例：吃深色蔬菜真的可以預防失智症嗎？是否有實證研究？

13-6-3 歷史／教育類

實例：請幫我確認：馬丁路德真的曾說過『我有一個夢』這句話是在 1963 年？

實例：有人說畢卡索曾與愛因斯坦一起研究相對論，請查明這是真是假。

13-6-4 網路迷因／資訊澄清

實例：請查證「打開手機藍牙就會被盜刷」，這個說法是否為謠言。

實例：網傳「喝咖啡可以降低 50% 得癌機率」，這是真的嗎？

13-6-5 提示小技巧

你可以在句尾加上這些說法來讓查核更清楚：

- 「請提供資料來源」
- 「請列出支持或反對的研究或報導」
- 「請簡單總結事實、判斷真偽」
- 「幫我分辨這是事實、觀點還是謠言」

13-6-6 美國將對台灣課徵 32% 關稅 - 事實查核

請點選事實查核，進入事實查核環境。

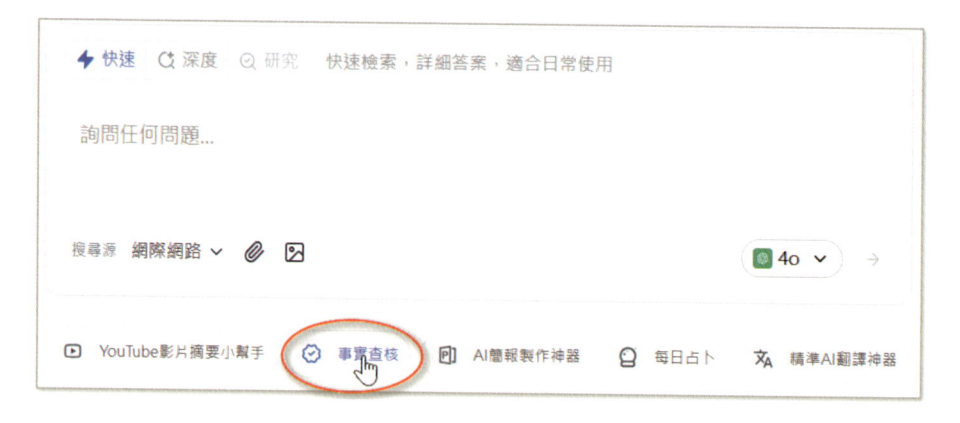

請輸入「美國將對台灣進口產品課徵 32% 關稅」。

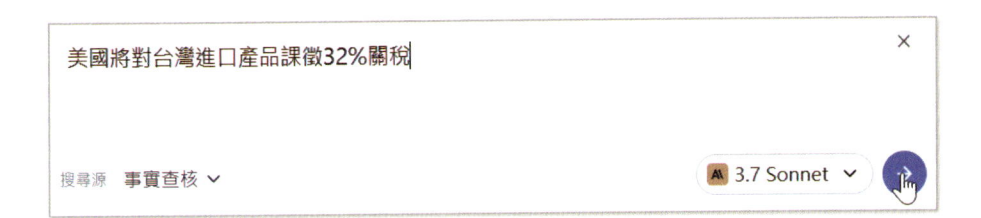

13-6 事實查核

美國將對台灣進口產品課徵32%關稅

搜尋源　事實查核 ˇ　　　　　　　　　3.7 Sonnet ˇ

執行後可以得到下列結果。

美國將對台灣進口產品課徵32%關稅

我需要對「美國將對台灣進口產品課徵32%關稅」這個聲明進行事實查核。讓我使用Google搜索工具來查找相關資訊。

事實核查報告

聲明分解

1. 美國將對台灣進口產品課徵32%關稅

驗證：美國將對台灣進口產品課徵32%關稅

搜尋結果	交叉驗證	結論
美國總統川普於2025年4月2日宣布對台灣徵32%的「對等關稅」 1 3 4	多個獨立新聞來源確認此消息，包括中央社、公視新聞網、鉅亨網等台灣媒體以及國際媒體如香港01和紐約時報	此聲明基本屬實，但需要補充細節
美國將從2025年4月9日起對台灣進口產品課徵32%的對等關稅 3 8	多個來源確認實施日期為4月9日，而非立即生效	時間點有特定日期
除了32%的對等關稅外，所有進口美國的商品還將被課徵10%的基準關稅，從4月5日起生效 3 19	多個來源確認基準關稅的存在和生效日期	實際關稅負擔將高於32%

...

13-31

第 13 章　AI Agent 的知識與簡報生成 - Felo

總結：美國確實將對台灣進口產品課徵32%的對等關稅，這項措施將於2025年4月9日生效。此外，所有進入美國的商品還將被課徵10%的基準關稅，從4月5日起生效，因此台灣出口商實際上將面臨高達42%的關稅負擔。美國聲稱這是基於台灣對美國課徵64%關稅的「對折」回應，但台灣官方對此表示遺憾並認為不合理。值得注意的是，半導體等特定產品暫時未被納入對等關稅範圍，但伺服器、電腦零附件等台灣對美出口大宗產品將受到嚴重影響。

綜合結論

聲明	實際情況	結論
美國將對台灣進口產品課徵32%關稅	美國確實將對台灣進口產品課徵32%的對等關稅，但需要補充以下細節：1) 將於2025年4月9日生效；2) 除了32%對等關稅外，還有10%基準關稅(4月5日生效)；3) 半導體等特定產品暫時豁免；4) 美方聲稱是基於台灣對美課徵64%關稅的「對折」回應，但台灣官方表示不合理	基本屬實，但缺乏完整細節

　　在事實查核時，下方列有訊息參考來源，限於篇幅筆者沒有列出，可以明顯感受是一個嚴謹的事實查核。坦白說，Felo 是一個功能強大，具有 AI Agent 特色的 AI 工具，筆者非常推薦使用，建議可以付費購買 Pro 版。

第 14 章

AI筆記助理 - NotebookLM

14-1　認識 NotebookLM

13-2　進入與認識 NotebookLM 環境

14-3　NotebookLM 實作應用

14-4　語音摘要

14-5　心智圖

第 14 章　AI 筆記助理 - NotebookLM

NotebookLM（Notebook Language Model）是由 Google 推出的 AI 筆記與知識整理平台，LM 代表「Language Model」。它能讀取使用者上傳的文件，根據內容生成摘要、回答問題，甚至提供相關建議，提升學習和研究的效率。

其目標是成為你的「AI 筆記助理」，不只儲存資料，還幫你讀懂、統整、推論與產出新內容。

14-1　認識 NotebookLM

NotebookLM 是一款結合 AI 對話、知識整理、摘要生成與創作輔助的筆記型智慧平台，能真正讓你的「筆記會思考」，讓學習與寫作變得更快、更深、更有條理。

14-1-1　NotebookLM 主要功能

❏ **上傳筆記與文件內容**

你可以將以下類型的資料匯入 NotebookLM：

- 自己寫的筆記（如學習筆記、研究草稿）。
- 文件資料（支援 PDF、Google Docs、Word 等格式）。
- 網頁內容（可直接貼上網址或整理內容）。
- 自訂主題簡介或概念定義。

AI 會讀懂內容，建構「語意背景」用於後續對話與推理。

❏ **問答與重點摘要（資料對話引擎）**

你可以對已上傳的內容提問，例如：

- 「請總結這份研究的三個主要觀點」。
- 「幫我找出哪段談到氣候變遷與糧食危機的關聯」。
- 「這段文章的作者主要觀點是什麼？」。

回答不只是查找，更能推理、比較與邏輯整理，並引用對應段落。

❏ 心智圖（Mind Maps）

NotebookLM 可自動根據你的文件或主題，生成心智圖，幫助你：

- 可視化主題邏輯結構。
- 理解關鍵詞與彼此關係。
- 延伸學習、引導創作靈感。

使用者可點選節點進一步提問或展開分支。

❏ Audio Overview（語音摘要）

將文件重點轉成「可聽」內容。你可用 AI 合成語音方式聆聽文件摘要，支援：

- Podcast 格式摘要風格。
- 朗讀重點段落。
- 方便行走、開車、休息時學習。

是行動學習族群與視覺疲勞使用者的最佳輔助工具。

❏ Discover 功能：AI 自動找資料

如果你還沒有文件也沒上傳內容，NotebookLM 可透過「Discover」：

- 自動蒐集網路相關資料。
- 建立基礎背景知識（如：某主題的定義、分類、爭議點）。
- 幫你先建立一份「可問可學」的基礎知識庫。

非常適合做「主題入門」或寫作前的情報蒐集！

❏ 協助寫作與內容生成

你可以請 NotebookLM 幫你撰寫以下內容：

- 寫文章摘要、大綱、引言段落。
- 草擬簡報、教學稿、研究框架。
- 將筆記內容轉換為部落格、演講稿、FAQ 等。

AI 會根據你提供的內容自動生成草稿，並可追問修改語氣、風格與長度。

❑ 多檔整合與交叉比對

NotebookLM 支援多個資料來源交互引用與邏輯整合。例如：

- 同時上傳幾篇文章 → 比較觀點差異。
- 匯入教材與筆記 → 整合成簡報草稿。
- 匯入個人想法與專業資料 → 擴展為研究計畫。

14-1-2　NotebookLM 適合誰使用

使用者族群	功能亮點
學生與研究生	整理課堂筆記、閱讀論文、準備報告、推論寫作
教師與教育者	統整教材、設計教案、AI 簡報助理、知識講解
創作者與作家	整理靈感筆記、生成大綱與草稿、內容改寫
專案經理與知識工作者	彙整會議紀錄、分析資料報告、規劃方案

14-1-3　NotebookLM 與 Felo/ChatGPT 的比較

功能項目	NotebookLM	Felo.ai	ChatGPT 4o
即時網路搜尋	無即時搜尋 只基於上傳文件與 Discover 模型內容	內建搜尋整合、支援即時查詢、事實查核	GPT-4o 起支援
文件上傳與解析	支援 PDF、Google Docs、Word 等文件匯入與解讀	支援文件上傳（PDF、Word、TXT 等）	支援文件上傳（PDF、Word、Excel 等）並可對話查詢
心智圖生成	自動生成知識導圖，節點可延伸追問	AI 導圖功能視覺化概念、支持互動探索	無內建導圖（需外部工具配合）
主題摘要與筆記整理	專為摘要與多檔案整理設計	支援對話摘要、自動彙整摘要筆記	可手動要求摘要、條列重點，彈性高
引用與出處標示	自動標示來源段落，引用透明	可開啟來源列與原文連結（事實查核功能）	通常無自動附出處（需開啟搜尋）
AI 導學推薦／拓展問題	Discover 模式主動建構知識脈絡	Felo Agent 拆解子問題，擴展對話深度	需手動引導，無主動推薦子題
簡報製作與匯出	簡報匯出（僅摘要）	一鍵簡報生成，可匯出 PPT 或 PDF	可產出簡報草稿（手動整理為 PPT）

功能項目	NotebookLM	Felo.ai	ChatGPT 4o
語音摘要 / Podcast 格式輸出	支援語音 Audio Overview 功能（自動朗讀重點）	無語音輸出功能	ChatGPT 手動可生成語音稿，需第三方工具朗讀
學術應用與引用格式支援	適合研究者使用，並自動引用文件內原文	整合學術搜尋、提供論文來源與引用建議	具生成能力，但無學術搜尋介面
內容生成 / 改寫能力	可根據資料重組內容，但創意性有限	支援改寫、潤色、擴寫等多用途文案輸出	創作力最強，支援各種寫作風格與角色模擬
多輪對話與上下文記憶	支援文件內脈絡問答，有限上下文	可持續對話、擴展內容與追問	GPT-4o 擁有長記憶與自定義指令
儲存與分類管理	可儲存筆記、建立 Notebook	主題集、文件集管理清楚，可複用	有歷史紀錄、命名、釘選功能

14-2 進入與認識 NotebookLM 環境

14-2-1 進入 NotebookLM

讀者可以用下列網址進入 NotebookLM。

https://notebooklm.google.com

將可以進入 NotebookLM 官方首頁。

第 14 章　AI 筆記助理 - NotebookLM

14-2-2　內建實例導覽 NotebookLM

這一節主要是帶領讀者認識 NotebookLM 的基本環境，因此，用內建的試用範例帶領讀者建立筆記本。此例，請點選「試用範例筆記本」。

由於是試用範例，這是範例有 7 個來源檔案，會被載入工作區，因此 NotebookLM 會將點選後將看到下列畫面。

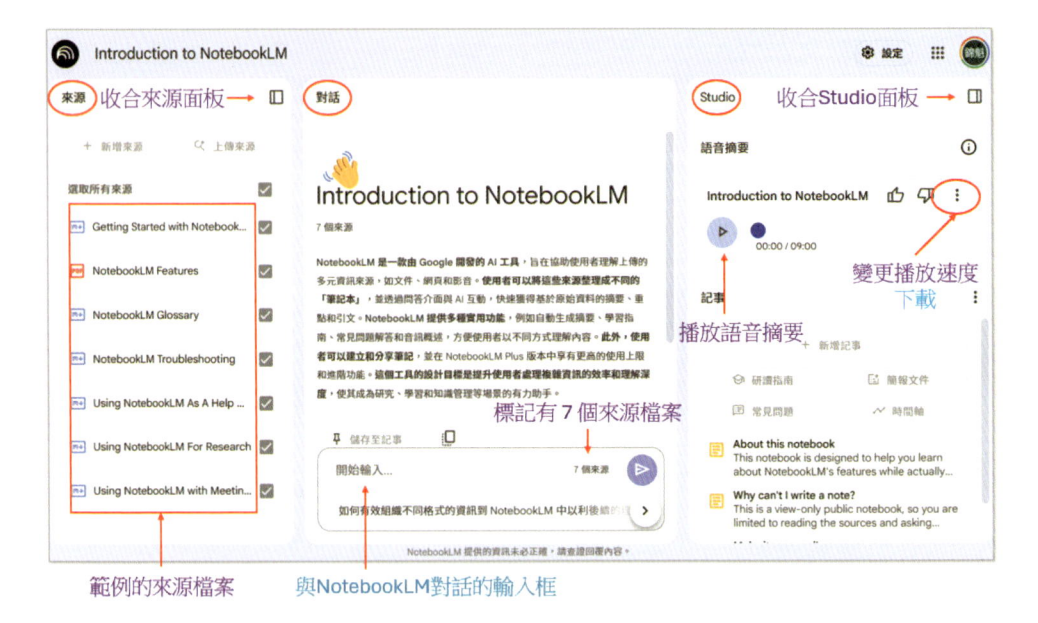

有時候，因為視窗開啟大小不一，你可以看到下列類似的視窗，這時可以用點選來源、對話與 Studio 標籤方式，切換顯示的畫面。

14-6

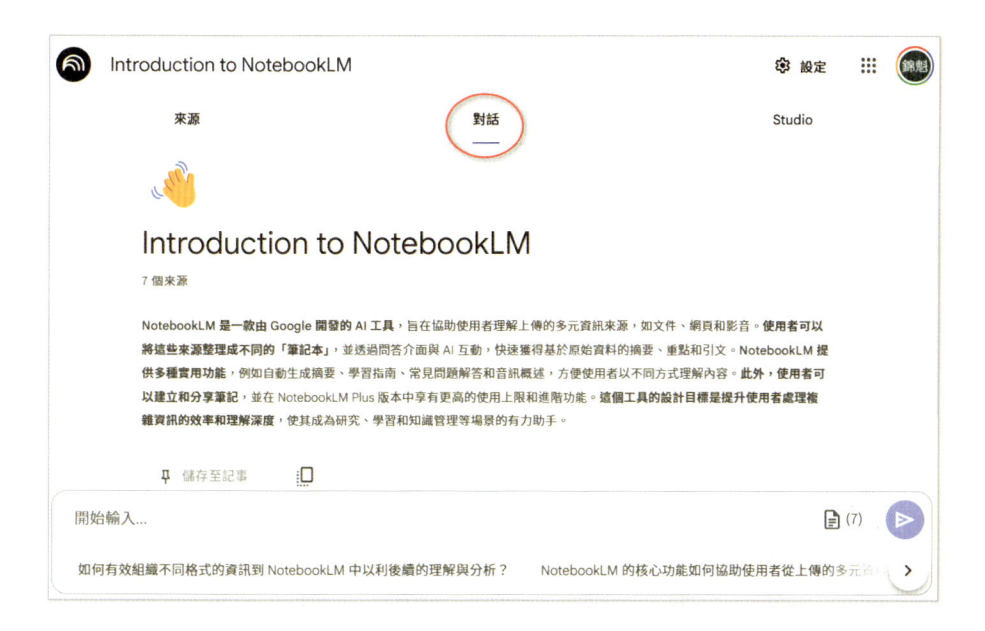

14-2 進入與認識 NotebookLM 環境

基本上可以將 NotebookLM 視窗分成三大區塊,「來源、對話、Studio 三區塊,結合資料輸入、AI 理解與內容生成三大流程,讓你從筆記閱讀走向知識產出,真正做到『學會 + 整理 + 表達』一條龍。

❏ 來源(Sources)

資料輸入區,你可以上傳各類資料來源,是 AI 推理、摘要與對話的基礎。註:由於這是範例無法再上傳檔案,如果是我們自建的範例就可以上傳檔案。

- 可上傳的資料類型
  - PDF 文件。
  - Google Docs(直接連接)。
  - Word 檔。
  - 純文字(.txt)。
  - 網頁摘錄 / 貼上內容。
  - 手動輸入筆記段落。
- 功能特點
  - 每個筆記本可包含多個來源(免費版有數量限制)。

14-7

第 14 章　AI 筆記助理 - NotebookLM

- AI 可理解每份來源的內容，並以此生成對話回答、摘要或心智圖。
- 可直接點來源內文片段 → 問問題或建立摘要。下列是點選某一來源檔案查看內容的實例，檢視後可以按右上方的關閉鈕回到原先畫面。

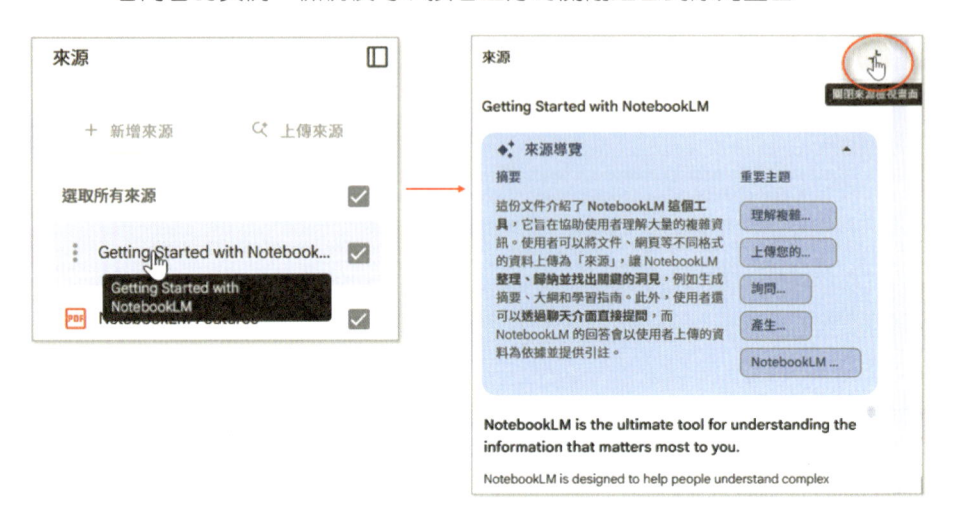

- 可編輯、重新命名、刪除、查看來源細節。

● 適用場景
- 上傳閱讀教材、論文、研究資料、工作文件等，作為知識基礎使用。
- 快速搜尋與比對來源中的段落與關鍵點。

❑ 對話（Chat）

與 AI 互動問答區，針對來源內容提出問題、生成摘要、撰寫草稿。

● 你可以問什麼？
- 「請總結這份文件的三個核心觀點」。
- 「這段內容和氣候變遷有什麼關聯？」。
- 「幫我列出作者支持的主要論點」。
- 「請比較 A 和 B 文件中的看法差異」。

● 功能特點
- AI 回答時會引用對應來源段落（點連結可查看原文）。
- 支援多輪對話，具上下文記憶能力（在該 Notebook 範圍內）。

- 可將回應儲存為摘要、筆記或作為後續 Studio 應用的素材。
- 內容可複製、釘選、重新編輯。

● 適用場景

- 深入閱讀文件時提問理解重點。
- 寫作前進行觀點拆解或文獻比較。
- 整合多份資料進行推理或報告規劃。

❑ Studio（創意工作室）

AI 內容創建區，根據來源資料，自動生成各式輸出型成果，如語音摘要、記事等。

● 目前支援的 Studio 工具

- 語音摘要：這是依據上傳的檔案內容摘要，生成 2 個人，口語化語音對話稿，讓你「聽」懂筆記內容，讀者可以點選播放。註：目前此功能只開放上傳英文檔案。

```
語音摘要

Introduction to NotebookLM
    👆   ●
        00:00 / 09:00
```

- 記事：這是核心筆記整理功能，其目的在於幫助你將有價值的 AI 回應永久保存下來，變成你個人知識庫的一部分。更多細節會在 14-3-4 和 14-3-5 節說明。

● 功能特點

- 每項功能都可用你上傳的來源執行。
- 可自動命名並儲存結果。
- Studio 輸出內容可搭配對話與筆記進一步延伸討論。
- 可快速複製、分享或導出為文件格式。

第 14 章　AI 筆記助理 - NotebookLM

- 適用場景
  - 學習者：快速複習與整理重點。
  - 教師：設計教案、教學引導問題。
  - 創作者／研究者：製作資料大綱、導圖、報告初稿。

14-2-3　與 NotebookLM 對話

請點選對話標籤，由於是 NotebookLM 的範例，讀者可以用輸入框的提示，問問題，下列是筆者提問與 NotebookLM 回應的實例。

每一個段落都有回應的參考來源，滑鼠游標移到參考索引，就可以看到參考來源內容。

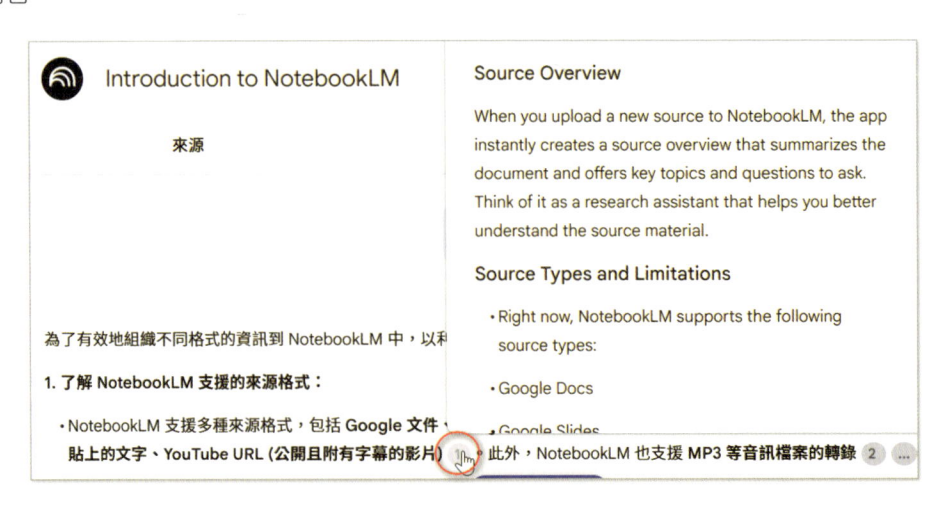

14-10

14-2-4　NotebookLM 主視窗

NotebookLM 視窗左上方的圖示 ⌬ ，這是 NotebookLM 的 Logo，可以參考下圖點選。

⌬ Introduction to NotebookLM

可以回到 NotebookLM 主視窗畫面。

可以回到 NotebookLM 主視窗畫面。

14-3　NotebookLM 實作應用

14-3-1　建立筆記本的第一步 – 上傳檔案

這一節將用 ch14 資料夾的示範檔案，建立自己的筆記本，請先點選新建鈕。

讀者可以看到下列畫面。

第 14 章 AI 筆記助理 - NotebookLM

從上圖了解 NotebookLM 的筆記本支援從本機、雲端、網址與手動輸入四種方式匯入資料，讓 AI 能即時閱讀、分析與生成內容，是個靈活強大的 AI 知識平台。

❏ 上傳來源（Upload Source）

允許你從本機上傳檔案作為資料來源，NotebookLM 會讀取這些內容用於後續分析與問答。

- 支援格式：.pdf、.txt、Markdown 文件、音訊檔案 (mp3)。
- 用途範例
  - 上傳研究報告、閱讀教材、電子書、論文。
  - 將課堂筆記或會議記錄轉為 AI 可對話內容。
- 注意事項
  - 檔案大小與數量有上限（依帳號等級而異）。
  - 一次最多上傳多份檔案進入同一本筆記本。

❏ Google 雲端硬碟（Google Drive）

允許你直接從 Google 雲端硬碟中選擇文件匯入，無需下載再上傳，非常方便雲端協作。

- 支援類型：Google Docs（文件格式）、PDF（儲存在雲端中的）。
- 用途範例
  - 從 Google Classroom、共用資料夾擷取課程資料。
  - 匯入自己在雲端撰寫的草稿、研究、摘要。
- 注意事項：需先授權 NotebookLM 存取 Google Drive。

❏ 連結（Add from Link）

讓你輸入一個網址，NotebookLM 會自動抓取該網頁的內容並作為資料來源。

- 支援來源
  - 多數公開網頁（如新聞文章、部落格、教學網站）。
  - 支援部分支援嵌入式文章或簡易格式化的網頁。
- 用途範例
  - 快速讀取新聞報導並分析。
  - 輸入教材文章網址，請 AI 幫你摘要與整理重點。
  - 網路迷因、案例分析等直接引用來源。
- 注意事項
  - 無法抓取需要登入才能查看的內容。
  - 不支援影片或互動型網站（如 Google Maps）。

❏ 貼上文字（Paste Text）

允許你直接手動貼上任意一段文字作為 AI 處理內容。這是最靈活、快速的輸入方式。

- 用途範例
  - 把電子郵件、對話內容、剪貼資訊貼上分析。
  - 將從其他網站複製下來的段落貼上、請 AI 解釋。

第 14 章　AI 筆記助理 - NotebookLM

   - 自己輸入概念、主題，再請 AI 延伸思考或建立學習指南。
- 注意事項
   - 單次貼上文字的長度有限（通常幾千字以內最佳）。
   - 你可以為貼上的內容命名，方便未來管理。

了解上述觀念後，請將 ch14 資料夾的 ch1.pdf 拖曳到上傳來源，將看到下列畫面。

筆者所附的 ch1.pdf 是英文的文件，有下列便利性：

- NotebookLM 可以自行翻譯成中文，所以溝通沒有障礙。
- 未來可以用此建立 Podcast 格式的語音摘要。
- 當然，未來讀者可以上傳中文格式的檔案。

14-3-2　新增上傳檔案

免費的 NotebookLM 可以上傳 50 個檔案，如果點選來源標籤的新增來源，可以看到下列畫面：

14-3　NotebookLM 實作應用

請將 ch14 資料夾的 ch2.pdf 拖曳至上傳來源，可以得到下列結果。

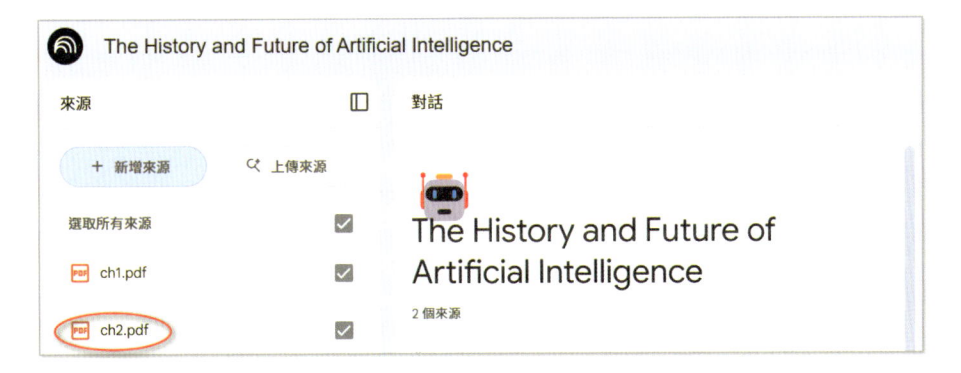

14-3-3　與 NotebookLM 對話

請點選對話標籤，下列是筆者的輸入：

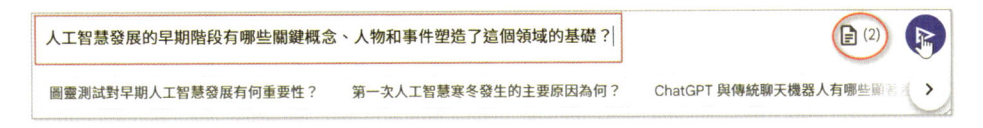

執行後可以得到 NotebookLM 參考 2 個來源對話的回應結果。

14-15

第 14 章　AI 筆記助理 - NotebookLM

```
來源                    對話                    Studio

         人工智慧發展的早期階段有哪些關鍵概念、人物和事件塑造了這個領域的基礎？

人工智慧發展的早期階段是由一些關鍵概念、人物和事件所塑造，為這個領域奠定了基礎 1 。
以下是一些重要的概念：
• 模擬人類智慧：在 1940 年代和 1950 年代，科學家和哲學家開始探索如何在機器中模擬人類的智慧 2 。
• 圖靈測試 (Turing Test)：由艾倫·圖靈在 1940 年代提出，旨在判斷機器是否能展現與人類無法區分的智慧行為，透過自然語言對話來評估 2 …。如果人類評估者無法可靠地區分他們是在與人類還是機器交談，則該機器被認為是通過了測試 3 。

                              …

• ELIZA 和 MYCIN 的出現：這段時間出現了如 ELIZA（一個早期的自然語言系統）和 MYCIN（一個基於規則的醫療專家系統）等里程碑式的專案 1 。

總而言之，人工智慧的早期階段（1940 年代至 1960 年代）的特點是出現了圖靈測試、早期的神經模型、符號方法、機率方法以及人工智慧作為一個正式領域的確立等基礎思想。這些發展雖然基礎，卻為未來的突破鋪平了道路 1 … 。

⊕ 儲存至記事
```

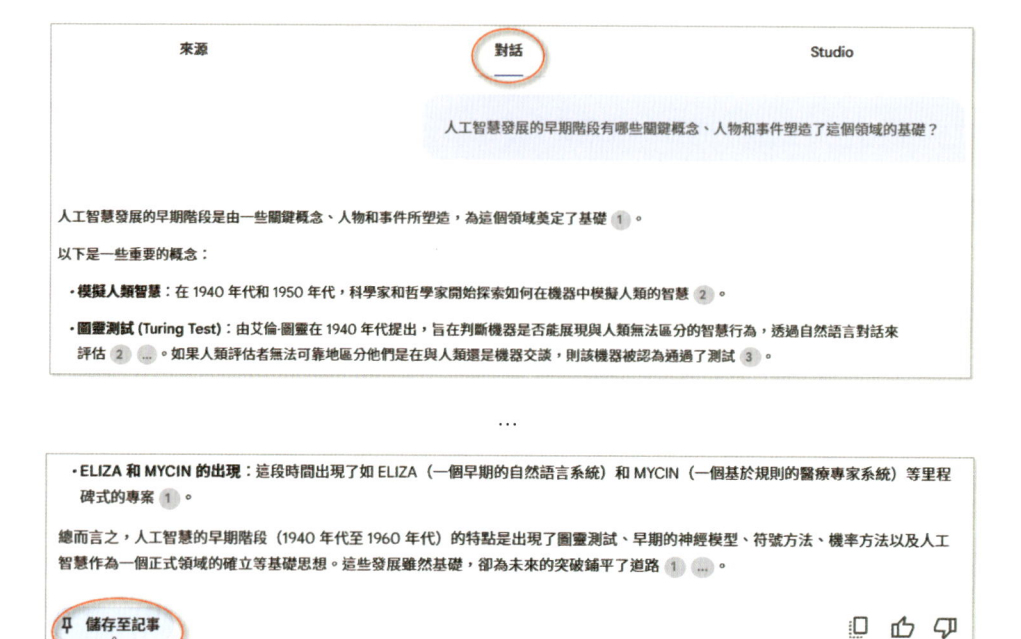

14-3-4　儲存至記事

「儲存至記事」的按鈕，這是一個核心筆記整理功能，其目的在於幫助你將有價值的 AI 回應永久保存下來，變成你個人知識庫的一部分。

❑ 實際應用場景

情境	「儲存至記事」的幫助
學習整理	AI 幫你解釋了一個難懂的概念 → 儲存下來當作筆記複習
撰寫報告	AI 幫你總結了一篇文件的要點 → 儲存為草稿段落備用
專案規劃	AI 協助你擬定簡報大綱或行動計劃 → 儲存為工作紀錄
靈感筆記	AI 提出了一個創作主題或架構建議 → 儲存進創意資料夾

❑ 儲存後會發生什麼？

- 這段回應會變成「記事」形式，顯示在左側的筆記本架構中。
- 你可以：
    - 編輯記事標題。

14-3　NotebookLM 實作應用

- ■ 自訂分類與摘要。
- ■ 之後繼續展開相關對話或複用內容。
● 多個記事可組成「學習指南」、「報告內容」、「研究資料夾」等。

❏ 小提醒

● 每一則記事都像「人工智慧的摘要卡片」：含問題、回應、原始對話脈絡。
● 儲存記事後仍可進一步編輯筆記本內容。
● 使用「記事」比單純保留對話紀錄更有組織性與可管理性。

用一句話總結，可以說「儲存至記事」功能的目的是把 AI 給你的智慧回應，變成可管理、可引用、可複習的個人知識筆記，是 NotebookLM 知識整理與學習效能的關鍵橋樑。這個實例，請點選儲存至記事鈕：

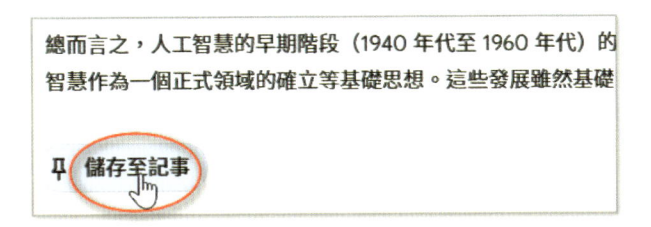

上述執行後，可以在 Studio 下方看到所儲存的記事。

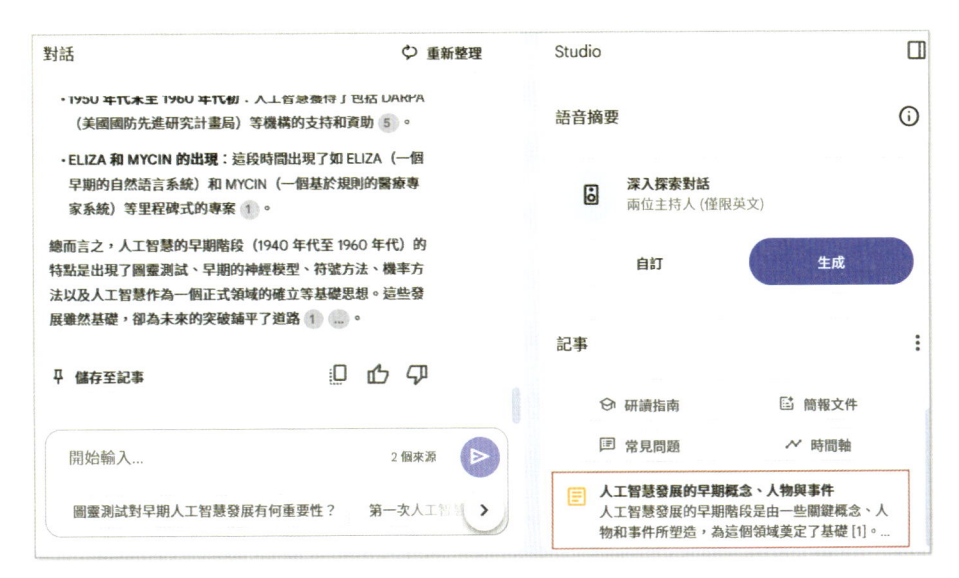

14-17

原先的提問，NotebookLM 會取重點，簡化成為記事的標題，NotebookLM 的回應就是該記事的內容。

14-3-5　記事功能欄位

Studio 標籤下方的記事欄位可以參考下方左圖。此欄位右邊有圖示 ⋮ ，點選可以看到 2 個指令，可參考下方右圖。

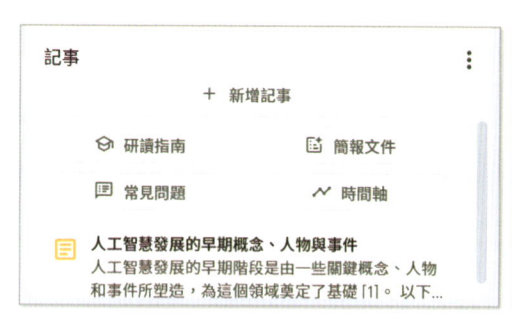

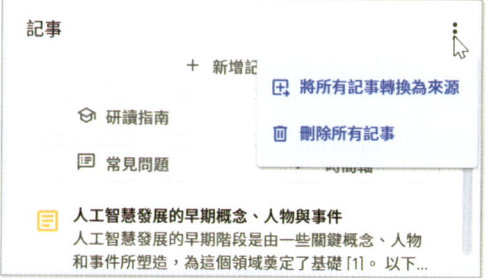

上述幾個功能意義如下：

❑ **將所有記事轉換為來源**

這是把你自己新增的記事（手動筆記 + AI 回應儲存）重新作為「資料來源」，讓 AI 可以再次閱讀、分析與對話。功能目的與用途說明：

- 讓 AI 能夠「重新讀取你的筆記」
    - NotebookLM 的 AI 對話功能，主要是根據「來源資料」來回應問題。當你儲存很多記事時，這些內容原本只是靜態筆記，AI 無法「整體理解或跨段比對」。
    - 透過轉換為「來源」，AI 可以像讀文件一樣，把所有記事內容當作一份新的資料庫來分析。
- 建立更高層次的總結、比較或推理

轉為來源後，你可以請 AI 做：

- 「幫我總結所有我寫的學習重點」
- 「從這些記事中找出共同主題」

14-18

14-3 NotebookLM 實作應用

- 「比較我第 3 則與第 8 則記事中的觀點有何不同？」
- 「根據這些筆記，幫我寫一段導言／報告草稿」
- AI 不再只能回答單一段落，而是可以全覽式閱讀並整合你所有筆記的內容。

● 什麼時候該使用這功能？

使用情境	建議使用「轉換為來源」功能
已經寫了很多筆記（AI 回應或自己輸入）	是的
想要總結、合併或比較多篇筆記內容	是的
想讓 AI 幫你「讀懂整份筆記」再給建議	非常適合
單純記下幾段備忘、不需分析	可不用轉換

❏ 刪除所有記事

此功能會一次性刪除目前筆記本中所有已儲存的記事內容（包含你手動新增的、自對話中儲存的所有 AI 回應），無法復原，使用時需確認。此功能目的如下：

目的	說明
清空過時、不再需要的筆記	若筆記內容與主題不再相關，可快速移除
重建筆記內容架構	當你想重新整理主題、換一種筆記邏輯，可以先清空再重新新增記事
減少干擾與資訊噪音	當記事過多、資訊混亂時，清除所有筆記有助於聚焦重點
測試與重用場景	如果你在測試 NotebookLM 功能後想重置環境，這是一個快速方法

❏ 新增記事

新增記事是一項讓你手動建立知識筆記的功能，它不需從對話中擷取，而是由你主動輸入。

- 功能說明：「新增記事」讓使用者手動新增文字內容作為筆記本中的一則記事，不必透過對話產生，也不必從上傳來源萃取，完全由你主導撰寫。你可以輸入：
  - 一段說明
  - 一則結論
  - 一項摘要
  - 一個觀點
  - 一段備忘

第 14 章　AI 筆記助理 - NotebookLM

- 功能目的

功能目的	說明
補充 AI 回應之外的內容	有些資訊是你自己知道、想要加入的，例如親身經驗、備註、觀察
手動整理重點	將閱讀後的理解整理成一段話，加強記憶與吸收
建立草稿或摘要	作為簡報、報告、FAQ 的內容起點，可再由 AI 延伸或改寫
整合不同來源	將來自多個來源的核心觀點濃縮為一篇筆記記事
引導 AI 產出	輸入初始內容後，進一步請 NotebookLM 擴寫、摘要、翻譯等

- 舉例應用
    - 學習筆記補充：「GPT-4 使用了多模態模型，支援文字與圖像輸入。」
    - 閱讀筆記整理：「這篇論文的三大重點是：1. 語言模型架構；2. 微調策略；3. 評估方法。」
    - 對話觀察記錄：「AI 對這個迷因的解釋方式很清楚，可作為教學素材。」
    - 報告段落草稿：「OpenAI's mission is to ensure AGI benefits all of humanity...」
- 記事功能與 AI 的互動優勢

新增的記事不只是靜態筆記，一旦建立後你還可以：

- 對記事內容發問（例如：「請改寫這段為正式語氣」）。
- 要求總結、轉成簡報草稿、做學習指南。
- 作為常見問題、FAQ、時間軸等模組的輸入來源。

簡單的說「新增記事」是 NotebookLM 讓你主動參與知識建構的工具，幫你把自己的理解、觀察、結論、創意整合進筆記本，並與 AI 能力結合，進一步延伸為各種學習與內容產出工具。

❑ 研讀指南

- 功能目的：根據你已儲存的記事內容，NotebookLM 自動生成一份「問與答」形式的學習摘要，幫助你快速複習與自我測驗。
- 適合用來
    - 複習文件重點。
    - 自學與備考。
    - 建立教學導讀（教師或輔導用）。

- 包含內容
  - 關鍵問題（由 AI 根據記事產生）。
  - 對應的重點答案。
  - 可逐題點選深入查閱原始記事。

❑ **簡報文件**
- 功能目的：將你收藏的記事轉換成一份可用於簡報或報告的大綱與內容草稿。
- 適合用來
  - 製作簡報 PPT。
  - 撰寫報告初稿。
  - 專案提案內容架構整理。
- 包含內容
  - 標題與分段小節（自動產出）。
  - 每一段落來自對應記事重點。
  - 可直接複製編輯成報告或匯出。

❑ **常見問題**
- 功能目的：從你的記事中整理出一份「常見問題與解答」清單，模擬你可能會問的問題與 NotebookLM 的回答。
- 適合用來
  - 建立產品、概念、研究的簡易 Q&A。
  - 寫作前構思讀者可能會提問的點。
  - 為簡報、網站、服務建立 FAQ 區塊。
- 包含內容
  - AI 自動預測問題（基於筆記內容）。
  - 生成對應解答。
  - 可手動修改與補充。

第 14 章　AI 筆記助理 - NotebookLM

❑ **時間軸**

- 功能目的：從記事中萃取時間性或順序性資料，自動建構出一份時間軸，有助於理解事件發展或歷程。
- 適合用來
  - 歷史事件、科技演進、人物生平整理。
  - 專案進度紀錄、重要節點摘要。
  - 資料時序性教學或演示。
- 包含內容
  - 年份／時間點與對應描述。
  - 自動排序並視覺化時間邏輯。
  - 可作為歷史大綱或展示用素材。

14-3-6　編輯筆記標題

系統會根據你上傳檔案的內容訂定筆記標題，如果想要更改，可以將滑鼠游標移到左上方的標題欄，如下：

The History and Future of Artificial Intelligence

筆者編輯與修改如下：

AI 的歷史與未來

請點選 NotebookLM 的 Logo 圖示 ，可以返回使用者 NotebookLM 的主視窗環境，可以得到下列結果。

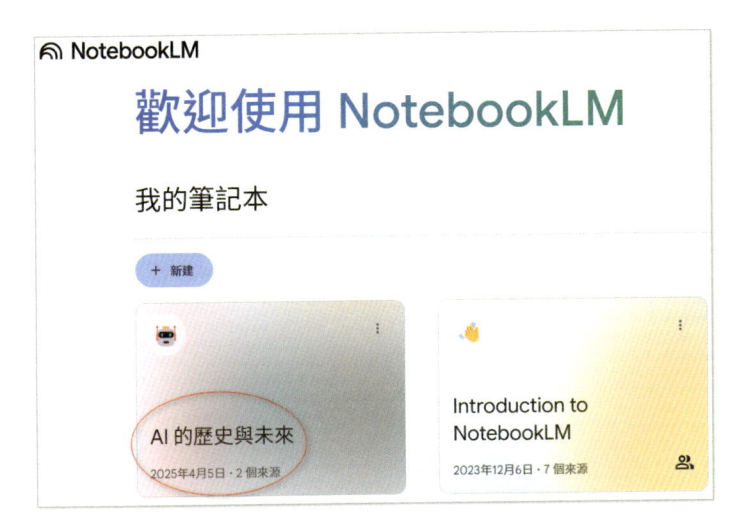

從上述可以看到所建立的筆記本，點選任一筆記本即可進入該筆記本的編輯環境。

14-4 語音摘要

「語音摘要」這個功能讓你不只是「閱讀筆記」，而是能用聽的方式學習與複習資料內容，彷彿有一位 AI 助理在為你口頭講解整份資料的重點。

> **註** 目前只支援英文檔案，這也是為何筆者上傳的實例 ch1.pdf 和 ch2.pdf 內文是英文的原因。

14-4-1 了解語音摘要的功能

語音摘要會根據你筆記本中上傳的文件或儲存的記事內容，由 NotebookLM 的 AI 自動生成一段可聆聽的語音內容，這段內容以「自然對話」的方式呈現，像在聽一集迷你 Podcast。

❑ **語音摘要的使用目的**

目的	說明
提供聽覺學習方式	幫助你在無法閱讀時（如通勤、散步）也能學習與複習
強化記憶與理解	藉由語音講述，有助於從不同角度吸收內容
自動整合重點	AI 會擷取資料核心內容，整理為易懂的講解段落
製作內容導讀	適合用來產出演講稿、導覽文字、口頭報告草稿

❑ 語音摘要的特點

特點	說明
呈現方式	對話式摘要（例如 AI 解說者與學生互動對話）
內容風格	簡潔、條理清晰，避免過於學術化
語氣風格	可理解為 AI「讀給你聽」的摘要說明稿

❑ 語音摘要的內容來源是什麼

類型	說明
來源	你上傳的 PDF、Google Docs、Word 文件、網頁連結或貼上文字內容。AI 會整體閱讀這些來源內容來製作語音摘要。
記事（可轉為來源）	如果你將記事轉換為來源（Convert Notes to Source），語音摘要也會納入其中的內容。

❑ 語音摘要使用的來源邏輯

- 當你點選 Audio 的生成鈕時，NotebookLM 會整合目前筆記本中所有已上傳的來源文件內容（如 PDF、Docs、手動貼上的文章段落）。
- AI 會抓取這些內容的關鍵段落、摘要觀點與主題架構。
- 最後以「講解式對話」格式自動生成一段語音摘要。

❑ 誰最適合用語音摘要

使用者	受益方式
學生	用聽的方式複習教材、筆記內容、考試重點
教師	快速產出講義講稿、導讀內容
上班族	邊走邊聽報告資料、會議摘要、專案概覽
創作者	將資料稿件轉換成說話風格草稿，幫助口語表達

簡單的說，NotebookLM 的「語音摘要」功能，是讓你用「聽的」方式吸收知識的 AI 功能，讓筆記變成口語導讀，無論在走路、搭車還是在冥想時，都能讓知識進腦！

14-4-2 實作語音摘要

請點選「AI 的歷史與未來」筆記本，然後點選 Studio 標籤內，語音摘要的生成鈕，請參考下方左圖。下方右圖是執行過程的畫面

14-4 語音摘要

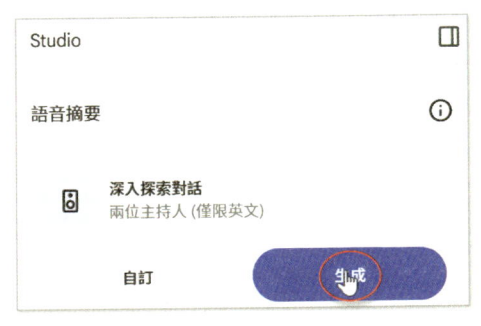

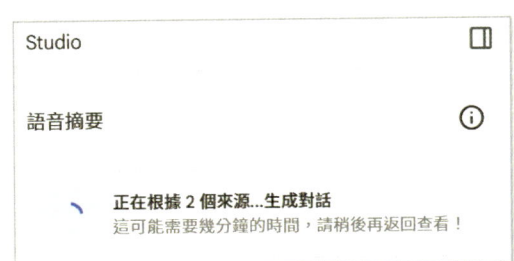

完成後,將看到下列結果。

這是一個 2 人對話的 Podcast 格式語音摘要,你可以點選圖示 ▶ 執行播放、點選圖示 執行分享,可以參考下方左圖。點選圖示 ⋮ 然後執行下載,可參考下方右圖。

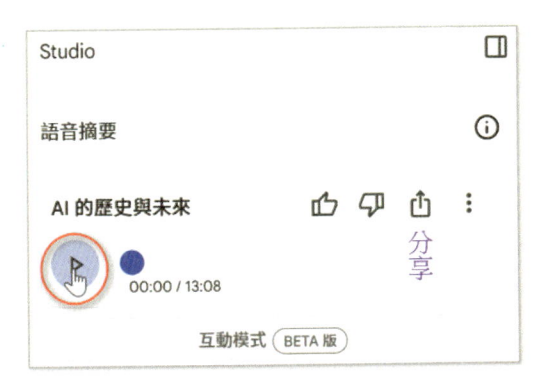

本書 ch14 資料夾的「AI 的歷史與未來 .wav」,就是下載的結果。分享時,如果設定公開存取權,未來複製分享連結時,有連結的人皆可以存取。

14-25

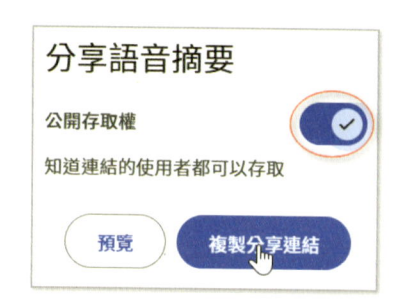

第 14 章　AI 筆記助理 - NotebookLM

14-5 心智圖

有關心智圖的觀念可以複習 13-5-1 節。NotebookLM 也可以建立心智圖了，當我們將檔案拖曳至來源時，在對話標籤，可以看到一個檔案的摘要敘述，摘要敘述下方可以看到心智圖鈕。

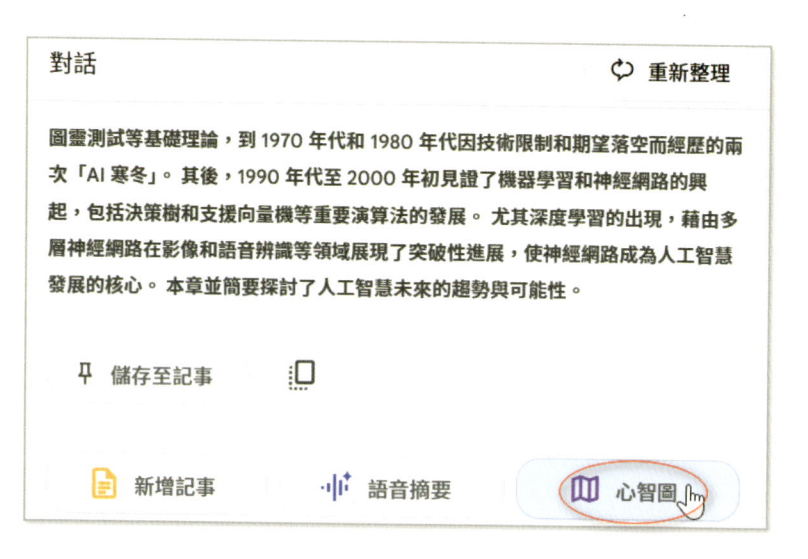

上述點選後，可以在 Studio 標籤下方看到所建立的心智圖檔案。

14-5 心智圖

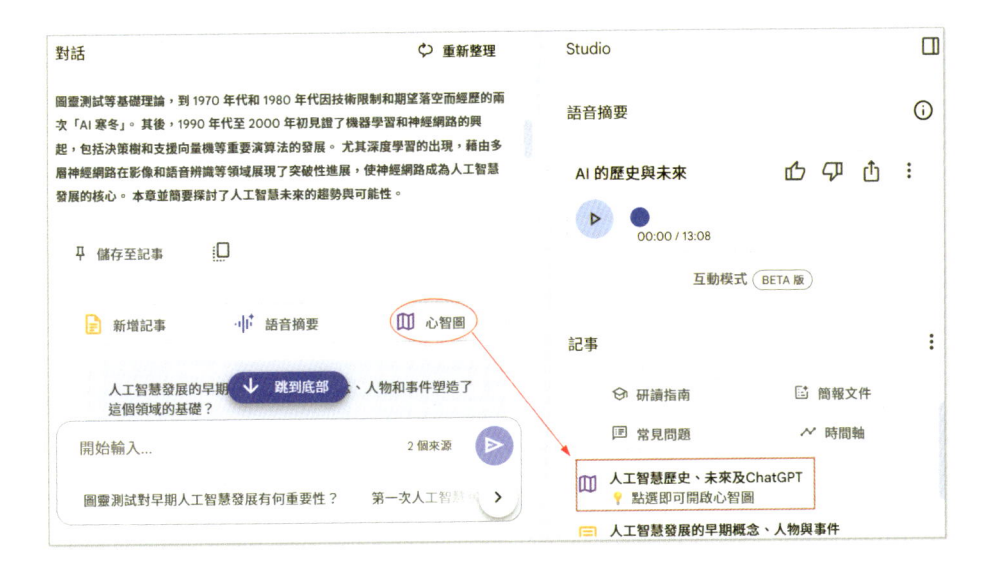

點選可以開啟心智圖，如下所示：

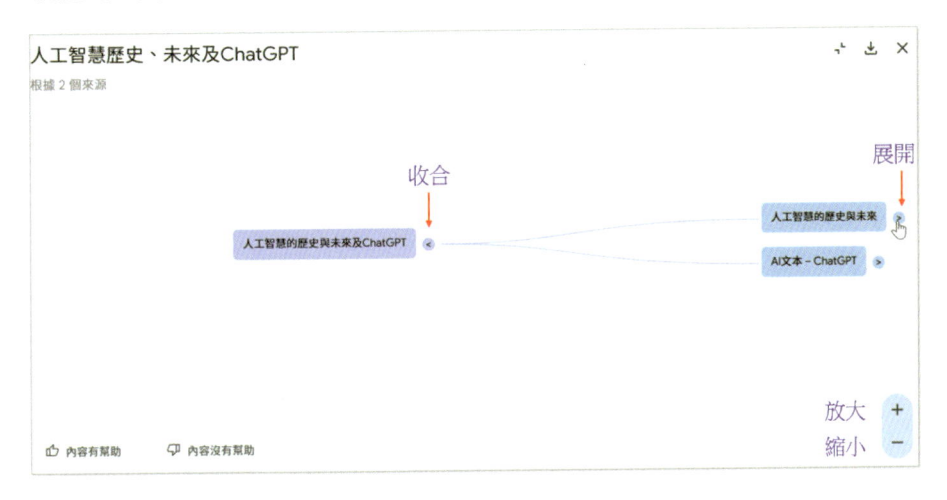

下列是筆者點選展開圖示，的示範畫面。

第 14 章 AI 筆記助理 - NotebookLM

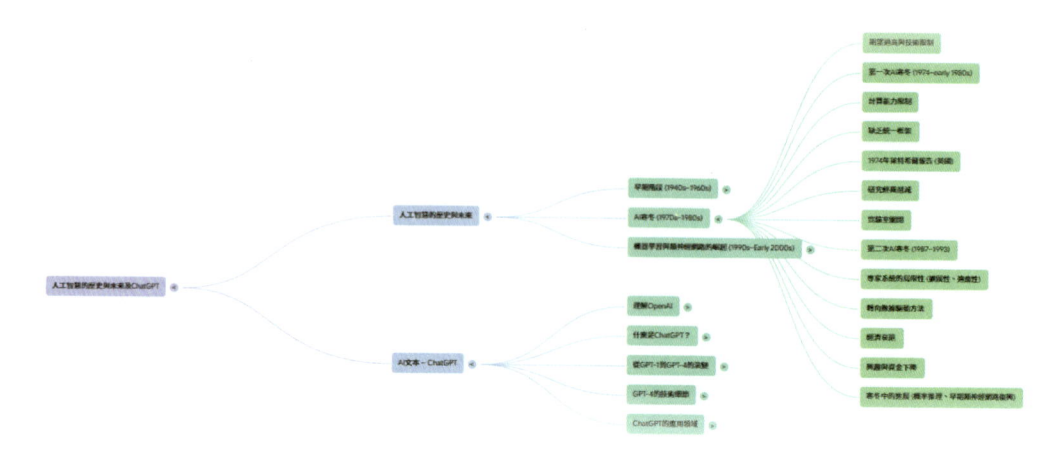

讀者可以針對自己的需要，點選特定節點展開或是收合項目。

第 15 章
AI 音效與語音 ElevenLabs

15-1　認識 ElevenLabs

15-2　ElevenLabs - AI 語音與克隆工具

15-3　Sound Effects 音效生成

15-4　Text to Speech 文字轉語音

第 15 章　AI 音效與語音 – ElevenLabs

在生成式 AI 持續擴展創作邊界的今天,「聲音」正成為最具溫度與辨識度的內容媒介之一。無論是將文字轉為自然語音、為影片創造角色配音,或是用自己的聲音跨語言說話,AI 正在重新定義我們與聲音的關係。而其中,ElevenLabs 是目前最受注目的語音合成平台之一,以高擬真度、多語言支援與聲音克隆能力,掀起了數位配音與語音創作的新革命。

本章將聚焦於 ElevenLabs 的核心功能與實作應用,透過具體範例,帶領讀者體驗如何運用 AI 將文字轉為語音、創建專屬的角色聲線,甚至打造個人化的聲音品牌。這不只是創作者的利器,更是教育、娛樂與內容產業的新興標配。

> **註** 打造個人化聲音稱「語音克隆」需要付費,所以不在本書討論範圍。

15-1　認識 ElevenLabs

ElevenLabs 是一家專注 AI 語音合成(Text-to-Speech, TTS)與聲音克隆(Voice Cloning)技術的新創公司,成立於 2022 年,由來自 Google 和 Palantir 的工程師創辦。該平台致力於讓人工智慧能「像人一樣說話」,透過高度自然且具情感的語音輸出,打造文字與聲音之間最流暢的橋樑。

ElevenLabs 的主要產品是一個線上語音平台,讓使用者可以輸入文字,選擇語音樣式、語氣與語言,然後快速生成高品質的語音音訊。它支援多種語言、情緒語調、聲音風格,並具備語音克隆功能,可以讓你建立個人化的 AI 聲音模型。

15-1-1　核心功能特色

ElevenLabs 核心功能特色如下:

- 文字轉語音(Text-to-Speech, TTS):將輸入的文字轉為自然語音,支援情緒變化、重音處理與流暢語調
- 語音克隆(Voice Cloning):上傳幾分鐘的聲音樣本,即可建立個人化 AI 聲音,支援多語言發音
- 語者庫(Voice Library):提供多種角色聲線(如旁白、主播、動畫角色)可供直接使用或改造

- 多語言支援：支援超過 20 種語言（含中文、英文、日文、韓文、德文等）並保留語者風格
- 語音細節控制：可自訂速度、音高、停頓與情感強度，讓語音更自然、更具表現力
- 即時預聽與匯出：可即時聽取語音效果，並下載 MP3、WAV 格式音檔

15-1-2 應用場景

- 影音創作與配音：為影片製作旁白、為短影音製作角色配音，一人即可扮演多角
- 有聲書與朗讀：將電子書、自製故事轉為高品質朗讀音訊，製作有聲讀物
- 教育與教材製作：製作語音教材、朗讀課文、提供多語言聽力練習素材
- 虛擬客服與語音助理：建立自然語調的對話語音，用於語音機器人、AI 助理回應
- 跨語言語音轉換：用同一人聲說出不同語言內容，應用於多語網站、國際行銷
- 個人聲音數位分身：建立自己的 AI 聲音模型，應用於 Podcast、影片、虛擬形象發聲
- Podcast 製作：快速生成主持人聲音，提升節目製作效率與一致性

15-2 ElevenLabs - AI 語音與克隆工具

15-2-1 進入 ElevenLabs 網站

讀者可以用搜尋，或是用「https://elevenlabs.io」進入網頁，進入網頁後可以看到下列畫面：

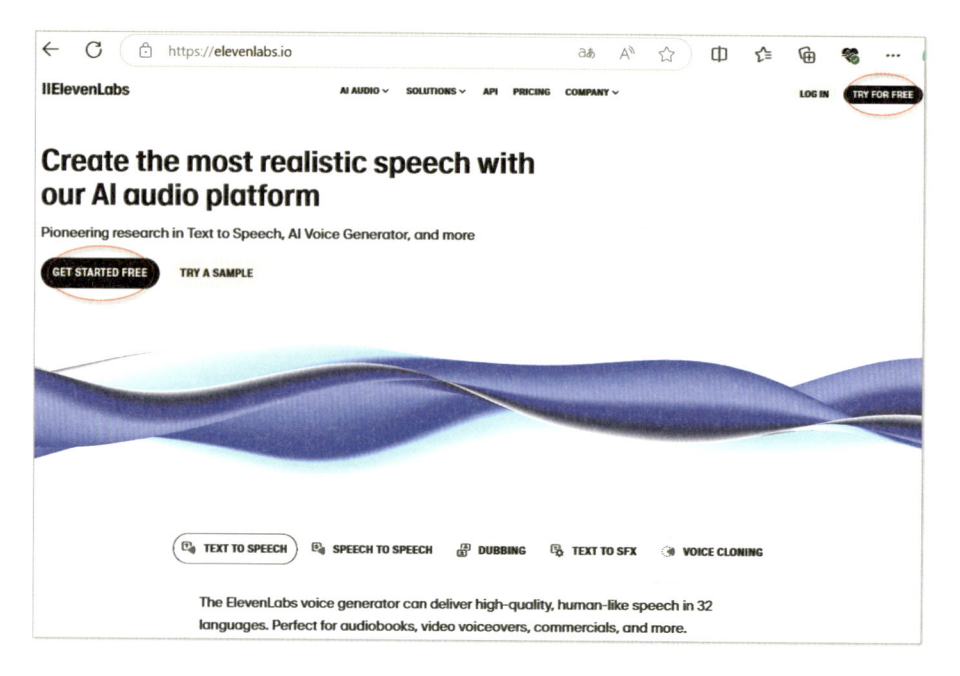

第 15 章　AI 音效與語音 – ElevenLabs

　　第一次使用請點選 GET STARTED FREE 鈕或是 TRY FOR FREE 鈕，會有需要註冊過程，請參考網頁指示進行註冊。

15-2-2　網站首頁

　　進入網站後，左上方可以看到 ElevenLabs 商標，

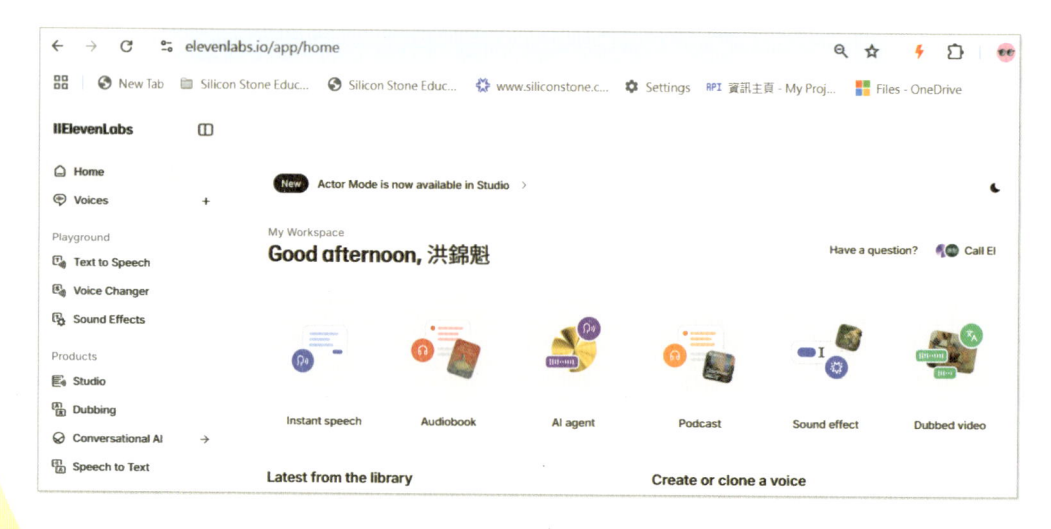

15-4

上述可以看到 ElevenLabs 的 6 大功能：

❏ **Instant Speech（即時語音）**

輸入一段文字，立即生成語音，不需設定專案或模型，是最即時的 TTS 模式。

- 特點：
    - 即打即聽、極速輸出。
    - 適合簡短語句、快速試聽語音風格。
    - 支援多種語音風格、語氣與語速調整。
- 適合使用者：
    - 想快速配一句旁白或對白的短影音創作者。
    - 想測試不同聲音效果與語氣的使用者。

❏ **Audio Book（有聲書）**

讓你可以將一整本書（或長文內容）自動轉為高品質有聲書，支援多角色配音、自然停頓與情緒表達。

- 特點：
    - 長文字串處理優化（可分段朗讀、順暢銜接）。
    - 可自訂角色聲線（男聲 / 女聲 / 語氣）。
    - 可匯出成完整音檔，製作播客、有聲教材、小說朗讀等。
- 適合使用者：出版社、有聲書製作人、自出版作者、教育工作者

❏ **AI Agent（AI 角色語音）**

將語音賦予虛擬 AI 人格，模擬 AI 助理、客服機器人或故事角色說話行為，結合語音生成與情境互動。

- 特點：
    - 可打造互動式 AI 語音角色（如 ChatGPT 加上語音輸出）。
    - 適合對話模擬、語音客服、教育角色扮演。
    - 可搭配 API 實作語音聊天機器人或虛擬陪伴者。
- 適合使用者：App 開發者、客服系統設計師、語言教學平台。

❑ Podcast（播客製作）

為播客創作者提供語音腳本轉語音的製作工具，可快速生產主持人語音、專題解說與單人或多角色對話形式內容。

- 特點：
  - 支援分角色、分段配音。
  - 可搭配背景音效製作完整節目感。
  - 輸出音質可達商業級水準。
- 適合使用者：新手 Podcaster、教育型播客、新聞資訊內容創作者

❑ Sound Effect（音效庫）

ElevenLabs 提供 AI 驅動的音效生成系統，可根據描述或場景快速產生自然環境聲、道具音、背景氛圍等。

- 特點：
  - 預設音效分類豐富（風聲、雨聲、鍵盤聲、腳步聲等）。
  - 可搭配語音生成使用，創造更擬真的聽覺體驗。
  - 適用於影片、遊戲、Podcast、互動故事設計。
- 適合使用者：內容創作者、剪輯師、音效設計師。

❑ Dubbed Video（影片配音 / AI 配音翻譯）

將原始影片的語音內容進行自動翻譯並生成語音配音，實現跨語言的影片本地化與 AI 配音。

- 特點：
  - 可自動辨識影片語言、進行轉譯與重配音。
  - 可維持原角色說話情緒與節奏。
  - 支援多語切換（如英翻中、中翻日）。
- 適合使用者：想上字幕 + 配音的影片創作者、YouTuber、教學影片製作者、品牌行銷國際化團隊。

15-3　Sound Effects 音效生成

ElevenLabs 的 Sound Effects 功能允許用戶透過文字描述生成各種音效。你可以使用簡單的文字提示來描述你想要的聲音，例如：「樹葉在風中沙沙作響」或「玻璃破碎的聲音」，並調整設置來控制音效的時長和精確度。該工具支援短音樂片段、音景和各種角色聲音的生成，特別適合電影製片人、遊戲開發者、社交媒體內容創作者等快速生成沉浸式音效。

進入 Sound Effects 功能後，筆者輸入的 Prompt 如下：

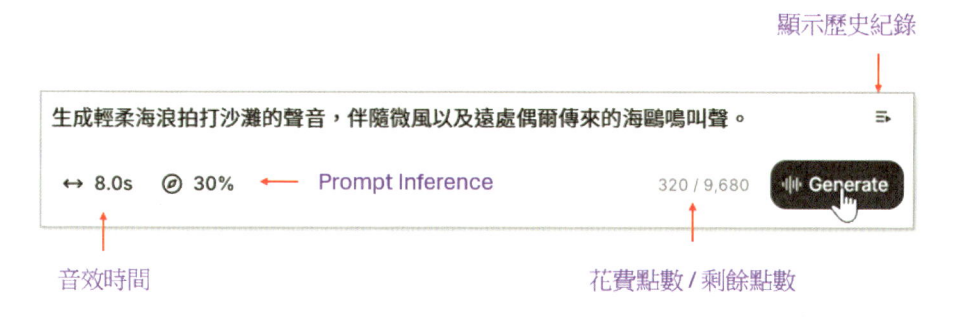

上述 Prompt Inference 預設是 30%，這是可以設定，所產生的音效依賴 Prompt 的程度，越接近 1 表示 Prompt 的影響越大。下列是執行結果。

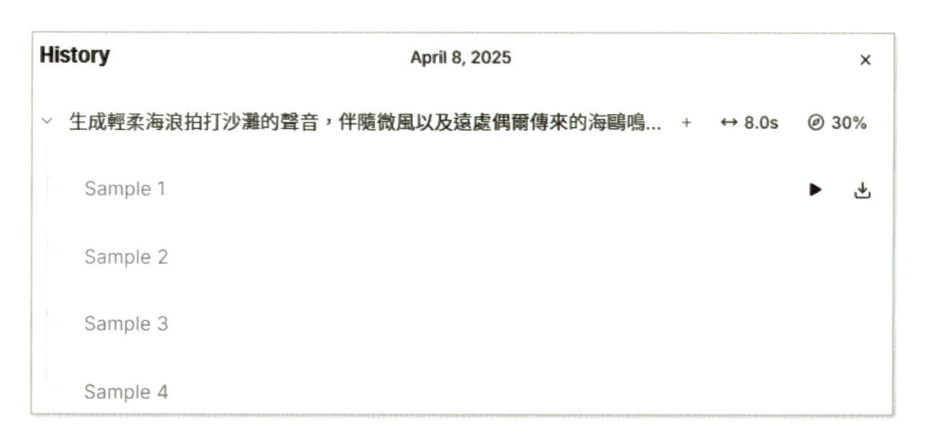

這個動作會扣 320 點，一次會生成 4 段 MP3 音效，下載後會用我們的題詞當作檔案名稱，筆者有更改檔名，檔案名稱是「海浪拍打沙灘的聲音 n.mp3」，n 是從 1～4。感覺音效非常貼近真實，讀者可以參考 ch15 資料夾。

第 15 章　AI 音效與語音 – ElevenLabs

15-4　Instant speech 文字轉語音

這個 Instant speech 功能也稱 Text to Speech，也就是文字轉語音功能。進入 Text to Speech 功能後，可以看到下列畫面，這也是我們的創作環境畫面。

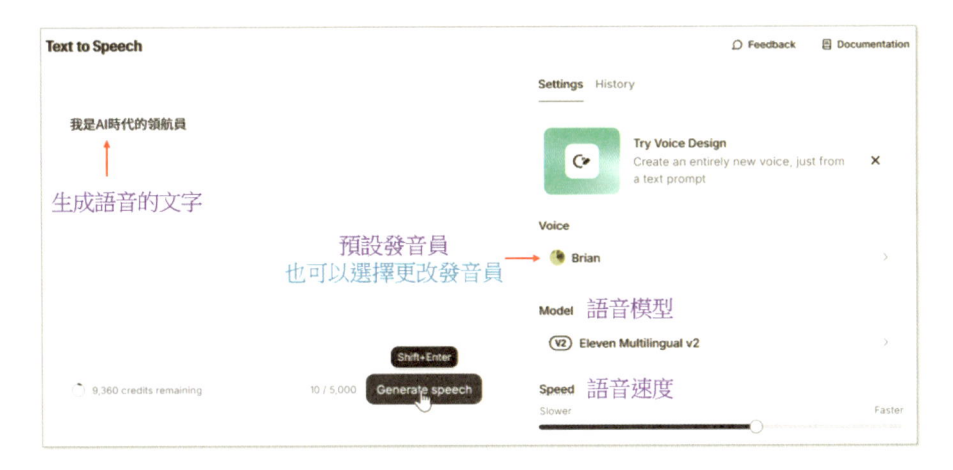

上述點選 Generate speech 鈕後，可以得到下列結果。點選圖示 ▶ ，可以播放生成的聲音。

點選下載圖示 ⬇ ，可以儲存語音，ch15 資料夾的「AI 領航員 .mp3」是上述實例。

15-8

第 16 章

AI 音樂與歌曲創作 Stable Audio & Suno

16-1　AI 音樂 Stable Audio

16-2　AI 歌曲創作 Suno 音樂平台

第 16 章　AI 音樂與歌曲創作 – Stable Audio & Suno

隨著生成式 AI 的快速普及，創作音樂不再是專業音樂人或錄音師的專利。如今，透過免費或開放試用的 AI 工具，我們可以「用打字代替彈奏」、「用描述取代樂理」，讓旋律、節奏與歌聲在幾秒內自動生成。這樣的改變，不僅大大降低了創作門檻，也為內容創作者、教育者、品牌經營者開啟了嶄新的音樂製作方式。

本章將以兩款代表性的免費 AI 音樂平台「Stable Audio」和「Suno」為主軸，帶你體驗從文字到聲音的創作過程：

- Stable Audio：由 Stability AI 推出，主打透過文字提示（prompt）生成「純背景音樂」，支援版權友善的商用輸出，適合製作短影音配樂、冥想音、廣告用背景音。
- Suno：強調「全歌曲」創作，從歌詞、旋律到 AI 演唱一次完成，可選語言、曲風、節奏與情緒，適合創作主題曲、迷因歌、個人音樂作品。

這些平台不僅能讓你快速生成音樂，還支援下載 MP3、編輯曲風、甚至建立個人作品集。無論你是沒有任何音樂背景的新手、想快速製作配樂的影片創作者，還是正在尋找數位音樂教學資源的老師，這些無料 AI 工具都將是你創作旅程中的絕佳助手。

16-1　AI 音樂 Stable Audio

Stable Audio 是 Stability AI 於 2023 年 9 月推出的文字轉音樂 AI 模型，可以根據用戶輸入的文字描述生成高品質的 44.1 kHz 立體聲音樂或音效。

Stable Audio 使用了一種潛在擴散聲音模型，該模型是透過來自 AudioSparx 的 80 萬個聲音檔訓練而成，涵蓋音樂、音效、各種樂器，以及相對應的文字描述等，總長超過 1.9 萬個小時。

Stable Audio 與 Stable Diffusion 一樣，都是用擴散的生成模型，Stability AI 指出，一般的聲音擴散模型通常是在較長聲音檔案中隨機裁剪的聲音區塊進行訓練，可能導致所生成的音樂缺乏頭尾，但 Stable Audio 架構同時用文字，以及聲音檔案的持續及開始時間，而讓該模型得以控制所生成聲音的內容與長度。

Stable Audio 允許用戶輸入多種描述，包括：

- 音樂風格：例如古典、爵士、搖滾、流行等

- 樂器：例如鋼琴、吉他、小提琴、鼓等
- 節奏：例如快板、慢板、四四拍、三三拍等
- 情緒：例如歡樂、悲傷、激動、平靜等

Stable Audio 還提供了一些預設的音樂庫描述，例如：

- 進步性迷幻音樂 (Progressive Trance)
- 振奮音樂 (Upbeat)
- 合成器流行音樂 (Synthpop)
- 史詩搖滾 (Epic Rock)

Stable Audio 提供 4 個版本，對於非專業公司員工建議從免費版開始，真的有需求則提升至 Pro 版，或是更高階版本，每首音樂最長皆是 3 分鐘。

Free	Pro	Studio	Max
免費	每月 11.99 美元	每月 29.99 美元	每月 89.99 元
每月最多 10 點	每月最多 250 點	每月最多 675 點	每月最多 2250 點
曲目最長 3 分鐘	曲目最長 3 分鐘	曲目最長 3 分鐘	曲目最長 3 分鐘
每月上傳量 3 分鐘 每段音頻裁剪 30 秒	每月上傳量 30 分鐘 每段音頻裁剪 3 分鐘	每月上傳量 60 分鐘 每段音頻裁剪 3 分鐘	每月上傳量 90 分鐘 每段音頻裁剪 3 分鐘
個人版權	建立單位版權	建立單位版權	建立單位版權

註 所謂上傳量，是指 Stable Audio 可以用音樂生成音樂。

Stable Audio 可以用於以下場景：

- 音樂創作：Stable Audio 可以幫助音樂創作者快速生成音樂素材，以作為創作靈感或參考。
- 音樂教育：Stable Audio 可以幫助音樂教育工作者向學生展示不同風格和流派的音樂。
- 音樂娛樂：Stable Audio 可以幫助用戶製作個性化的音樂或音效，用於遊戲、影片或其他娛樂目的。

Stable Audio 是一項具有潛力的技術，可以為音樂創作、教育和娛樂帶來新的可能性。

第 16 章　AI 音樂與歌曲創作 – Stable Audio & Suno

16-1-1　進入此網站

可以使用下列網址，進入 Stable Audio 網站。

　https://www.stableaudio.com/

然後可以看到下列畫面。

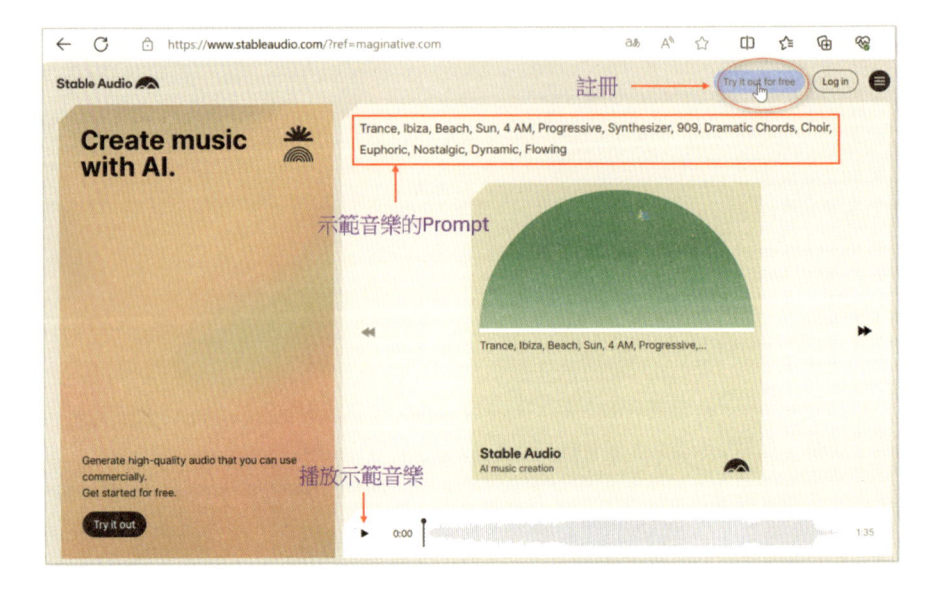

點選 Try it out for free 鈕註冊後，可以進入下列畫面。

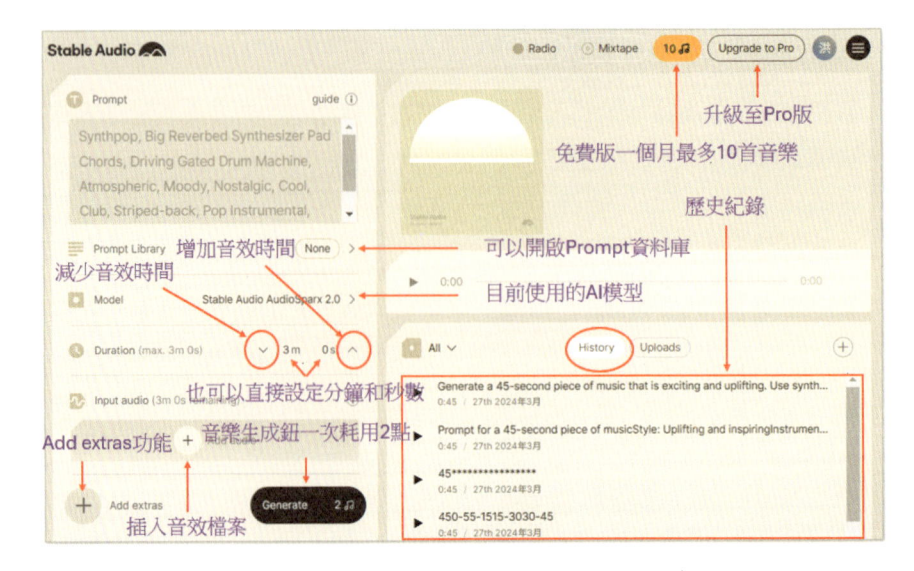

16-4

16-1-2 認識音樂資料庫 Prompt Library

如果點選 Prompt Library 右邊的圖示 `Prompt Library   None`，可以看到系列音樂資料庫，進步性迷幻音樂 (Progressive Trance)、振奮音樂 (Upbeat)、合成器流行音樂 (Synthpop)、史詩搖滾 (Epic Rock)、環境音樂 (Ambient)、溫暖音樂 (Warm)，讀者往下捲動可以看到更多音樂類型。例如：放鬆嘻哈 (Chillhop)、鼓獨奏 (Drum Solo)、Disco、現代音樂 (Modern)、平靜音樂 (Calm)、浩室音樂 (House，這是起源於 1980 年代美國芝加哥的音樂風格)、經典搖滾 (Class Rock)、迷幻嘻哈 (Trip Hop)、新世紀音樂 (New Age)、流行音樂 (Hop)、科技舞曲 (Techno)、讓我驚喜音樂 (Surprise me)。

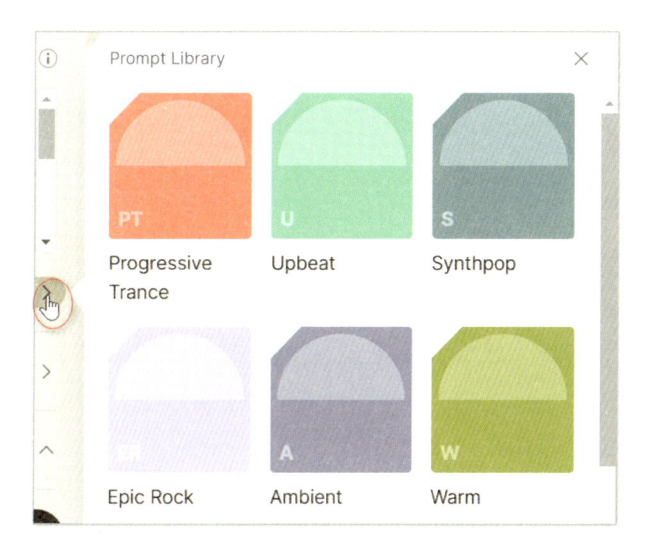

讀者可以點選音樂庫，了解提示 (Prompt) 內容，例如：點選 Progressive Trance (進步性迷幻音樂)，將看到下列內容：

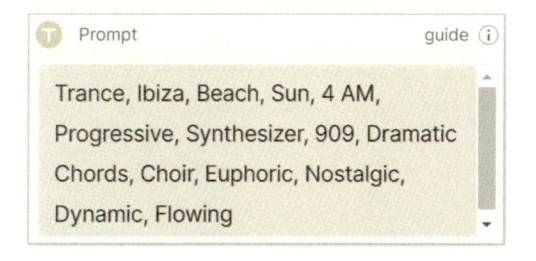

> Prompt   guide
>
> Trance, Ibiza, Beach, Sun, 4 AM, Progressive, Synthesizer, 909, Dramatic Chords, Choir, Euphoric, Nostalgic, Dynamic, Flowing

上述 Prompt 的中文意義是：迷幻音樂，伊維薩島，海灘，太陽，凌晨 4 點，進步的，合成器，909，戲劇性和弦，合唱團，狂喜的，懷舊的，動態的，流暢的。

❑ 音樂名詞解釋 - Ibiza(伊維薩島)

在音樂領域，「伊維薩島（Ibiza）」通常與電子舞曲（EDM）文化密切相關。伊維薩是西班牙的一個島嶼，全球知名作為電子音樂和派對文化的中心之一。自 1980 年代以來，伊維薩就因其夜生活、世界級的夜店和夏季電子音樂節而聞名於世。

伊維薩島吸引了來自全球的 DJ 和音樂製作人，在這裡舉辦他們的表演和派對，從而推廣了浩室音樂（House）、Techno、Trance 等多種電子音樂風格。對於很多人來說，伊維薩不僅僅是一個地點，它象徵著自由、慶祝和音樂創新的精神。因此，當提到伊維薩島時，往往與電子舞曲的樂迷和節慶文化的熱情氛圍聯繫在一起。

❑ 音樂名詞解釋 - Dynamic(動態的)

在音樂領域，「Dynamic（動態）」指的是音樂中聲音強度的變化，包括音量的變化和表達的強度。它是音樂表達中的一個重要元素，用來傳達情感、強調樂句或是創建音樂的張力和解決。

動態標記在樂譜中以特定的符號表示，從 pp（pianissimo，非常輕柔）到 ff（fortissimo，非常響亮）不等，涵蓋了從非常輕微到非常強烈的一系列音量級別。除了這些基本動態標記之外，還有如 crescendo（逐漸變強）和 decrescendo（逐漸變弱）這樣的漸變標記，它們指示音樂從一個動態級別平滑過渡到另一個級別。

動態不僅限於古典音樂。在爵士樂、搖滾樂、流行音樂和其他類型的音樂中，動態的變化同樣是表達情感和維持聽眾興趣的關鍵手段。它可以用來增加音樂的戲劇性，或是創造出放鬆和安靜的氛圍，使音樂作品更加豐富和有層次感。

❑ 音樂名詞解釋 - Flowing(流暢的)

在音樂領域，「Flowing(流暢的)」一詞通常用來形容音樂的流暢性、連貫性或是自然流動的感覺。這個詞描述了一種音樂表達方式，其中旋律、節奏和和聲似乎無縫地串聯在一起，創造出一種持續不斷且平滑的聽覺體驗。在不同音樂風格中，「Flowing」可以有不同的體現：

- 在古典音樂中：它可能指某一段旋律的平滑過渡和展開，讓聽者感到一種流動的美感。
- 在爵士樂或即興音樂中：「Flowing」可以指演奏者如何流暢地導航音樂結構，創造出自然而又連續的音樂線條。

- 在電子音樂或環境音樂中：它通常指音樂的氛圍如何平滑地維持和轉變，給聽者帶來沉浸式的聽覺體驗。

總的來說，「Flowing」強調的是音樂如何以流暢、自然的方式流動，給聽者帶來和諧與美的感受。這種特質在各種音樂作品中都非常受到重視，因為它有助於維持音樂的凝聚力和表達力。

16-1-3 Stable Audio 的 Prompt 描述注意事項

在撰寫 Stable Audio 的 Prompt 時，可以注意以下幾點：

❏ 描述要盡可能具體

Stable Audio 可以根據用戶輸入的文字描述生成音樂，因此描述要盡可能具體，以便模型能夠生成符合用戶預期的音樂。例如，可以指定音樂的風格、樂器、節奏、情緒等。以下是一個具體的描述示實例：

「生成一首 45 秒長的古典音樂，使用鋼琴和小提琴作為主要樂器，節奏為四四拍，情緒為歡樂。」

> 註 在音樂中，四四拍是一種常見的節拍，每小節有四拍，每拍以四分音符為一拍。四四拍的強弱規律為：強、弱、次強、弱。四四拍可以用來表示各種風格的音樂，包括古典、爵士、流行、搖滾等。四四拍具有以下特點：
>
> - 節奏穩健，具有力量感。
> - 具有進行曲、行軍曲等音樂的風格。
> - 適合表現激動、昂揚的情緒。
>
> 常見的應用場景如下：
>
> - 進行曲、行軍曲：四四拍是進行曲、行軍曲的常用節拍。
> - 搖滾樂：四四拍是搖滾樂的常用節拍，可以用來營造激動、澎湃的氛圍。
> - 流行音樂：四四拍也是流行音樂的常用節拍，可以用來表現各種情感。
> - 電影配樂：四四拍可以用於營造緊張、刺激的氛圍。

第 16 章　AI 音樂與歌曲創作 – Stable Audio & Suno

❑ 使用多種描述

Stable Audio 支持多種描述，因此可以嘗試使用多種描述來生成不同的音樂效果。例如，可以指定不同的音樂風格、樂器、節奏、情緒等。以下是一個使用多種描述的實例：

「生成一首 45 秒長的音樂，前半部分為搖滾風格，使用電吉他作為主要樂器，節奏為四四拍，情緒為激動；後半部分為爵士風格，使用鋼琴作為主要樂器，節奏為三三拍，情緒為平靜。」

註　在音樂中，三三拍是一種常見的節拍，每小節有三拍，每拍以四分音符為一拍。三三拍的強弱規律為：強、弱、弱。三三拍可以用來表示各種風格的音樂，包括古典、爵士、流行、搖滾等。三三拍具有以下特點：

● 節奏流暢，具有律動感。
● 具有圓舞曲、華爾茲等舞蹈音樂的風格。
● 適合表現歡快、優美的情緒。

三三拍在音樂中應用廣泛，常用於以下場景：

● 舞蹈音樂：三三拍是華爾茲、圓舞曲等舞蹈音樂的常用節拍。
● 抒情歌曲：三三拍適合表現歡快、優美的情緒，因此常用於抒情歌曲的創作。
● 電影配樂：三三拍可以用於營造浪漫、溫馨的氛圍。

16-1-4　建立音樂 – 以科技公司為實例

Stable Audio 的 Prompt 支援多語言輸入，包含中文，這可以省下我們讓 ChatGPT 翻譯中文描述為英文的時間。

以下是為發表全球最先進的「太陽能衛星手機」的科技公司為主題，建立的 Prompt 實例：

「生成一首 45 秒長的音樂，風格為激動、昂揚，使用合成器、弦樂和打擊樂作為主要樂器，節奏為四四拍，情緒為振奮。

音樂的開頭可以使用合成器演奏一段明亮、激動的旋律，然後加入弦樂，使音樂更加豐滿。在音樂的中間部分，可以使用打擊樂增加音樂的力度和律動感。音樂的結尾可以使用強烈的節奏和音色，營造高潮。

16-1　AI 音樂 Stable Audio

　　經過測試，目前 Stable Audio 對於英文的理解能力比較好，建議用 ChatGPT 轉成英文。上述 Prompt 轉成英文後，內容如下：

Generate a 45-second-long piece of music with an energetic and uplifting style. The primary instruments should include synthesizers, strings, and percussion. The rhythm should follow a 4/4 time signature, and the overall mood should be exhilarating.

The music should begin with a bright and exciting melody played by the synthesizer, followed by the addition of strings to enrich the sound. In the middle section, percussion should be introduced to enhance the intensity and rhythmic drive. The ending should feature a strong rhythm and powerful sounds to create a climactic finish.

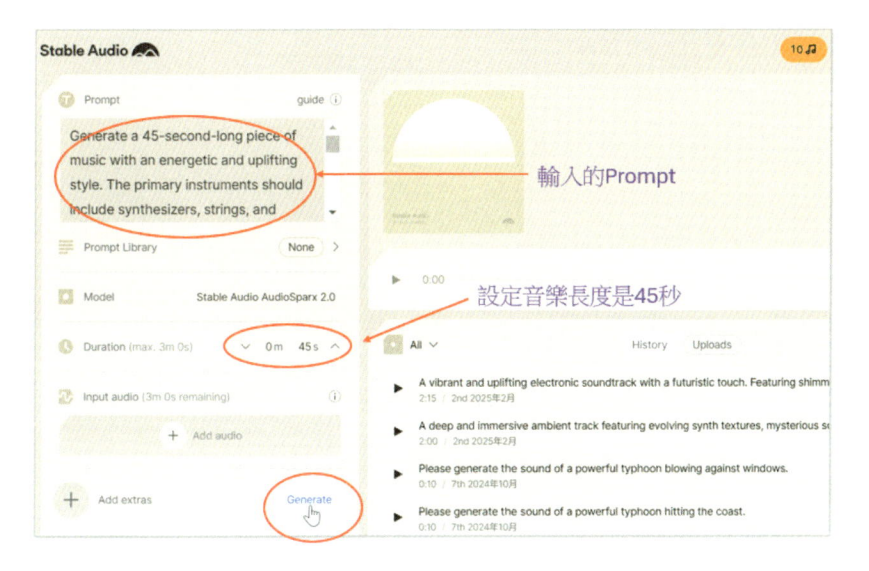

　　請將上述內容複製到 Stable Audio 的 Prompt 區，可以看到下列畫面：

　　按 Generate 鈕後，可以得到下列結果。

16-9

第 16 章　AI 音樂與歌曲創作 – Stable Audio & Suno

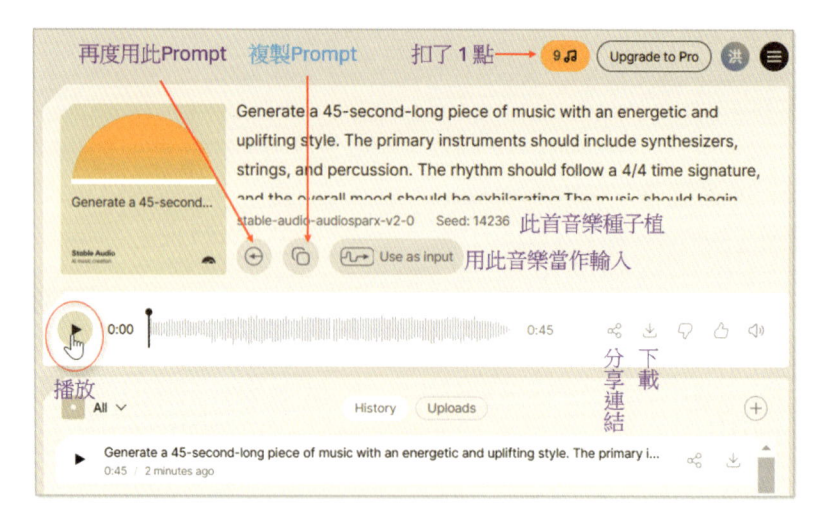

上述 Prompt 具有以下特點：

- **風格**：激動、昂揚
- **樂器**：合成器、弦樂、打擊樂
- **節奏**：四四拍
- **情緒**：振奮

您可以根據自己的需求和喜好，對這個 Prompt 進行調整。例如，您可以修改音樂的結構、節奏、音色等。

❏ 分享連結

點選分享連結圖示 ，可以看到下列對話方塊：

16-10

上述點選 Generate link 鈕後，可以得到連結網址。

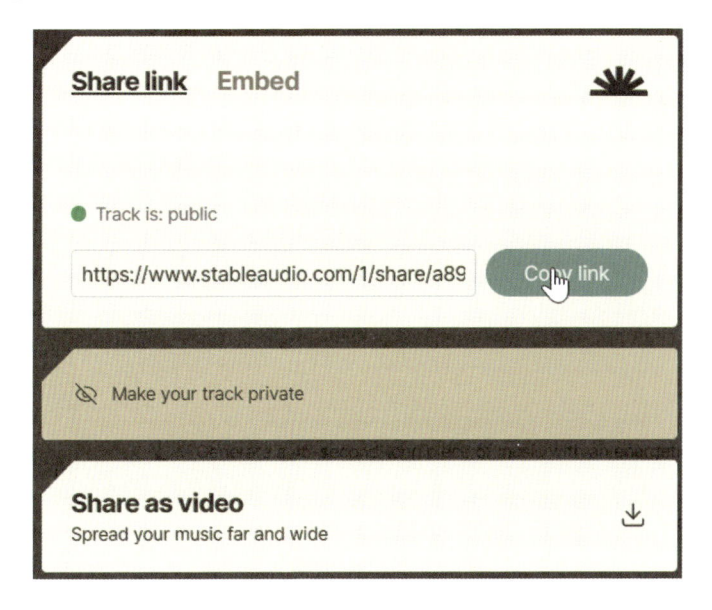

上述讀者點選 Copy link 鈕，可以複製連結。此連結網址已經儲存在讀者資源的 ch16.txt 路徑，讀者可以複製貼到瀏覽器，得到下列結果。

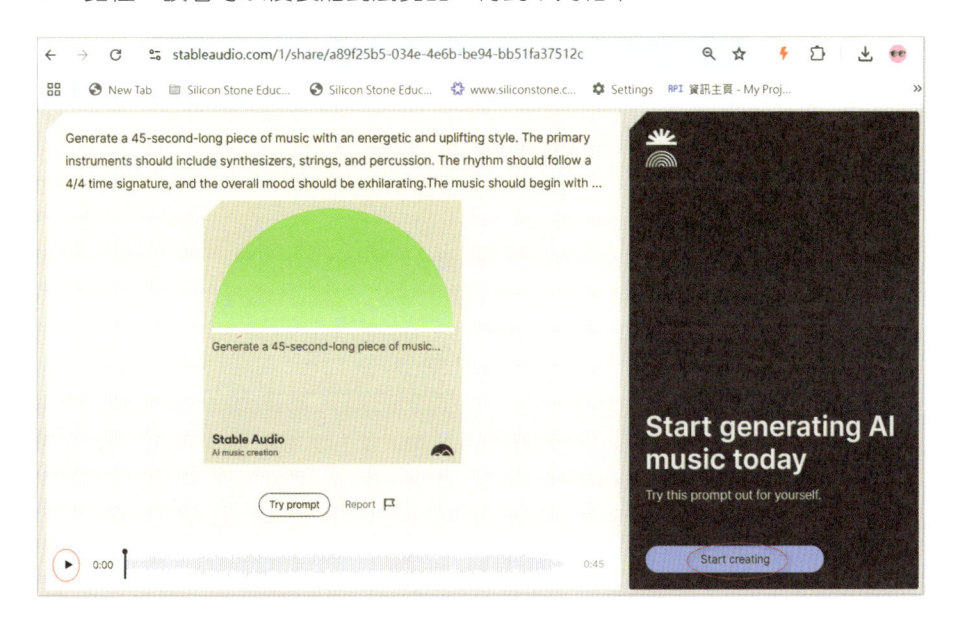

讀者可以播放此音樂，也可以點選 Start creating 鈕用此 Prompt 生成音樂。

第 16 章　AI 音樂與歌曲創作 – Stable Audio & Suno

❏　下載

　　點選下載圖示 ⤓ 後，可以看到下列對話方塊，可選擇下載方式，專業版才可以有 WAV 選項。

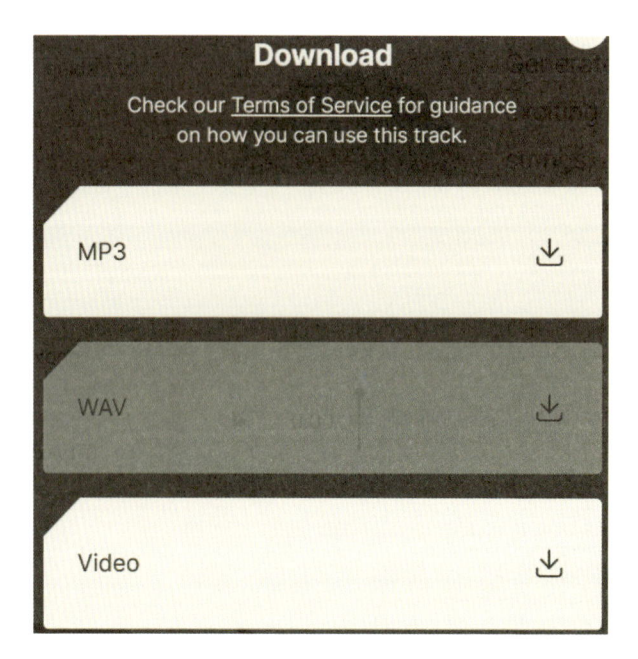

16-2　AI 歌曲創作 Suno 音樂平台

　　Suno 官網的首頁這樣描述「Suno 正在打造一個任何人都能製作出精彩音樂的未來。無論你是淋浴時的歌手，還是排行榜上的藝術家，我們打破你與你夢想中的歌曲之間的障礙。不需要樂器，只需要想像力。從你的思緒到音樂。」。

　　Suno 的使用非常簡單。用戶只需輸入他們想要創建的音樂風格和歌詞，Suno 就可以幫助他們創作一首歌。此外，Suno 還提供各種創意工具，可讓用戶自定義他們的音樂。Suno 仍在開發中，但已經取得了一些令人印象深刻的成果。目前已被用來創作各種各樣的音樂作品，包括歌曲、配樂和電子音樂。

　　Suno 的優點包括：

- 易於使用：Suno 的使用非常簡單，即使是沒有音樂經驗的人也可以使用。

16-2　AI 歌曲創作 Suno 音樂平台

- 功能強大：Suno 能夠生成各種各樣的音樂風格，並提供各種創意工具。
- 免費：Suno 是完全免費的。

Suno 的缺點包括：

- 音質可能不如專業的音樂製作人創建的音樂。
- 生成的音樂可能具有重複性。

總體而言，Suno 是一款有趣而強大的工具，可以幫助任何人創作原創音樂，接下來各小節就是說明此軟體使用方式。

16-2-1　進入 Suno 網站與註冊

我們可以使用「https://suno.com」進入網頁，進入網頁後可以看到下列畫面：

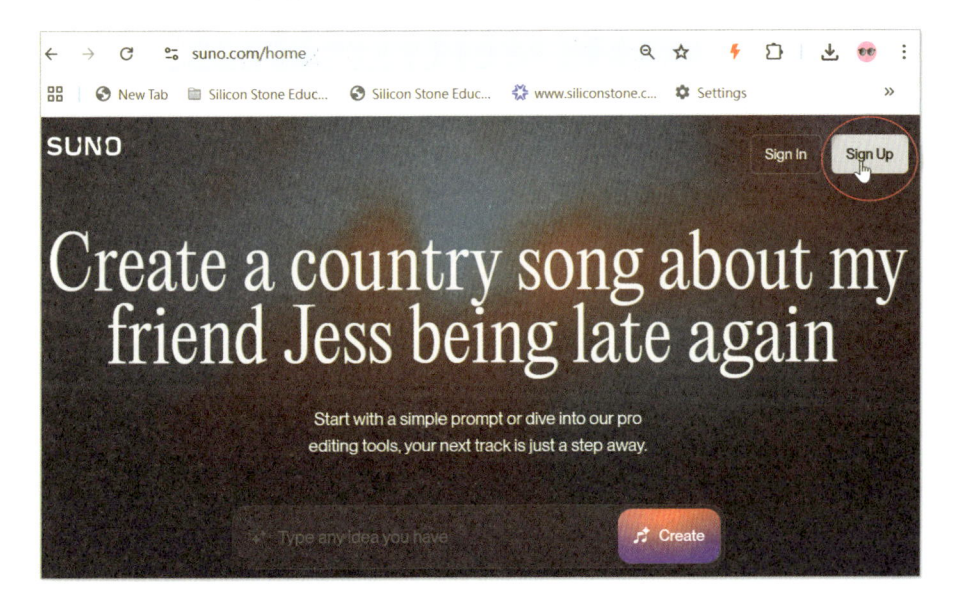

上述將看到：

- Sign In：登入，適用有帳號的情況。
- Sign Up：註冊，適用沒有帳號的情況。

如果是第一次使用，需要註冊請點選 Sign Up 鈕，最好的方式是用 Google 帳號註冊，成功後將進入 Suno 官方畫面。

16-13

16-2-2　Suno 官方網頁

在官方網頁左邊是功能選單欄位，可以參考下圖。

幾個重要項目如下：

- Home：可以看到這個月的熱門歌曲，往下捲動或是點選適當圖示，接可以看到更多熱門歌曲內容。
- Create：可以進入創作歌曲欄位。
- Library：自己創作的歌曲庫、播放列表 (Playlist) … 等。
- Explore：找尋新的音樂風格。
- Search：可以搜尋歌曲和其他用戶。
- Invite Friends：複製連結邀請朋友加入，只要你的朋友加入和創作 10 首歌曲，你們皆可以獲得 250 免費點數，一個人最多可以獲得 2500 點數。
- 550 點數：這是目前用戶的免費點數。

16-2-3　創作歌曲 – 自訂（Custom）模式

請點選左側欄位的 Create 項目。

可以進入創作環境，在此環境主要可以選擇是否啟用 Custom（自訂模式），下方左圖是沒有啟用（用預設模式），下方右圖是有啟用。

在 AI 應用中使用 Suno AI 創作歌曲時，啟用 Custom（自訂模式）與未啟用 Custom 的差異主要差異在創作自由度、品牌一致性和音樂品質這幾個方面。以下是兩者的對比分析：

❑ **未啟用 Custom（預設模式）**

優點：

- 更快速創作：適合短時間內產生音樂，如社群媒體貼文背景音樂、短影片 BGM（TikTok、Instagram Reels、YouTube Shorts）。
- 更簡單且容易操作：不需調整太多細節，讓 AI 自動生成歌曲，適合一般內容創作者快速產出音樂。

缺點：

- 缺乏品牌特色：由於是 AI 自動生成，可能與其他 AI 生成歌曲相似，難以形成品牌辨識度。
- 無法完全控制細節：旋律、編曲風格可能不完全符合需求，可能需要透過其他 AI 編曲或後製來微調。

啟用 Custom（自訂模式）

優點：

- 更符合風格與需求
  - 可根據特定聲音（Brand Sound）或策略調整音樂，例如指定旋律、編曲風格、節奏、樂器等。
  - 適合企業品牌、產品推廣、廣告 jingles，確保音樂與品牌形象一致。
- 更具獨特性和差異化：使用者可以自訂歌詞、曲風，甚至微調 AI 生成的結果，使其更加獨特，避免與其他 AI 生成音樂雷同。
- 更適合高端行銷需求：若要用於商業廣告、品牌 MV、YouTube 廣告、企業宣傳片，自訂模式可以確保音樂與視覺內容更加契合，提升專業感。

缺點：

- 可能需要較多時間調整、測試和微調 AI 生成的內容，尤其是對 AI 生成的旋律、節奏不滿意時，需要反覆修改。

適用場景比較

使用情境	啟用 Custom（自訂）	未啟用 Custom（預設）
品牌廣告	適合，能打造品牌專屬音樂	可能缺乏品牌一致性
YouTube 內容	可打造專屬風格的 BGM	快速產生背景音樂
TikTok / IG Reels 短影音	若需要高辨識度音樂	快速生成短影音 BGM
Podcast 片頭 / 片尾音樂	可調整為品牌調性	可能與其他音樂相似
產品宣傳 MV	需要符合品牌氛圍	無法精準控制風格
內部使用（如企業內部培訓、簡報）	過於細化需求	預設即可滿足需求

16-2-4 預設創作模式 - 創作深智公司 6 週年的歌曲

創作環境

在此模式下，可以看到下列創作環境：

16-2 AI 歌曲創作 Suno 音樂平台

上述幾個與創作有關的欄位，說明如下：

- Upload Audio：參考音樂（Reference Track），你可以上傳一段音樂，讓 AI 參考該音樂的風格、旋律、節奏來生成類似風格的新歌曲。如果沒有上傳，則 Suno 會根據 Song description 的描述生成歌曲。
- v4：這是目前最新版的歌曲生成，讀者也可以點選先前版本。
- Classic lyrics model：這是一種用於生成歌詞的 AI 模型。該模型根據您提供的提示或描述，創作出相應的歌詞內容，這是預設。你也可以點選此，選擇 Remi 模式，這是 Suno 最新、最具創意的模型，但是可能會生成某些人認為具有冒犯性的內容。

❏ 創作深智公司 6 週年的歌曲

請輸入「深智數位是一家 AI 書籍的出版社，請為公司 6 週年慶創作一首歌曲」。

16-17

第 16 章　AI 音樂與歌曲創作 – Stable Audio & Suno

請點選 Create 鈕，可以正式創作歌曲。一會兒，可以得到下列結果，每次會生成 2 首曲目。

可以點選 播放 鈕，可以聆聽歌曲，請參考上圖。如果點選歌曲名稱，可以參考下圖：

然後將進入此歌曲完整播放畫面：

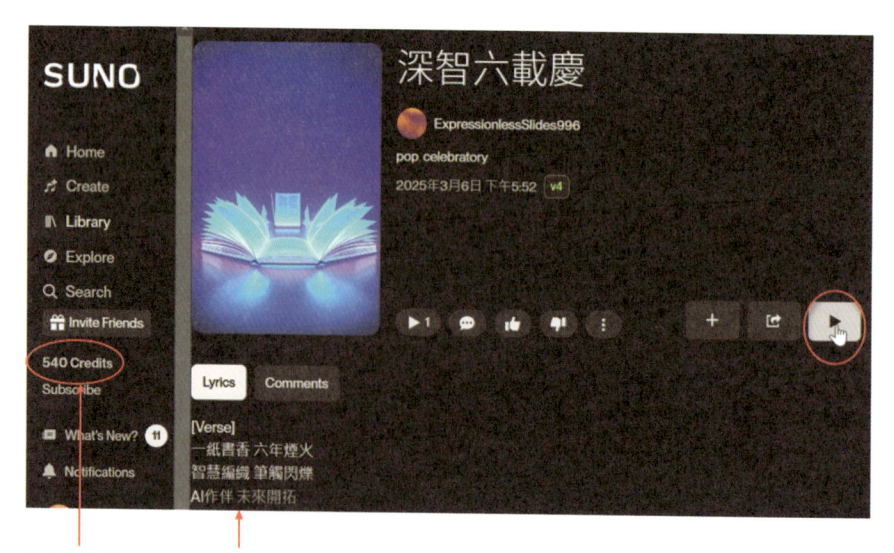

剩餘點數　　歌詞內容

16-18

下方可以看到歌曲的完整畫面，往下捲動畫面可以看到完整歌詞。上述也可以點選播放鈕，播放此歌曲。

16-2-5　認識 Suno 創作歌曲的結構

前一小節讀者看到完整的歌詞後，每一段歌詞上方有英文名詞。例如：可以看到 Verse、Verse 2、Chorus、Verse 4、Bridge 和 Chorus 等。

在 Suno 等音樂創作軟體中，歌曲被分割成不同的段落，每個段落都有特定的名稱，代表著不同的音樂結構和功能。以下我們來分別解析這些名稱：

- Verse (段落)
    - 意義：歌曲的主體部分，通常用來敘述故事、表達情感或傳達主題。
    - 特點：旋律相對簡單、節奏較為穩定，歌詞內容較為豐富。
    - 功能：建立歌曲的基礎，承載歌曲的主要訊息。
- Chorus (副歌)
    - 意義：歌曲中最抓耳、最容易記住的部分，通常是整首歌的高潮。
    - 特點：旋律較為強烈、節奏較為鮮明，歌詞內容重複性高，易於傳唱。
    - 功能：突出歌曲的主題，增加歌曲的記憶點。
- Bridge (橋段)
    - 意義：連接不同段落，為歌曲增加轉折和變化。
    - 特點：旋律、和聲、節奏等元素與其他段落有所不同，起到過渡的作用。
    - 功能：讓歌曲增加轉折，結構更加豐富，避免單調。
- Verse 2, Verse 3
    - 意義：第二段、第三段，與第一段 Verse 的結構和功能相似。
    - 特點：旋律可能會有變化，但整體風格保持一致。
    - 功能：延續歌曲的主題，進一步豐富歌曲內容。

這些段落名稱的意義總結：

- Verse：歌曲的主體，敘述故事。
- Chorus：歌曲的高潮，易於傳唱。

第 16 章　AI 音樂與歌曲創作 – Stable Audio & Suno

- Bridge：連接不同段落，增加變化。
- Verse 2, Verse 3：與 Verse 1 相似，但內容有所不同。

為什麼要分段？因為將歌曲分為不同的段落，可以讓歌曲的結構更加清晰，更容易被聽眾理解和記憶。不同的段落可以表達不同的情感、描繪不同的場景，讓歌曲更加豐富多彩。舉個例子：

「想像一首情歌，Verse 部分可能描述兩人相遇的場景，Chorus 部分表達對愛情的憧憬，Bridge 部分則描述失戀的痛苦。透過這樣的段落安排，歌曲就能完整地表達出一個故事。」

此外，在歌曲創作中會有 Outro(尾奏)，功能是旋律逐漸淡出，或者加入一些特殊的音效，營造出開放式的結尾。由於 Suno 創作的歌曲尾奏沒有歌詞，所以歌詞列表中不會看到尾奏。

16-2-6　自訂創作模式 – 創作「日夜咖啡酒館」的歌

❑ 認識自訂創作環境

當選擇創作 Create 功能後，如果啟用自訂 Custom 創作模式，將看到下列畫面，右邊是往下拖曳的畫面：

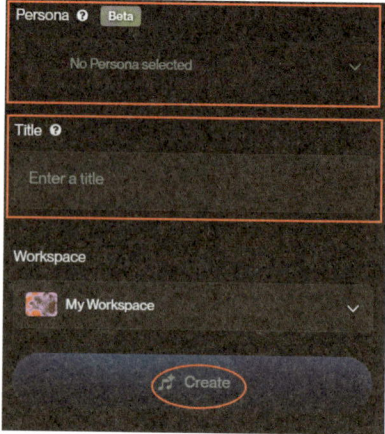

16-2 AI 歌曲創作 Suno 音樂平台

上述有 4 個欄位需要填寫，以更精確地控制歌曲的生成：

- Lyrics（歌詞）：您可以在此欄位輸入完整的歌詞內容，必須在 3000 個字元以內。若您希望 AI 自動生成歌詞，可點擊下方的「Full Song」或是「By Line」按鈕。
- Style of Music（音樂風格）：在此欄位指定歌曲的風格，例如「搖滾（Rock）」、「流行（Pop）」、「嘻哈（Hip-hop）」等。或是依據下方的選項鈕，選擇音樂風格。
- Title（歌曲名稱）：為您的歌曲輸入一個標題。
- Persona（人物設定）：這個是 Pro 和 Premier 版用戶專屬功能，AI 會根據選定的 Persona 來塑造歌曲的聲音與氛圍。

☐ **AI 給靈感創作歌曲**

假設讀者開了日夜咖啡酒館，我們可以讓 ChatGPT 為「日夜咖啡酒館」寫行銷文案，首先也可以請 ChatGPT 為我們的「日夜咖啡酒館」創作歌曲。

> 請為「日夜咖啡酒館」撰寫Suno用的歌詞、音樂風格、歌曲名稱，此咖啡酒館的特色是：
> 18:00以前銷售新鮮烘培咖啡，適合辦公洽談與閱讀
> 18:00以後銷售各類創意調酒，適合朋友或戀人聚會
> 慶祝開幕，本月銷售打8折
> 20:00後有鋼琴現場表演

> Suno AI 歌曲設定：日夜咖啡酒館
>
> 🎵 歌曲名稱（Title）
> ✨ 「日夜交響（Day & Night Symphony）」
>
> 🎼 音樂風格（Style of Music）
> 🎷 爵士融合流行（Jazz-Pop Fusion）
> ☀ 白天部分：溫暖輕爵士（Smooth Jazz），適合咖啡時光
> 🍸 夜晚部分：慵懶藍調與浪漫流行（Blues & Lounge Pop），配合調酒與鋼琴現場

16-21

第 16 章　AI 音樂與歌曲創作 – Stable Audio & Suno

🎤 Suno AI 歌詞（Lyrics）

（Verse 1 - 日間咖啡時光 ☕）
陽光輕灑在窗邊桌角
咖啡香伴著書頁翻動的味道
低語的交談 笑聲輕柔圍繞
這裡是讓夢想起航的港口

（Pre-Chorus）
一杯溫暖 滑過指尖
靈感隨著蒸氣輕輕盤旋
時間靜止在這瞬間
在日夜交錯的這一間

（Chorus）
白天 是咖啡香的畫卷
夜晚 是琴聲醉人的瞬間
從日到夜 讓心自由旋轉
這裡是 日夜咖啡酒館

（Verse 2 - 夜晚調酒時刻 🍸）
星光點亮微醺的眼眸
玻璃杯裡映出微笑的輪廓
調酒師輕輕轉動色彩
夜晚的節奏隨著鋼琴搖擺

（Bridge）
✨ 20:00 後 鋼琴響起
✨ 旋律輕敲 夜色降臨
✨ 慶祝開幕 八折驚喜
✨ 微醺之間 讓心靈相依

（Final Chorus）
白天 是咖啡香的畫卷
夜晚 是琴聲醉人的瞬間
從日到夜 讓心自由旋轉
這裡是 日夜咖啡酒館

❏ 創作「日夜咖啡酒館」的歌

筆者分別在 Lyrics（歌詞）、Style of Music（音樂風格）和 Title（歌曲名稱）欄位輸入先前 ChatGPT 生成的資料。

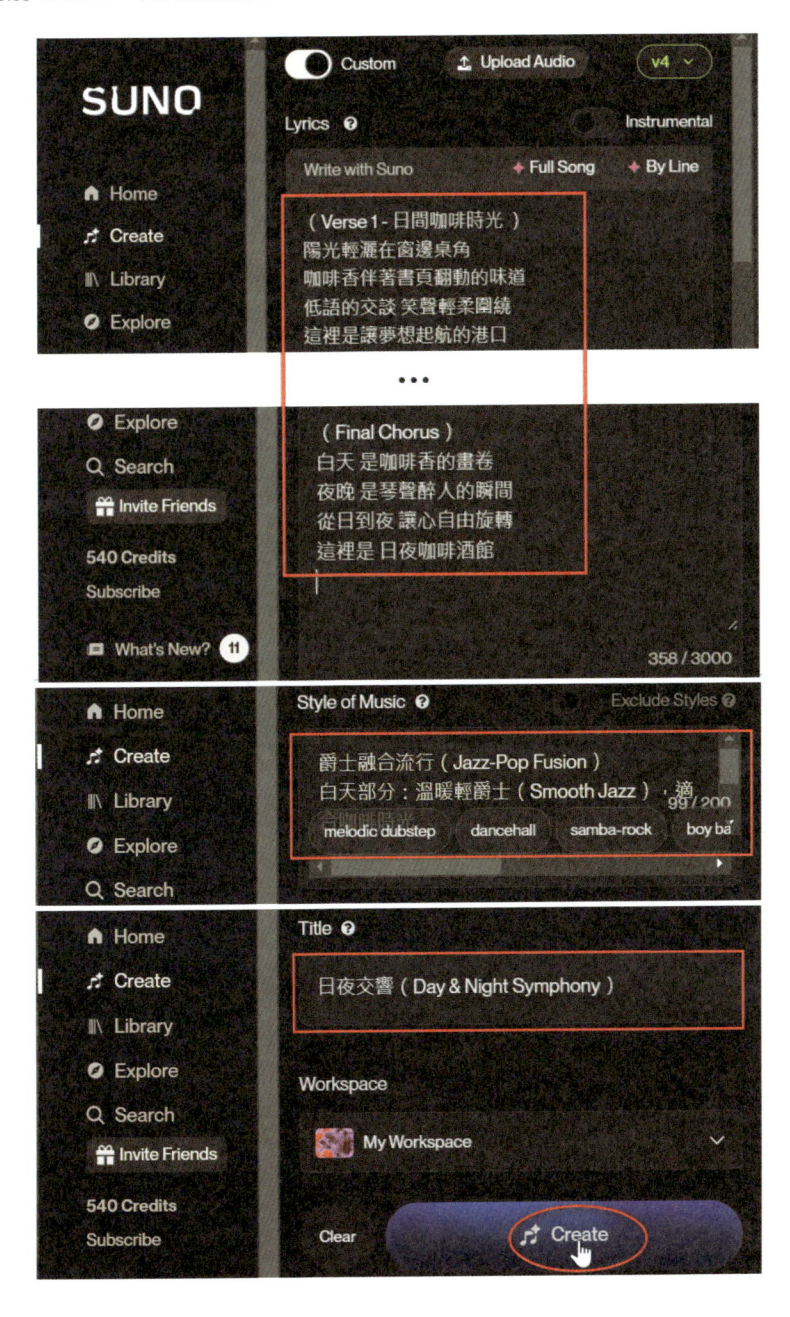

（Verse 1 - 日間咖啡時光）
陽光輕灑在窗邊桌角
咖啡香伴著書頁翻動的味道
低語的交談 笑聲輕柔圍繞
這裡是讓夢想起航的港口

...

（Final Chorus）
白天 是咖啡香的畫卷
夜晚 是琴聲醉人的瞬間
從日到夜 讓心自由旋轉
這裡是 日夜咖啡酒館

358 / 3000

Style of Music

爵士融合流行（Jazz-Pop Fusion）
白天部分：溫暖輕爵士（Smooth Jazz），適
99 / 200

melodic dubstep　dancehall　samba-rock　boy ba

Title

日夜交響（Day & Night Symphony）

第 16 章　AI 音樂與歌曲創作 – Stable Audio & Suno

按 Create 鈕後，可以得到下列生成 2 首歌曲的結果。

上述可以點選播放鈕，直接播放。也可以點選歌曲名稱，進入完整歌曲播放畫面。

16-2-7　下載歌曲或是分享歌曲連結

在播放歌曲畫面有圖示 ⋮，點選此圖示，可以下載（Download）歌曲或是分享（Share）歌曲連結：

❑ **Share**

- Copy Link：可以複製連結。
- Share to …：可以分享至 Facebook、LinkedIn … 或是 Email。

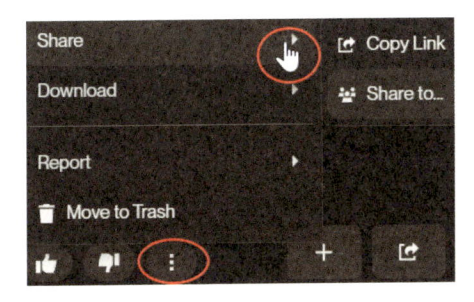

16-2　AI 歌曲創作 Suno 音樂平台

本書 ch16.txt 路徑有此首歌曲的連結。

❑ **Download**

- MP3 Audio：可以生成 MP3 聲音檔案。
- Video：可以生成 MP4 影片檔案。
- Regenerate Video：只有 Pro 版本才可以使用，當你使用 Suno 創作歌曲時，系統通常會自動生成一個搭配音樂的影片。如果對原本的影片不滿意，點擊 Regenerate Video，Suno 會根據相同的音樂和內容重新產生一個新的影片版本，可能會更換視覺風格或動畫效果。

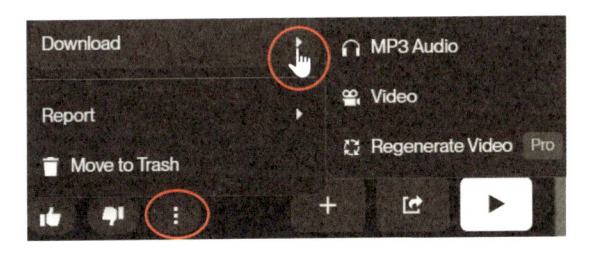

16-2-8　編輯歌曲 Edit/Song Details

點選圖示 時，也可以執行 Edit/Song Details 指令，編輯歌曲的標題、歌詞和圖示：

16-25

第 16 章　AI 音樂與歌曲創作 – Stable Audio & Suno

執行後將看到下列對話方塊：

- Title：可以在此更改歌曲名稱。
- Add New Image：可以更改歌曲圖示。
- Displayed Lyrics：可以在此更改歌詞。

上述有更改後，請點選 Submit 鈕，即可執行修改。

第 17 章

AI 視覺創作與變臉 - Dzine

17-1　認識 Dzine

17-2　進入與認識 Dzine 環境

17-3　AI 工具

17-4　Image-to-Image（圖生圖）

17-5　Consistent Character（一致角色生成）

17-6　Face Swap（變臉）

17-7　Dzine 工具列與 Remove Background（圖像去背）

第 17 章　AI 視覺創作與變臉 - Dzine

17-1 認識 Dzine

Dzine（前稱 Stylar AI）是一款功能強大的 AI 圖像生成和編輯平台，旨在為各級設計師提供直觀且高效的設計體驗。

❑ **主要特色**

- 高度可控的圖像構圖：Dzine 提供精細的分層系統，使用者可以精確地操控圖像元素，透過拖放功能直觀地安排設計，輕鬆創建複雜的作品。
- 預設風格庫：內建多種預設風格，使用者無需複雜的提示即可應用於設計中，快速產出專業外觀的圖像。
- 先進的編輯工具：包括 AI 照片濾鏡、物件移除、背景去除等功能，能解決 AI 生成圖像中常見的問題，確保高品質的輸出。
- 生成式填充（Generative Fill）：透過 AI 技術，使用者可以輕鬆在圖像中添加或修改內容，只需簡單的文字描述即可實現所需效果。

❑ **適用場景**

- 專業設計師：希望簡化工作流程，快速完成高品質設計項目。
- 設計初學者：直觀的界面和強大功能，幫助新手學習設計基礎，培養創意信心。
- 行銷團隊：快速生成吸引人的視覺效果，確保行銷材料保持新鮮和相關性。
- 內容創作者：為 FB、社交媒體或宣傳材料創建獨特圖像，增強品牌的線上存在感。

總而言之，Dzine 是一款集圖像生成與編輯於一體的 AI 設計工具，適合各種技能水平的使用者，助力創作高品質的視覺內容。

17-2 進入與認識 Dzine 環境

17-2-1 進入 Dzine

讀者可以用下列網址進入 Dzine。

https://www.dzine.ai

17-2　進入與認識 Dzine 環境

將可以進入 Dzine 官方首頁。

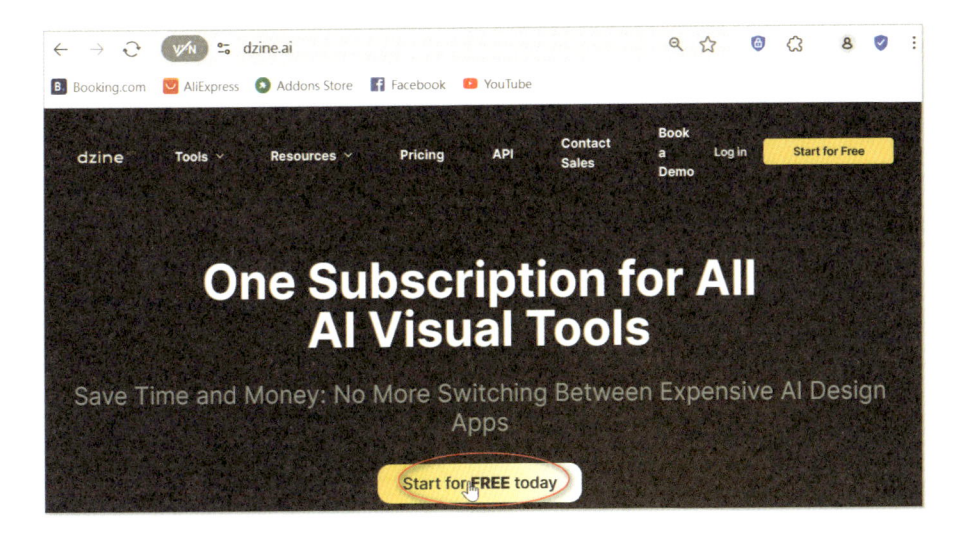

請點選 Start for FREE today 或 Start for Free 鈕，接著會需要註冊，完成後可以進入 Dzine 的創作環境。

17-2-2　認識 Dzine 環境

進入 Dzine 環境後，將看到下列視窗畫面：

最新熱門功能

從圖像開始建立專案　　建立新專案　　我所建立的專案

17-3

第 17 章　AI 視覺創作與變臉 - Dzine

Dzine 的側邊欄整合了設計、管理、創作、技術與帳號資訊，是你打造 AI 圖像內容的控制中心。不論你是設計新手、創作者還是開發者，都能在這裡找到對應工具與入口。

❏ Home（首頁）

進入平台的主介面，也就是你的設計儀表板（Dashboard）。這裡會顯示你最近建立的專案、熱門工具推薦、最新平台更新與快速入口。適合用途：

- 回顧上次使用的進度。
- 快速開始一個新設計。
- 探索推薦模板或範例風格。

❏ Projects（專案管理）

這是你所有設計作品的資料庫。你可以看到你建立過的每個專案，包括圖片、草稿、生成紀錄、分層設計等。適合用途：

- 管理多個設計任務。
- 長期儲存設計素材與圖像版本。

❏ AiTools（AI 工具區）

這裡集結了 Dzine 提供的所有 AI 功能模組。包含：

- Text to Image：文字生成圖像（輸入提示詞即可生成風格圖片）。
- Generative FilAI：擴圖、補圖、修改圖像中部分區域。
- Style Transfer：將一張圖片的風格應用至另一張圖。
- Remove Background：去除背景，自動保留主體。
- Inpainting / Object Removal：移除物件並自動重建背景區域。
- Text to Graphic Design：將簡單文字描述轉為完整排版設計。

適合用途：

- 快速做圖。
- 對現有圖像進行修改、強化、重繪。

❏ **Asset（素材庫）**

你可以在這裡找到自己上傳或收藏的素材，包括圖片、設計模板、圖層元件、參考圖片等。

特色：

- 支援拖曳進畫布。
- 可分類管理素材（如背景、ICON、插畫）。
- 可將 AI 生成的圖片儲存再用。

適合用途：

- 重複使用素材、建立風格統一的品牌設計。
- 管理設計用元件庫。

❏ **API Pricing（API 價格方案）**

此區提供開發者或企業用戶查看與使用 Dzine 的 API 定價，讓你可以將 Dzine 的圖像生成能力整合到自己的 App、網站、平台。

❏ **Pricing（個人帳號方案與付費說明）**

這裡列出所有用戶的帳號等級與功能限制，包括：

方案	說明
Free（免費）	有次數與尺寸限制，適合體驗平台基本功能
Creator / Pro	提供更多生成次數、更高解析度、進階功能（如去背、高畫質匯出、私有項目等）
商業方案	可支援團隊協作、企業授權、白標整合等需求

這一章將針對幾個免費的功能做實例說明。

17-3 AI 工具

點選 Dzine 主視窗側邊欄位的 AI 工具圖示 後，可以進入下列 AI 工具視窗畫面：

第 17 章　AI 視覺創作與變臉 - Dzine

　　在上述工具中，如果上方有圖示 Premium ，表示需升級到「19.99/month」才可以使用。Dzine 的 AI 工具涵蓋「生成 × 編輯 × 增強 × 動畫化」四大類別，不論你是插畫師、品牌設計師、內容創作者或電商經營者，都能用這些工具打造快速又高質感的 AI 圖像作品。

17-3 AI 工具

❑ **Image-to-Image（圖生圖）**

根據一張圖片＋新提示詞，生成風格或構圖變化圖像。

- 用途：讓同一構圖產出多版本設計（如角色造型變換）。

❑ **Text-to-Image（文字轉圖片）**

輸入提示文字（Prompt），生成 AI 圖像。支援風格、尺寸與主題指定。

- 用途：創作插畫、封面、主視覺、概念草圖等。

❑ **Consistent Character（一致角色生成）**

透過文字或參考圖生成具有一致風格與特徵的角色圖像（不同姿勢或場景）。

- 用途：漫畫創作、故事人物設定、品牌角色設計。

❑ **Image-to-Video（圖片轉影片）**

將靜態圖像轉為動態影片，例如角色眨眼、轉頭或微動。

- 用途：社群動畫貼文、角色展示、AI 動畫腳本。

❑ **Lip-Sync（唇形對嘴動畫）**

讓 AI 角色圖片根據上傳語音或文字內容自動生成唇形同步動畫。

- 用途：虛擬偶像、角色對話影片、字幕配音教學。

❑ **Face Swap（變臉）**

將某人的臉部自然融合到另一張照片中，支援頭像合成與角色模擬。

- 用途：創意改圖、穿搭模擬、迷因製作。

❑ **Text-to-Video（文字轉影片）**

輸入文字描述，生成動態短片或故事式動畫（支援角色動作與場景）。

- 用途：AI 故事動畫、品牌故事影片、迷因短片。

❑ **Local Edit（局部編輯）**

在圖像中圈選區域進行局部更改，例如「換帽子」、「改背景牆顏色」。

- 用途：細節修圖、服裝替換、背景局部變化。

第 17 章　AI 視覺創作與變臉 - Dzine

- ❏ **Insert Object（插入物件）**

  在圖像中指定位置加入新的物件，例如插進一把吉他或一束花。

  - 用途：視覺補強、商業展示、創意合成。

- ❏ **AI Eraser（AI 擦除）**

  快速去除圖片中的不想要物件，AI 自動補齊背景。

  - 用途：去除雜物、水印、人群、電線、標誌等。

- ❏ **Expand（畫布擴展）**

  延展圖片邊緣，讓小圖變成大圖，內容自然延伸。

  - 用途：設計延展、橫幅製作、社群封面圖調整。

- ❏ **Enhance（增強清晰度）**

  提升圖片畫質與細節，去模糊、增銳利度。

  - 用途：模糊照修復、放大圖精修、老照片優化。

- ❏ **Product Background（商品背景設計）**

  自動將商品圖加入專業背景（如白底、電商場景、藝術風格等）。

  - 用途：商品照優化、快速製作電商圖片或行銷素材。

- ❏ **Image-to-3D（圖片轉 3D 模型）**

  將 2D 圖片轉為簡單 3D 外觀模型（可能為 beta 功能）。

  - 用途：產品展示、角色建模、動畫初稿。

- ❏ **Virtual Try-on（虛擬試穿）**

  將服飾穿在指定人物照片上，模擬穿搭效果。

  - 用途：時尚電商、形象照創作、社群趣味應用。

- ❏ **Vector Converter（圖片轉向量圖）**

  將點陣圖（JPG、PNG）轉為向量圖（SVG），支援放大不失真。

  - 用途：LOGO 重製、插圖轉印刷用途、商用圖庫建立。

❑ **Remove Background（去背）**

用來自動辨識圖片中的主體（人物、物品、動物等），並移除背景，讓你獲得乾淨的透明背景圖（PNG 格式）。

- 用途：商品圖製作、個人肖像處理。

❑ **Face Stylization（臉部風格化）**

將照片中的臉變成卡通風、插畫風、像素風等多種風格。

- 用途：頭像創作、角色插畫、個人品牌設計。

❑ **Portrait Enhance（人像強化）**

針對臉部細節進行自然修飾，包括膚質、亮度、眼神修正等。

- 用途：個人照、證件照、社群美化。

❑ **Face Repair（臉部修復）**

專為 AI 生成圖像或低解析度人像進行修補修復，讓五官更清晰、比例更正常。

- 用途：修復 AI 圖崩壞的臉、修整不自然五官。

❑ **Upscale（高畫質放大）**

將小圖放大為高解析度，同時保留細節與畫質。

- 用途：印刷用圖製作、網頁 Banner 提升、相片修復放大。

17-4 Image-to-Image（圖生圖）

這個工具可以讓你「上傳一張圖片，並透過提示詞（Prompt）生成相似構圖或風格延伸的新圖像」，同時保留原始圖的主題、構圖或角色特徵。它結合了參考圖像 + 新描述的創作方式，是風格一致性與創意變化的橋樑。

17-4-1 功能特色

其功能特色如下：

- 參考圖結合風格提示：利用原圖的內容結構，搭配提示詞重新生成。

第 17 章　AI 視覺創作與變臉 - Dzine

- 保持角色或構圖基礎：可生成相似姿勢、臉型、色調的圖像。
- 重複風格應用：適用於系列角色、海報多版、插畫場景延伸。
- 可輸入 Prompt 微調：例如改變服裝、背景、動作或表情等細節。

17-4-2　應用場景

此功能可以在下列場景應用：

- 角色圖延伸：用一張人物頭像生成多版本穿搭或情境。
- 插畫草圖潤飾：將草圖轉為細緻插畫或特定風格圖。
- 照片風格轉換：讓相片變成卡通、像素、賽博風、復古風。
- 空間 / 場景變化：改變圖片背景、加入新物件或情境敘事。
- 多版本社群貼文：同一主題多張變化圖，適合行銷或品牌內容。

17-4-3　風格轉換圖生圖實作

請點選左側欄位的 AI Tools 圖示 。請選擇 Image-to-Image。

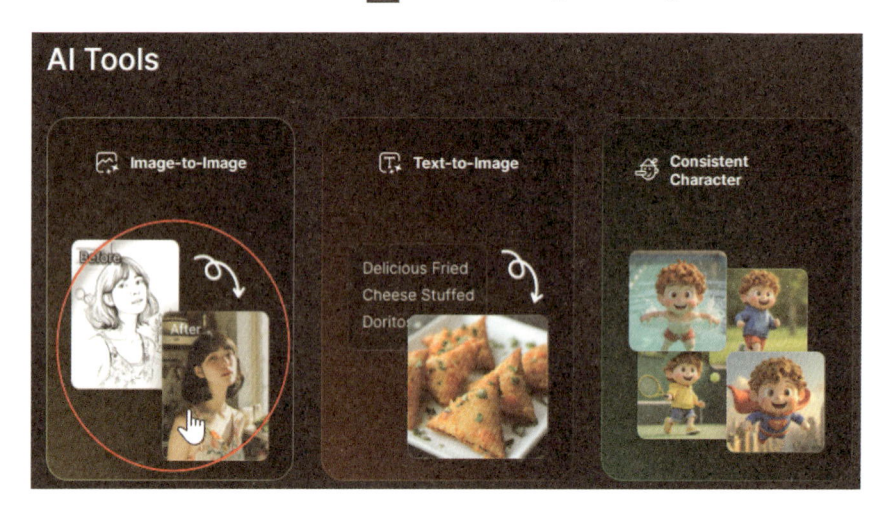

然後在類別中選擇 Flamenco Dance（佛朗明哥舞），請上傳 ch17 資料夾的 hung.jpg 檔案。註：Flamenco Dance 風格特色是「西班牙傳統藝術，風格鮮明、節奏強烈，是力量與優雅的完美結合」。

17-4 Image-to-Image（圖生圖）

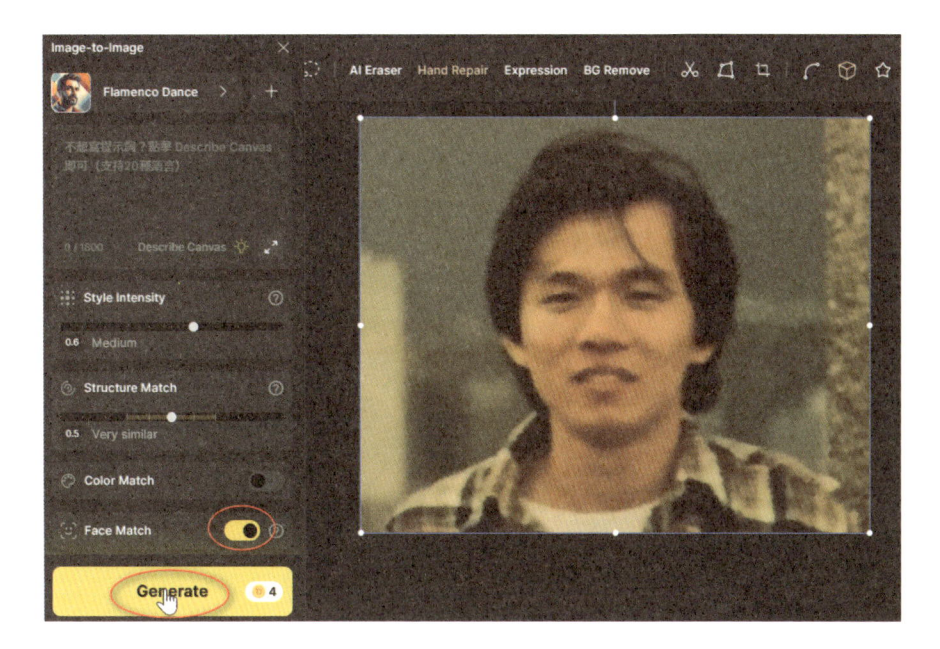

上述幾個功能意義如下：

- Style Intensity（風格強度）：這項參數控制新生成圖像要「多大程度上套用提示詞描述的風格」，也就是新風格的覆蓋力道。預設是 0.6，表示中等。

    - 低強度：保留較多原圖視覺風格，新圖變化較小。

    - 高強度：完全套用新風格，生成圖與原圖差異大（顏色、筆觸、氛圍明顯不同）。

- Structure Match（結構匹配）：這控制新圖是否保留原圖的「構圖、物體位置、主體姿勢」等空間佈局與比例結構。預設是 0.5，表示中等。

    - 高強度：AI 會嚴格遵守原圖的物體位置與構圖（如人物站姿、手的位置）

    - 低強度：AI 可自由解構、重組構圖，新圖更有創意彈性但變化大

- Color Match（色彩匹配）：控制是否保留原圖的配色風格、色溫與主色系，讓生成圖色調更接近原圖。預設是關閉。

    - 開啟：新圖顏色會盡量參考原圖（如背景為金黃調，主角衣服維持藍色）

    - 關閉：新圖配色由 AI 完全重組，色系變化大。

- Face Match（臉部匹配）：控制新生成圖中的「臉部細節」是否與原圖角色一致，例如五官輪廓、臉型、表情風格。預設是關閉。

- 開啟：保留原角色臉孔細節（AI 會維持人物的辨識度）。
- 關閉：可能產生不同臉部特徵，新圖臉孔較自由發揮。

筆者只有 Face Match 欄位更改預設為開啟，按 Generate 鈕後，可以得到下列結果。

此例生成 4 張圖像，連按兩下左上方的圖像，可以將該圖像放在畫布 (Canvas)。

在畫布 (Canvas) 右上方有下載圖示，讀者可以下載，讀者將看到下列對話方塊。

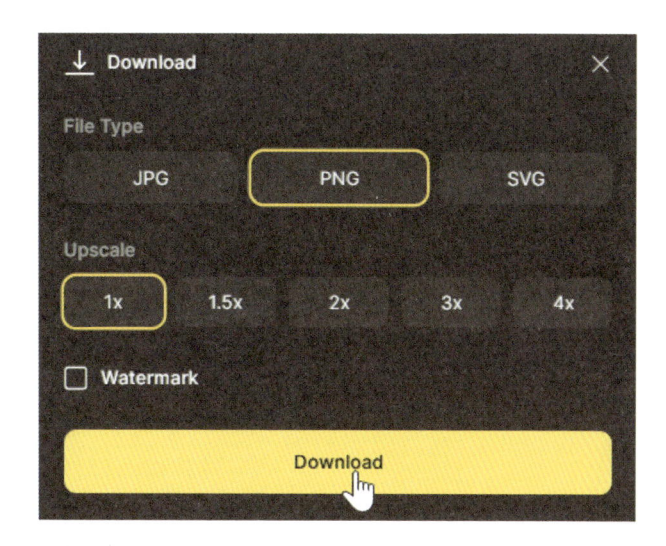

17-4　Image-to-Image（圖生圖）

從上述知道，可用 JPG、PNG 或是 SVG 格式下載，預設是 PNG 格式，請點選 Download 鈕，ch17 資料夾的 hung_flamenco.png 是下載結果。

17-4-4　文字描述圖生圖實作

請點選左側欄位的 AI Tools 圖示．。請選擇 Image-to-Image，然後在類別中選擇 Cutie 3D，請上傳 ch17 資料夾的 hung.jpg 檔案。

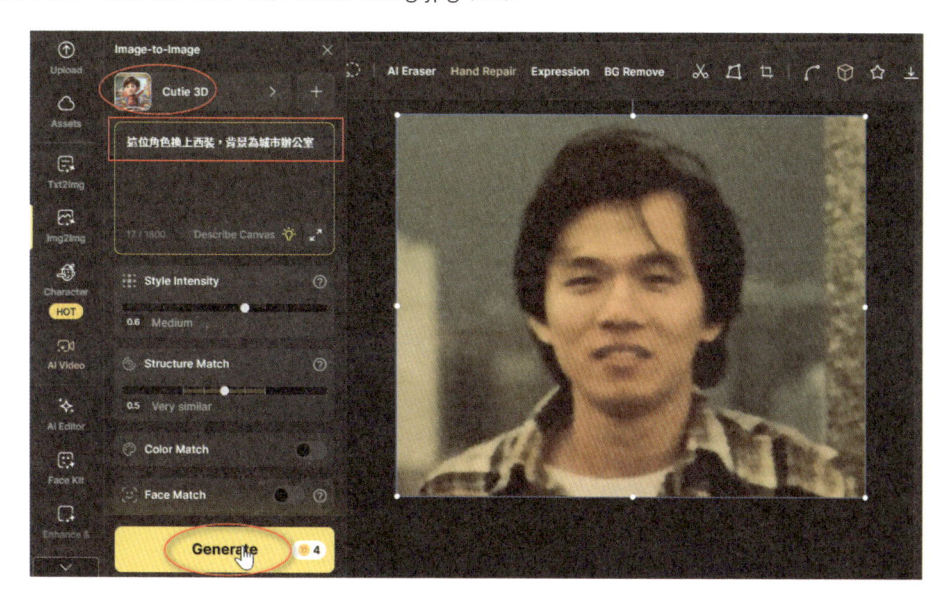

17-13

第 17 章　AI 視覺創作與變臉 - Dzine

請在 Prompt 區輸入「這位角色換上西裝，背景為城市辦公室」，請按 Generate 鈕。

連按兩下右上方的圖像，可以將該圖像放在畫布 (Canvas)。

ch17 資料夾的 hung_cute3D.png 是下載結果。

17-5 Consistent Character（一致角色生成）

這項工具可以幫助你根據同一角色的設定或樣貌，在不同的場景、表情、姿勢、服裝中，生成風格一致的角色圖像，適用於漫畫創作、角色設計、品牌形象等需要「角色延續性」的設計場景。

17-5-1 功能特色

其功能特色如下：

- 角色風格一致：讓角色在不同圖中保持臉部特徵、髮型、風格不變。
- 變換姿勢與服裝：可描述不同情境（如坐姿、跳舞、穿和服等）。
- 加入表情變化：支援不同情緒表現（微笑、驚訝、生氣等）。
- 不同場景背景：角色可置於教室、街道、森林、宇宙等背景。
- 自動生成多張圖像：快速建立一整組視覺一致的角色系列圖。

17-5-2 應用場景

此功能可以在下列場景應用：

- 漫畫與故事繪本：為同一角色繪製不同劇情分鏡圖，保持視覺一致。
- 遊戲角色設定：角色動作、服裝、職業變化仍保有外觀一致性。
- 品牌角色設計：為吉祥物或品牌代言角色建立完整圖像庫。
- 社群插圖系列：同一角色在 IG 貼文中出現不同主題與情境。
- 教育教材與繪本：教學角色在不同學習單元中保持視覺連貫。

17-5-3 角色一致實作

目前免費版，只能應用內建的角色建立不同場景的應用，此例筆者應用內建的 Lip Boy。

❏ 實例：校園日常風格

- 請點選左側欄位的 AI Tools 圖示 。

第 17 章　AI 視覺創作與變臉 - Dzine

　　請點選 Consistent Character 工具。請在 Choose a Character 欄位選擇 Lip Boy，然後輸入 Prompt「這位角色穿著制服，在學校操場上打籃球，陽光灑在他臉上，表情開朗」，畫面如下：

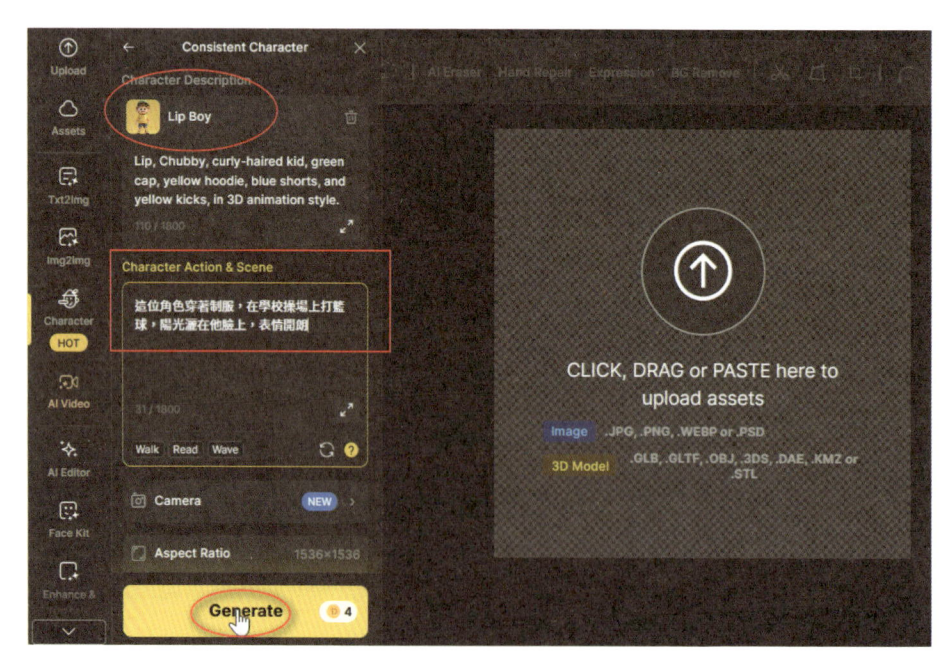

　　上述點選 Generate 鈕，可以得到下列結果。

17-5 Consistent Character（一致角色生成）

連按兩下，可將圖像放在畫布　　生成的圖像

可以得到下列結果。

ch17 資料夾的 LipBoy1.png 是下載結果。

❑ **實例：科幻未來風格**

下列是 Prompt「這位角色穿著銀色太空服，漂浮在太空艙內，背景是地球與星空」的結果。

17-17

第 17 章　AI 視覺創作與變臉 - Dzine

ch17 資料夾的 LipBoy2.png 是下載結果。

17-6　Face Swap（變臉）

Face Swap 是一項 AI 驅動的臉部交換工具，可將一張圖片中的臉部，自然融合到另一張圖片中的人物身上，達到換臉、換角色、模擬角色造型的效果。它特別適合需要創造虛擬角色、品牌形象測試、趣味合成、行銷創意圖等場景使用。

17-6-1　功能特色

其功能特色如下：

- AI 自動臉部融合：自動調整角度、比例與膚色，避免不自然拼接感。
- 支援不同風格圖片：實拍、插畫、動漫風格皆可嘗試。
- 多臉處理（有些付費版本）：有些場景支援群體換臉，如團體照角色轉換。
- 可結合其他功能使用：換臉後可接著使用背景更換、風格轉換等功能做後製。

17-6-2　應用場景

此功能可以在下列場景應用：

- 虛擬角色創作：讓真實人物臉套上角色造型，模擬漫畫人物風格。

- 穿搭／造型模擬：將自己臉套用到不同穿搭模特兒身上，製作虛擬試衣圖。
- 趣味創作 / 迷因製作：將名人臉換到動物、電影角色或古畫上，創作搞笑圖片。
- 品牌或行銷內容製作：建立代言人形象、角色廣告圖或產品體驗模擬。
- 照片修復 / 補臉：修復老照片、模糊臉部，使用更清晰臉部圖進行替換修補

17-6-3 變臉實作

請點選左側欄位的 AI Tools 圖示 。

請點選 Face Swap 工具，將看到下列畫面。

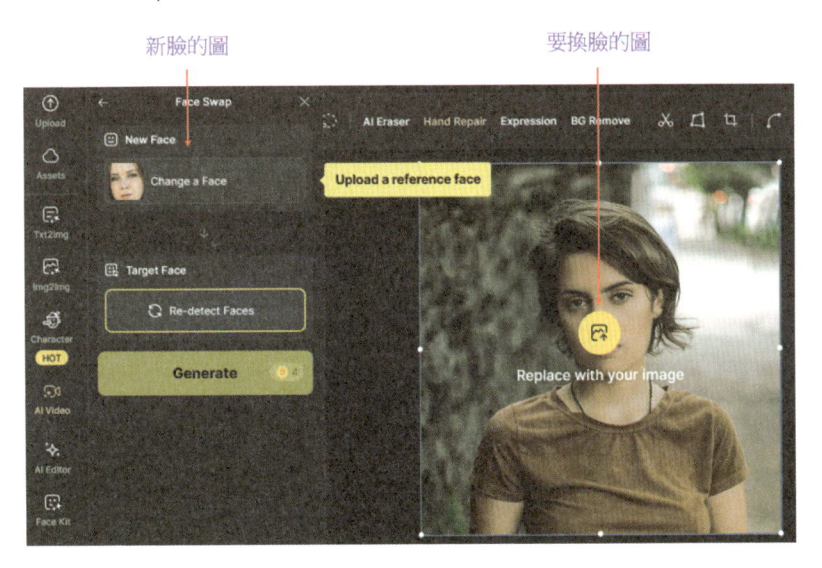

此例，筆者新臉的圖使用 ch17 資料夾的 hung.png。如果在 Target Face 欄位看到 Re-detect Faces，必須點選讓可以偵測到臉部，下列是示範畫面。

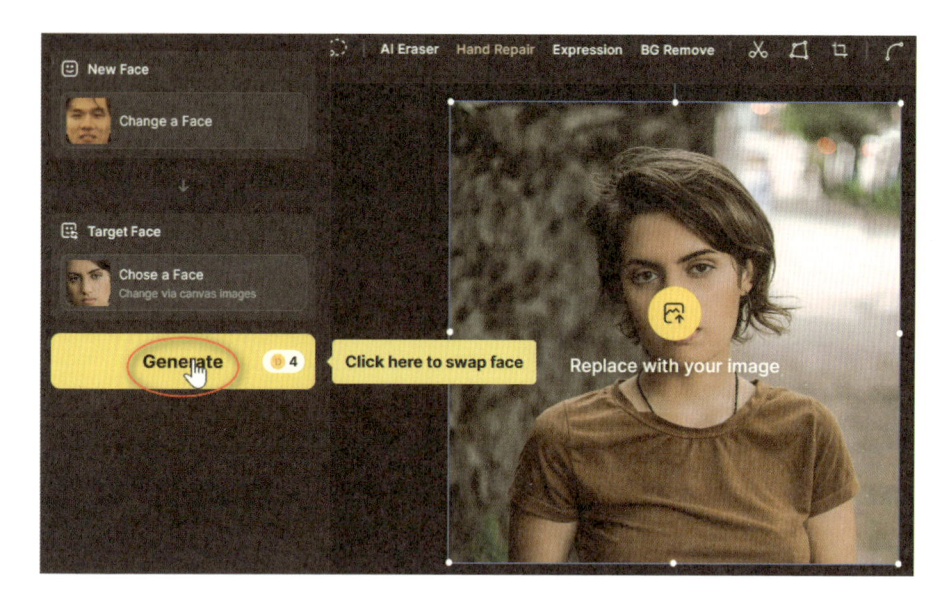

第 17 章 AI 視覺創作與變臉 - Dzine

請點選 Generate 鈕，筆者選擇左上方的結果圖像，可以得到下列結果。

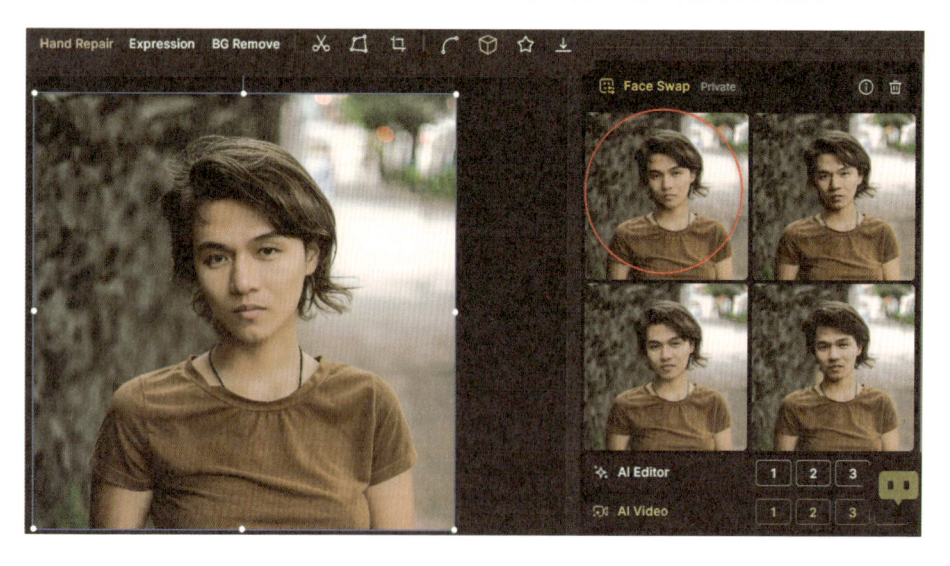

ch17 資料夾的 hung_swap.png 是下載結果。

17-7　Dzine 工具列與 Remove Background（圖像去背）

前面幾節筆者是一步一步用 AI 工具，講解 Dzine 的用法。其實有些功能也內建在 Dzine 的編輯視窗畫面。例如，圖像去背功能。

點選 Start from an image 鈕後，這一節請下載 hung_swap.png 圖像，將看到下列畫面。

17-7-1　認識圖像工具列

圖像上方是 Dzine 的工具列，功能說明如下：

❑ AI Eraser（AI 智能擦除）

讓你圈選圖片中的不需要物件（如路人、雜物、水印），AI 將智慧判斷背景並自然補齊刪除區域。適用場景：

- 去除照片中的多餘元素。
- 清除雜訊或不完整區塊。
- 修正視覺干擾（如招牌、陰影）。

❑ Hand Repair（手部修復）

專為 AI 生成圖中常見的「手部崩壞」問題設計，自動修補手指錯誤、比例異常、手勢不自然等情況。適用場景：

- 修復角色插圖中的手。
- 改正不合理的姿勢手型。
- 增強細節真實感。

❑ Expression（表情調整）

修改人物臉部表情，可切換為「微笑、驚訝、生氣、平靜」等預設情緒，也可細調表情強度。適用場景：

- 替換角色表情以適應劇情情境。
- 製作一系列不同情緒的插圖或頭像。
- 用於社群貼圖、表情包設計。

❑ Background Remover（背景移除）

與 Remove Background 類似，快速將主體人物或物品從圖片中分離，並刪除或透明處理背景。適用場景：

- 製作去背商品圖（電商、目錄）。
- 合成角色與新背景。
- 製作貼圖或 PNG 人像素材。

❏ Edit Cutout（剪裁物件編輯）

對已去背的主體物件進行調整，包括：位置、大小、旋轉、加濾鏡、加描邊、加陰影等。適用場景：

- 編排商品圖像版面。
- 角色在新背景中的站位與構圖。
- 製作海報或合成插圖。

❏ Transform（變形與位置調整）

讓你自由調整選取物件的大小、旋轉角度、位置與翻轉方向，可用來創建構圖平衡與動態感。適用場景：

- 自由排列多個圖層。
- 製作鏡像角色。
- 合成素材排版。

❏ Crop（裁切）

裁剪整張圖片或圖層，保留你要的區塊。支援自定比例（1:1、16:9、4:3）與自選區域。適用場景：

- 製作封面圖、社群尺寸。
- 聚焦主體。
- 擷取某區域進行重製。

❏ SVG（向量格式轉換 / 輸出）

將點陣圖（像 JPG 或 PNG）轉換為可放大不失真的向量圖（SVG 格式），適合後續印刷或品牌設計用途。適用場景：

- 將手繪草圖轉成向量插圖。
- LOGO 向量化。
- 輸出給印刷或剪紙機使用。

❑ **Asset（素材庫 / 圖層管理）**

這是你的設計圖層與素材總管理中心，包括：

- 所有生成圖像、上傳圖片。
- 去背後的主體圖層。
- 已使用過的元素分類歸檔。

適用場景：

- 拖拉素材進畫布重新使用。
- 多項目設計風格一致控管。
- 圖層分組管理（類似 Photoshop 圖層系統）。

17-7-2　圖像去背實例

請沿用 17-7 節的畫面。

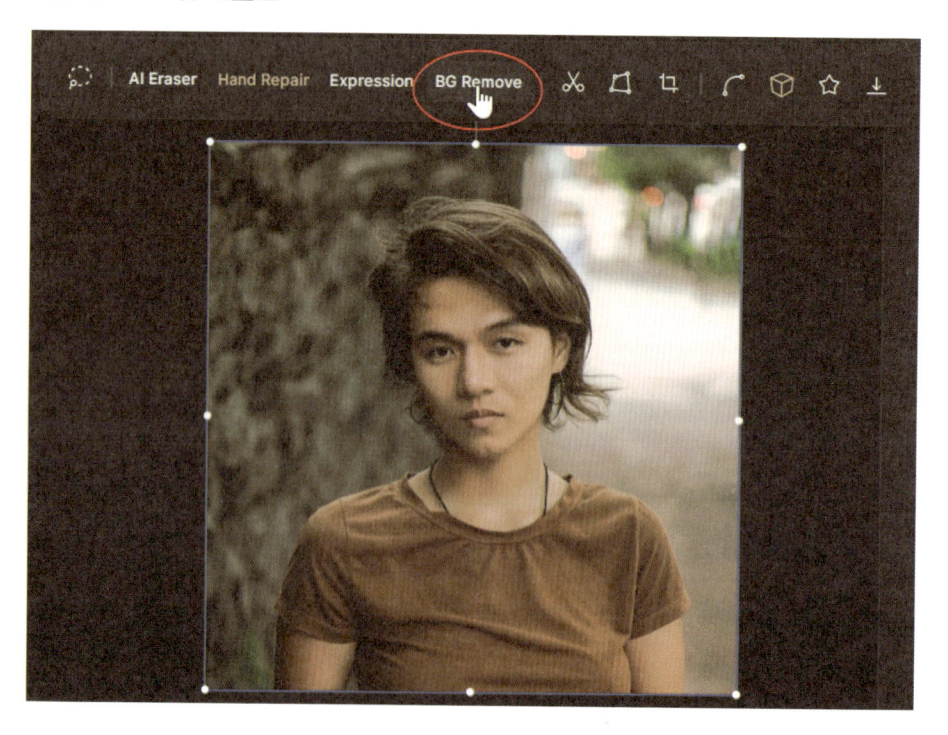

17-7 Dzine 工具列與 Remove Background（圖像去背）

請點選 BG Remove 鈕，可以得到下列去背景的結果。

ch17 資料夾的 hung_swap_remove.png 是下載結果。

第 18 章

AI 影片製作
Runway & Sora

18-1　AI 影片基礎知識

18-2　影像生成神器 Runway

18-3　影片創作 – Generate Video

18-4　建立唇形影片

18-5　AI 影片生成使用 Sora

第 18 章　AI 影片製作 – Runway & Sora

想像一下，只要輸入一段文字或上傳一張圖片，就能自動生成一段生動的影片，這不再是科幻電影的場景，而是 AI 技術帶來的現實。

隨著人工智慧的快速發展，文字、圖片生成影片的技術日益成熟。這項技術不僅大幅降低了影片製作的門檻，也為內容創作者開闢了無限的可能性。從行銷廣告、教育訓練到藝術創作，都能看到這項技術的身影。

18-1　AI 影片基礎知識

「文字轉影片 (Text-To-Video) 或圖像轉影片 (Image-To-Video」這個聽起來有點科幻的概念，如今已不再遙不可及。透過 AI 技術，我們可以將文字描述或圖片轉換成生動的視覺內容。想像一下，你只需輸入「一隻可愛的貓咪在草原上奔跑」，或是「在公園拍攝的可愛貓咪照片」，AI 就能為你生成一段活潑的動畫。這類由 AI 生成的影片，我們可以直接稱 AI 影片。

18-1-1　AI 影片的優點

將文字轉換為影片的技術，隨著人工智慧的發展，已經越來越成熟。這項技術不僅大幅降低了影片製作的門檻，也為各行各業帶來了許多新的可能性。

❏ 效率提升
- 節省時間：不再需要耗費大量時間進行腳本撰寫、場景搭建、拍攝剪輯等繁瑣的工作。
- 快速迭代：可以快速根據需求調整影片內容，提高工作效率。

❏ 成本降低
- 減少人力物力：無需聘請大量的專業團隊，降低製作成本。
- 減少實體場景搭建：可以透過 AI 生成虛擬場景，節省場地租借等費用。

❏ 創意無限
- 打破傳統限制：不受限於實體場景和演員的限制，可以實現天馬行空的創意。
- 個性化內容：可以根據不同的受眾需求，生成個性化的影片內容。

❑ 門檻降低

- 操作簡單：即使沒有專業的影片製作經驗，也能輕鬆上手。
- 擴大參與群體：讓更多人能夠參與到影片創作中。

18-1-2　AI 影片的應用

AI 影片應用場景多元，從行銷廣告到教育訓練，都能看到 AI 的身影。它正改變我們製作和消費影片的方式。

❑ 內容行銷

- 產品介紹：將產品特色用生動的影片呈現，提高產品吸引力。
- 品牌故事：透過影片講述品牌故事，建立品牌形象。
- 社群媒體：生成短影片，增加社群互動。

❑ 教育訓練

- 教學影片：將複雜的知識點轉化為簡單易懂的動畫。
- 模擬訓練：提供虛擬的訓練場景，提高學習效果。

❑ 娛樂產業

- 遊戲開發：生成遊戲中的動畫場景和角色。
- 電影製作：用於概念驗證、特效製作等。

❑ 藝術創作

- 動畫短片：創作獨特的動畫作品。
- 互動藝術：打造沉浸式的互動體驗。

❑ 虛擬實境

- 虛擬世界：生成逼真的虛擬場景。
- 虛擬人物：創建個性化的虛擬角色。

第 18 章　AI 影片製作 – Runway & Sora

18-2　影像生成神器 Runway

Runway 是一款 AI 創意工具，功能非常多，這一章主要是介紹這款工具下列 5 個功能。

- 文字生成影片
- 圖像生成影片
- 文字 + 圖像生成影片
- 影片生成影片
- 建立唇形同步影片

18-2-1　進入 Runway 網站

讀者可以用搜尋，或是下列網址，進入 Runway 網站。

https://runwayml.com/

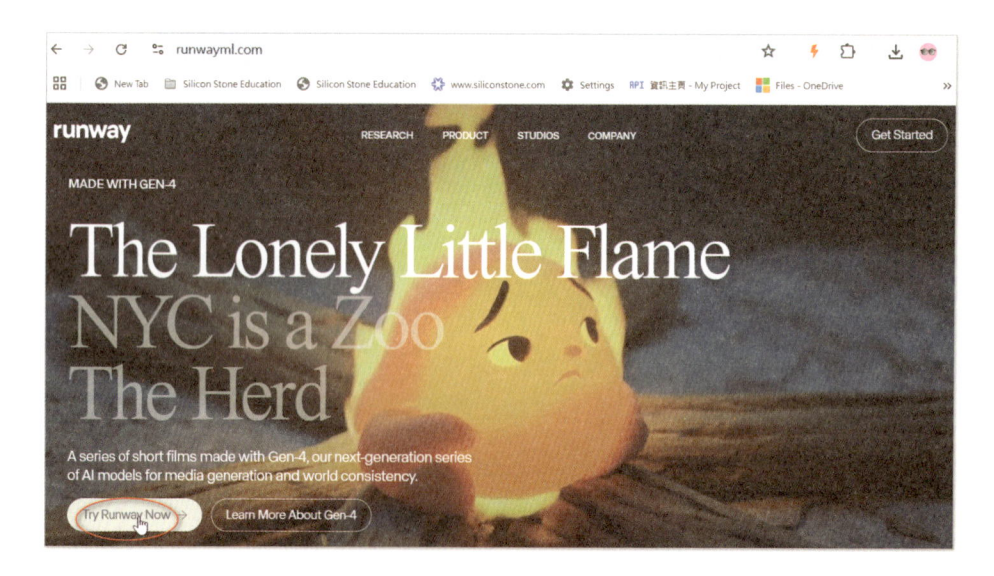

上述點選 Try Runway 鈕，可以進入 Runway 網站。如果你尚未註冊需要先註冊，如果已經註冊會要求選擇帳入登入。

18-2-2　Home 環境（Dashboard）

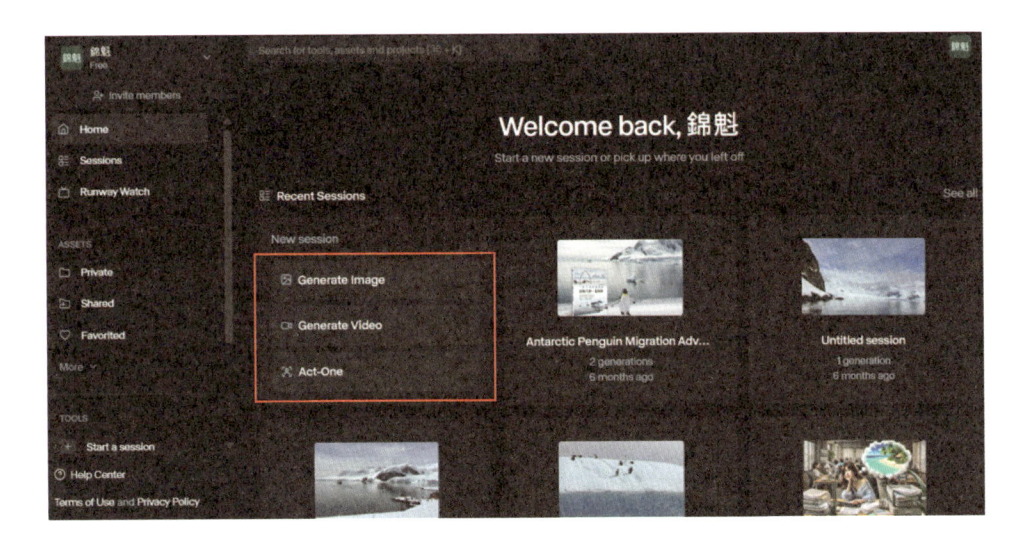

上述畫面是 Runway 的主視窗，也可以稱作是 Dashboard。畫面中央除了顯示最常見的三大 AI 工具 Generate Image、Generate Video 和 Act-One，也顯示近期的作品。

❑ **Generation Image（圖像生成）**

「Generation Image」是 Runway 提供的文字生成圖像（Text-to-Image）功能，使用者只需輸入描述性文字（Prompt），就可以快速產出高品質的 AI 圖像。適用場景：

- 海報、封面設計。
- 插畫構圖草稿。
- 世界觀視覺設定（角色、場景、物件）。
- 社群素材與內容創作。

❑ **Generate Video（影片生成）**

「Generate Video」是 Runway 最具代表性的功能之一，能夠將文字描述、靜態圖像或影片片段轉化為連續動態影片（Text-to-Video / Image-to-Video），是目前 AI 動畫創作的領先技術。適用場景：

- 廣告片開場動畫。
- 故事概念預告片（Storyboard animation）。

- 創作者影片片段（YouTube Shorts、Reels）。
- 遊戲預告 / 世界觀展示。

❏ **Act-One（AI Agent 對話助手）**

Act-One 是 Runway 開發的 AI 劇本創作與導演輔助工具，是一種類似「聊天式創作助理」的功能，幫助你設計、規劃並撰寫完整視覺敘事。適用場景：

- 編劇、動畫導演、創作者快速建立概念。
- 創建角色設定與場景描述。
- 動畫腳本、影片大綱撰寫輔助。
- 將文字敘述變為 AI 可視化素材的前導助手。

18-2-3 認識 Runway 的功能

在 Home 標籤環境，視窗往下捲動可以看到 Runway 的 TOOLS 工具列表。

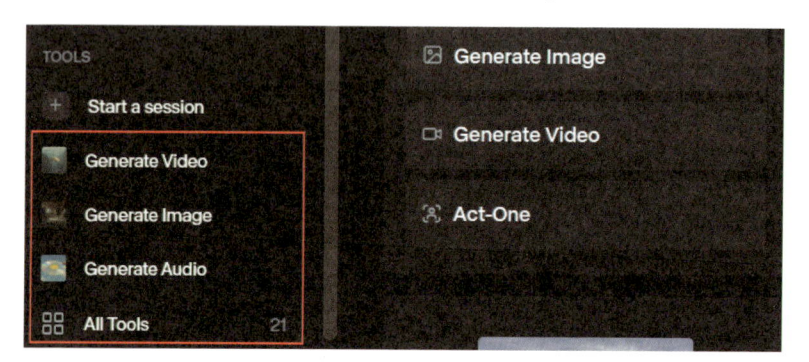

除了前一小節所述 Generate Video 和 Generate Image 功能外，還有下列功能。

❏ **Generate Audio（生成音訊）**

Generate Audio 是 Runway 所提供的 AI 音效生成功能，讓使用者可以透過文字描述的方式快速產出對應的聲音，像是背景音效、場景氛圍、動作聲等。適用場景：

- 為影片或動畫添加背景音效。
- Podcast 開場或轉場音樂。
- 遊戲場景音效設計。

- 冥想、情緒背景聲（雨聲、森林、海浪等）。

❑ ALL Tools（所有工具總覽）

ALL Tools 是 Runway 平台中的工具入口集合頁面，集中列出所有你可以使用的功能模組。這是創作者的「控制台」與「工具櫃」，讓你快速找到所需功能。

上述工具中，筆者最喜歡的是「Lip Sync Video」，這是 Runway 提供的一項 AI 功能，能夠讓人物影片或靜態人像根據輸入的音訊或文字，自動生成自然同步的口型動畫。這項功能讓影片角色可以「開口說話」，即使原始影片中並未說話也沒問題。此功能可以應用在：

- 虛擬主持人 / 教學影片：讓 AI 人像為影片配音，講解內容、解釋知識。
- 虛擬角色語音互動：創造對嘴的角色動畫，用於行銷、遊戲或社群互動。
- 語言教學：將文字或錄音轉成角色開口說話，增強學習趣味與理解。
- 多語言翻譯影片：將英文影片轉為中文說話、日文等，畫面口型自然匹配。
- 社群娛樂創作：製作迷因短影片、搞笑角色配音等創意影片內容

第 18 章　AI 影片製作 – Runway & Sora

18-3　影片創作 – Generate Video

18-3-1　認識創作環境

參考 18-2-2 節的視窗畫面，點選 Generative Video 鈕，可以進入下列影片創作畫面：

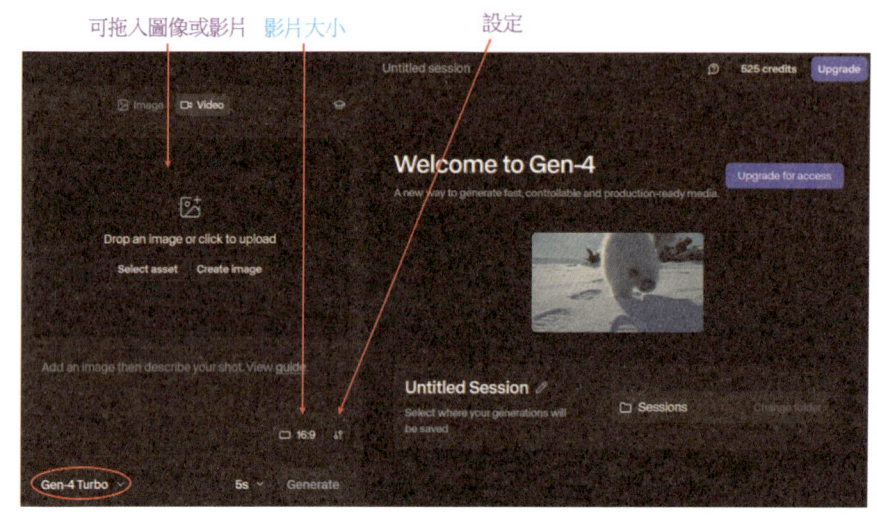

可拖入圖像或影片　影片大小　　　設定

AI 模型　　　　時間　生成

設定 (Settings) 圖示 ，點選後可以看到下列視窗，往下捲動可以看到更多項目：

- Aspect Ratio（寬高比）：設定你想生成影片的寬高比例（畫面比例），這會直接影響影片的構圖形式與應用平台，預設是 1280 x 768。
- Fixed Seed（固定隨機碼）：AI 生成圖像與影片具有隨機性，開啟「Fixed Seed」會讓 AI 每次用同樣的設定生成一模一樣的影片（只要 Prompt 與設定相同），預設是關閉。用途：

18-8

- 方便重現同一段內容（例如進行微調測試）。
- 測試風格變化時能保留基礎畫面一致。
- 對比不同參數對生成結果的影響。
- 關閉時：每次都會隨機生成新影片，就算使用相同 Prompt。
● Runway Watermark（Runway 浮水印）：啟用此選項會在影片右下角加入 Runway 標誌浮水印。這通常會在「免費帳號」或「試用階段」自動開啟。用途與建議：
  - 可用於社群作品標記、展示來源。
  - 若為商業用途建議關閉（需升級付費帳號）。
● Resolution（解析度）：設定影片輸出的清晰度，免費版預設是 720p。

18-3-2　升級付費 Upgrade

點選視窗右上方的 Upgrade 後，可以看到各項付費規則：

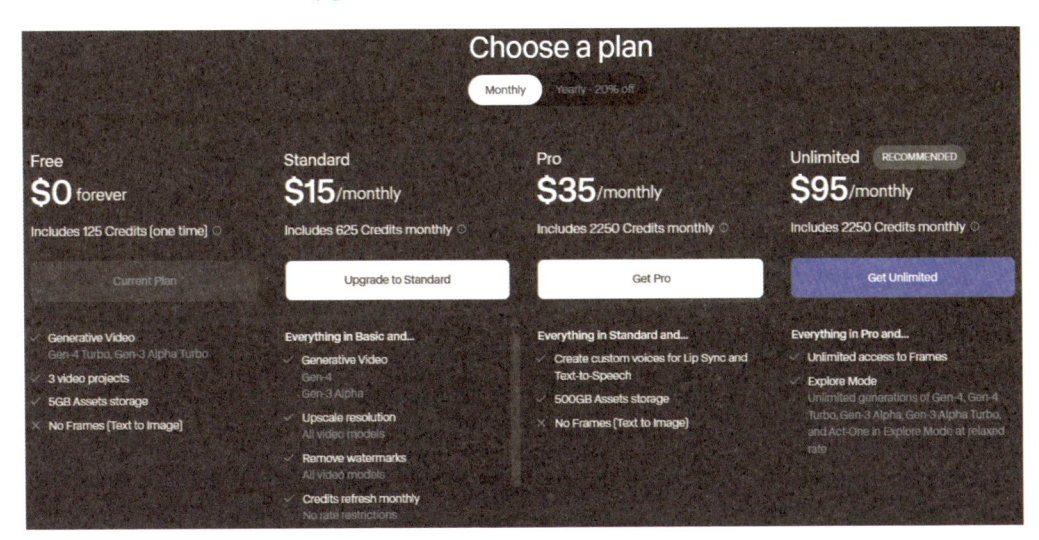

非專業人員初次使用，要購買升級，建議採用每月支付即可，筆者免費測試後，很喜歡，因此購買 15 美元標準版。如果覺得好用，確定常常需要才採用年支付策略。

18-3-3 圖片生成影片

ch18 資料夾有 hung-ai-swap.jpg 檔案，請拖曳此檔案到指定欄位，然後輸入「桌上的煙火往上飄，手勢往內移動」(The fireworks on the table drift upward, and the gesture moves inward.)，按 Generate 鈕後，可以得到下列結果。

此影片已下載到 ch18 資料夾，檔案名稱是 hung-ai_video.mp4。

18-4　建立唇形影片

Runway 的 Lip Sync Video 功能允許用戶將靜態圖像或影片與音頻結合，生成能夠同步嘴部動作的影片。這一功能使得用戶可以創建生動的角色，讓其「說話」，從而增強視覺內容的吸引力。功能目的：

- **生成對話影片**：用戶可以上傳一張人臉圖像或影片，並配上音頻，使角色看起來在說話。
- **多樣化音頻選擇**：支持多種音頻來源，包括現有的語音錄音、文本轉語音生成的音頻，以及用戶自錄的語音。
- **自定義角色**：用戶可以選擇不同的面孔，無論是靜態圖像還是影片，以創建獨特的角色。

註　唇形影片是目前 Runway 領先其他 AI 影片工具的重要功能。

18-4-1　建立颱風報導唇形影片

請點選 Lip Sync Video 功能，進入此環境，請拖曳 ch7 資料夾的 typhoon.png 圖像檔案，進入工作區後，頭像會被自動偵測，可以參考下方左圖。請輸入 Prompt：「Hello everyone, a typhoon is currently hitting Taiwan and is about to make landfall in southern Taiwan. Please stay updated on the typhoon's latest developments.」(大家好，目前颱風侵襲台灣，即將在台灣南部登陸，請持續關注颱風動態消息。)

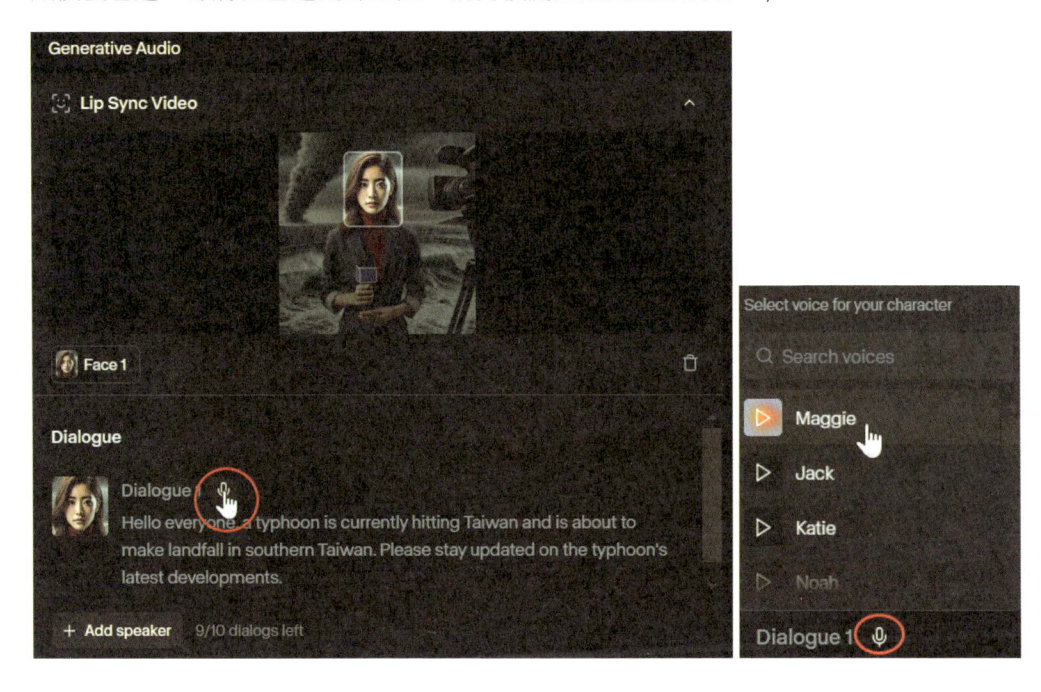

註　聲音部分也可以用上傳音訊檔案。

請點選麥克風圖示 ，這是要選擇發音員，此例筆者選擇 Maggie，可以參考上方右圖，可以得到下列結果。

第 18 章　AI 影片製作 – Runway & Sora

請按 Generate 鈕，就可以生成播報颱風消息的影片。

上述檔案已經儲存在 ch18 資料夾的 typephoon_runway.mp4。

註　一般測試會花費許多點數，其實筆者太喜歡此功能，所以是購買一個月費用生成此影片。

18-4-2　唇形語音 AI 魔術師

此功能應用在 18-3-3 節介紹了 AI 魔術師影片，整個應用可以參考下圖。

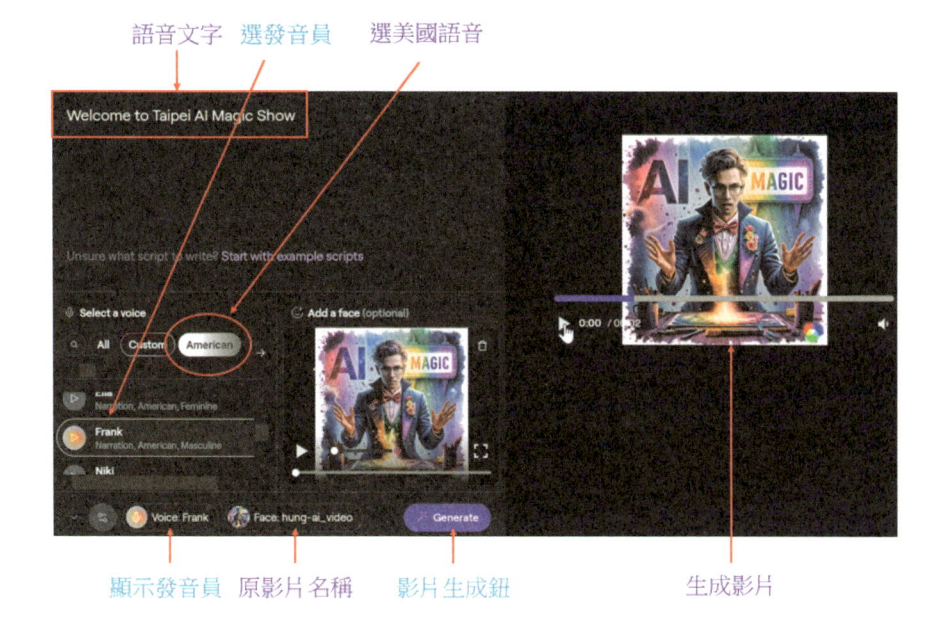

18-5　AI 影片生成使用 Sora

上述生成的影片放在 ch18 資料夾 AI-Magic-Shown_video.mp4，n 有 2 和 3，分別是語音「Welcome AI Magic Show」、「Welcome to Taipei AI Magic Show」的結果。

18-5　AI 影片生成使用 Sora

　　Sora 是一個幫助創意工作者設計圖片和影片的軟體，由 OpenAI 開發，其強項在於結合人工智慧技術，提供即時影像生成、藝術風格轉換和動畫製作功能，讓創作者輕鬆實現專業級設計。隨著人工智慧技術的進步，創作變得更簡單、更有趣。Sora 能幫助設計師、藝術家和內容創作者輕鬆製作高品質的視覺內容，無論是廣告設計、社群媒體內容，還是藝術創作，應用範圍極廣。

　　Sora 的概念來自於創意市場的需求，開發團隊致力於設計一個功能強大且易於使用的工具，讓任何人都能輕鬆發揮創意，改變影像製作的方式。

18-5-1　進入 Sora

　　讀者可以使用下列網址進入 Sora。

　　https://openai.com/sora/

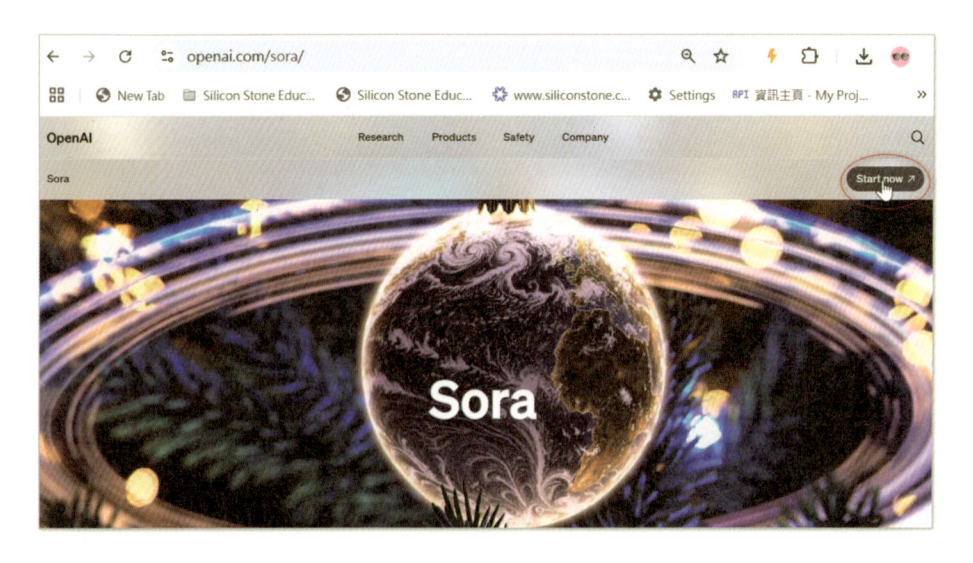

第 18 章　AI 影片製作 – Runway & Sora

進入後請點選 Start now，可以進入 Sora 工作視窗。

18-5-2　認識 Sora 視窗

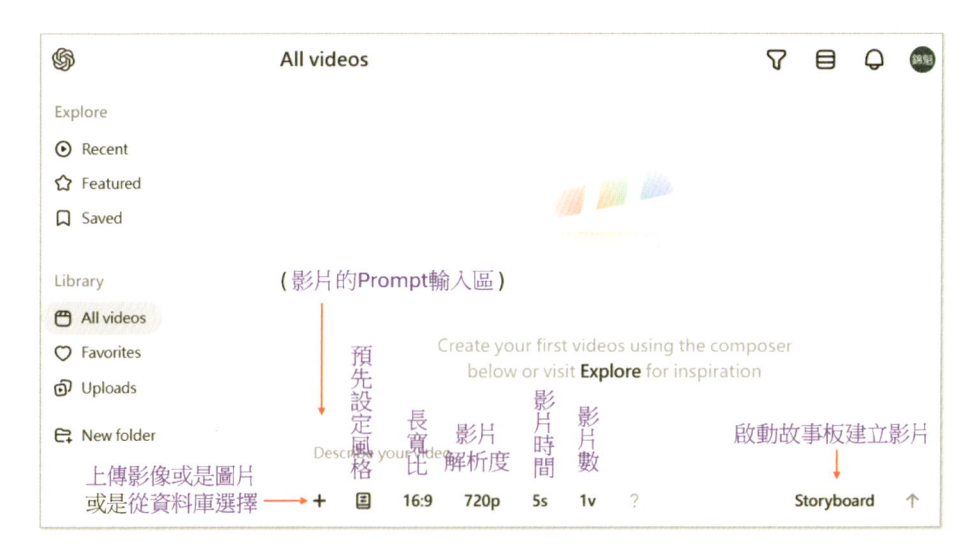

上述欄位說明如下：

- 變體影片數 (Variations)：可以選擇一個 Prompt 生成 1 或 2 部影片。
- 影片時間 (Duration)：如果影片解析度是 720p 則是 5 秒。如果影片解析度是 480p，則可以選擇 5 或 10 秒。

18-5 AI 影片生成使用 Sora

- 影片解析度 (Resolution)：ChatGPT Plus 的用戶，可以選擇 480p 或是 720p。註：由於有點數限制，建議剛開始可以選擇 480p 解析度，耗損的點數比較少。
- 長寬比 (Aspect ratio)：預設是 16:9，也可以選擇 1:1 或是 9:16。
- 預先設定 (Presets) 風格：這是影片風格選項，預設是 None。如果目前選項是 None，圖示是 ▤。如果有設定下列選項，則圖示右下角有「打勾」符號，此時圖示是 ▤。預先設定幾個選項意義如下：
  - Ballon World：可為影片增添卡通般的奇幻外觀，具有誇張的形狀、鮮豔的色彩和輕鬆愉快的氛圍，特別適合兒童觀眾。
  - Stop Motion：這是「定格動畫」，此風格可為影片增添手工製作的質感，模擬傳統定格動畫的效果，呈現出獨特的視覺魅力。
  - Archival：風格可為影片增添懷舊的檔案影片效果，模擬舊時代的影像質感，適合用於創作復古主題的內容。
  - Film Noir：可為影片增添經典黑白電影的效果，強調陰影對比和戲劇性的光影，營造出懸疑、神秘的氛圍。
  - Cardboard & Papercraft：可為影片增添手工製作的質感，模擬以紙板和紙藝材料製作的效果，呈現出獨特的視覺魅力。
- StoryBoard：可以啟動故事板建立影片環境。

18-5-3 文字生成影片

Sora 的文字影片功能專為快速創作精美影片而設計，將文字提示轉化為充滿創意與活力的短影片。透過智慧生成技術，Sora 能自動添加動態效果、過場動畫和吸引力十足的視覺元素，輕鬆呈現資訊、故事或教學內容。這項功能操作簡單、效率極高，無需專業技能即可完成，為個人與企業提供了一個強大的數位影片創作工具！

註 Runway 也有文字生成影片功能，筆者沒有介紹。因為經過測試，感覺其影像生成能力，目前仍落後 Sora 許多。

實例 1：請輸入「未來城市的夜景，高樓上流動的霓虹燈光，街道上有自駕車行駛。」

第 18 章 AI 影片製作 – Runway & Sora

執行後,點選影片可以看到完整畫面。

> All videos · Futuristic Cityscape at Night
> 720p Dec 23, 3:42PM
>
> Prompt 未來城市的夜景,高樓上流動的霓虹燈光,街道上有自駕車行駛。

實例 2:請輸入「一片漂浮的島嶼,上面有瀑布從邊緣傾瀉而下,四周環繞著雲霧。」

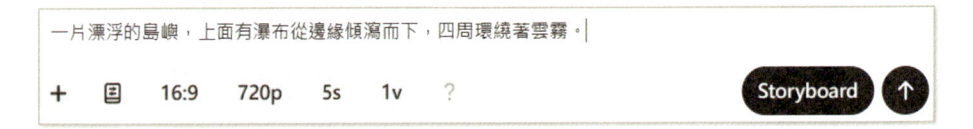

> 一片漂浮的島嶼,上面有瀑布從邊緣傾瀉而下,四周環繞著雲霧。
> ＋ 目 16:9 720p 5s 1v ？ Storyboard ↑

執行後,點選影片可以看到完整畫面。

18-16

18-5 AI 影片生成使用 Sora

Prompt 一片漂浮的島嶼,上面有瀑布從邊緣傾瀉而下,四周環繞著雲霧。

18-5-4 影片操作

影片建立好了以後,我們可以對影片執行下載、分享。點選檢視影片時,可以看到影片右上方有一系列功能:

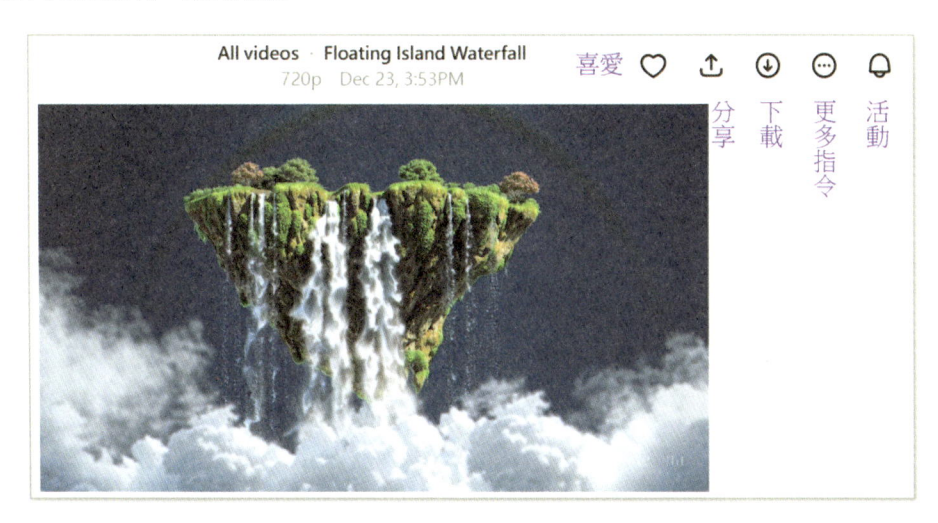

喜愛　分享　下載　更多指令　活動

第 18 章　AI 影片製作 – Runway & Sora

- ## 🔔 活動 Activity

    可以看到你編輯的影片。

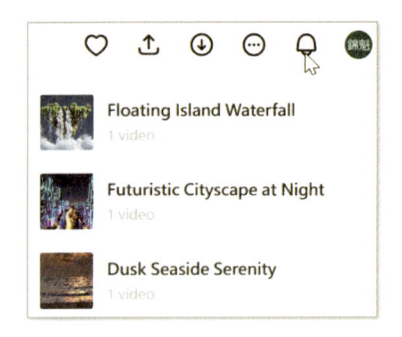

- ## ⬇ 下載 Download

    點選後可以看到下列指令。

    ChatGPT Plus可以下載有浮水印版

    ChatGPT Pro可以下載無浮水印版

    可以用GIF動畫格式下載

- ## ⬆ 分享 Sharing options

    點選後可以看到下列指令。

    本書 ch18 資料夾內的 ch18.txt 內，影片生成的 Prompt 下方有每個影片的連結，是從此複製得來的。

    > 註　Sora 功能還有許多，例如：圖片生成影片、影片疊加、進階編輯與故事版，一般需要購買點數的進階版本才可以使用。

第 19 章

AI 簡報 - Gamma

19-1　進入 Gamma 與登入註冊

19-2　AI 生成主題簡報

19-3　網址建立 AI 簡報

第 19 章　AI 簡報 - Gamma

Gamma 是一款專為「AI 驅動簡報與內容創作」設計的線上平台，它結合了文字生成技術與美學設計引擎，讓使用者只需輸入主題或連結，AI 就能自動生成一份結構清晰、視覺美觀的簡報、文件或網頁式展示內容。

你可以把它理解為：「結合 ChatGPT + Canva + PowerPoint 的創作平台」，但更輕量、更聰明、更即時。

19-1　認識 Gamma 與登入註冊

Gamma 是一套讓你用「文字 → 快速變成簡報」的 AI 創作平台，不只節省時間，更讓非設計背景的用戶也能輕鬆製作出專業又吸睛的展示內容。

19-1-1　Gamma 的功能特色

Gamma 的功能類別與特色如下：

- AI 簡報生成：只需輸入主題或網址，Gamma 自動幫你撰寫內容與拆分段落，並製作成多頁簡報。
- 從網址建立簡報：貼上任何一篇網頁連結（如部落格、新聞、Wiki），自動萃取要點並轉為簡報。
- 從文字 Prompt 建立：可輸入提示詞（Prompt），例如：請 AI 製作「5 頁簡報」、「用輕鬆語氣說明某主題」等。
- 一鍵套用設計風格：多種風格主題模板可選（商業、簡潔、科技感、卡通風等），可一鍵切換樣式。
- 支援圖表與互動模組：內建簡易圖表、代辦清單、嵌入連結、GIF、影片與程式碼片段，增強互動性。
- 網頁式簡報展示：簡報本身可即時線上分享，支援滑動或「一頁一主題」導覽式展示（像網站）。
- 匯出功能：可匯出為 PDF 或嵌入至 Notion、個人網站、教學平台中。

19-1-2　應用場景

Gamma 的用途有：

- 學生：快速製作報告簡報、書籍導讀、專題整理。
- 教師講師：建立教案、課堂投影片、知識總結。
- 行銷 / 商業：製作品牌介紹、產品簡報、提案企劃書。
- 自媒體創作者：將文章內容轉為視覺化呈現，適合發表於網路或教學平台。
- 專案團隊：用於內部簡報、共創文件、快速開會使用。

19-1-3　Gamma 相較 PowerPoint 的優勢

比較主題	Gamma	PowerPoint
AI 自動生成	超強（文字或網址生成簡報）	手動為主
排版設計	自動排好頁面、美觀一致	須手動編排
互動模組	支援嵌入影片、圖表、互動元件	有限（主要為靜態）
簡報樣式	一頁一主題，聚焦清楚	多頁投影片
協作 / 分享	可線上即時分享、嵌入網站	支援雲端儲存

19-1-4　進入 Gamma 網站與註冊

請輸入下列網址，可以進入 Gamma 網站。

https://gamma.app

第 19 章　AI 簡報 - Gamma

　　一進入網站看到親切的中文，就感受到台灣團隊的用心，同時恭喜此產品曾經獲得 Product Hunt 月推薦第一名。點選右上方的免費試用，可以進入註冊。

註　每個月 8 美元可以升級至 Plus，15 美元可以升級至 Pro。

19-2　AI 生成主題簡報

進入個人網站後，可以看到下列內容。

我們可以點選新建鈕，開始建立簡報。

19-2-1　AI 生成簡報

請點選生成，可以看到下列畫面。

19-2 AI 生成主題簡報

上述要求輸入主題,如果第一次使用也可以選擇 Gamma 預設的主題。此例,筆者輸入主題「穿越雨林之旅」。然後點選生成大綱鈕。

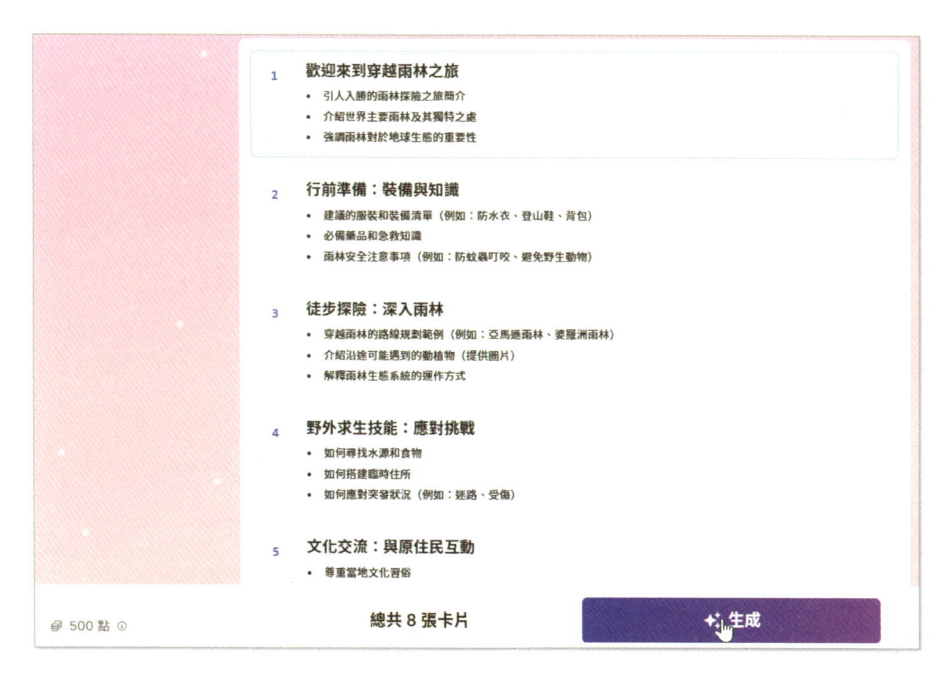

主題完成後,Gamma 就協助你設定大綱,我們可以更改此大綱,這些大綱就是未來簡報頁面的標題。如果你滿意此大綱可以點選生成鈕。

19-5

第 19 章　AI 簡報 - Gamma

19-2-2　分享

請點選上方圖示 🔗 分享 ，出現「分享穿越雨林」對話方塊，請選擇分享標籤。

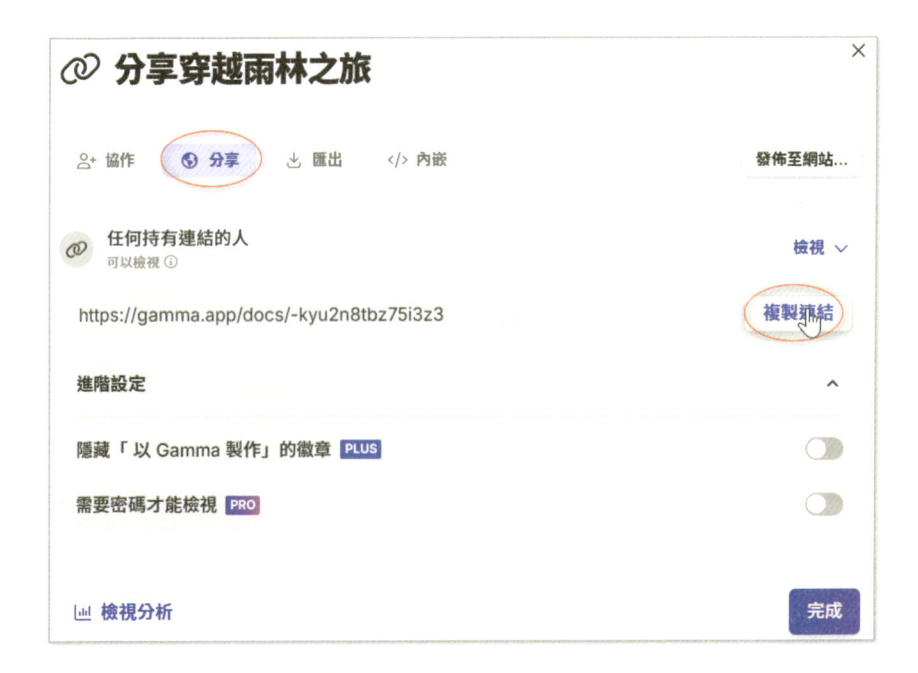

請點選複製連結鈕，可以複製此簡報的連結，在 ch19.txt 中，19-2-2 下方的連結就是上述複製的結果。

19-2-3 匯出簡報

在「分享穿越雨林」對話方塊，請選擇匯出標籤。

從上述知道可用多種格式輸出，本書 ch19 資料夾內的「穿越雨林之旅 .pptx」，就是上述匯出至 PowerPoint 的結果。

19-2-4 返回主視窗

視窗左上方有圖示 ⌂，點選可以返回主視窗。

第 19 章　AI 簡報 - Gamma

上述點選後,可以回到主視窗,你可以看到所建的「穿越雨林之旅」簡報。

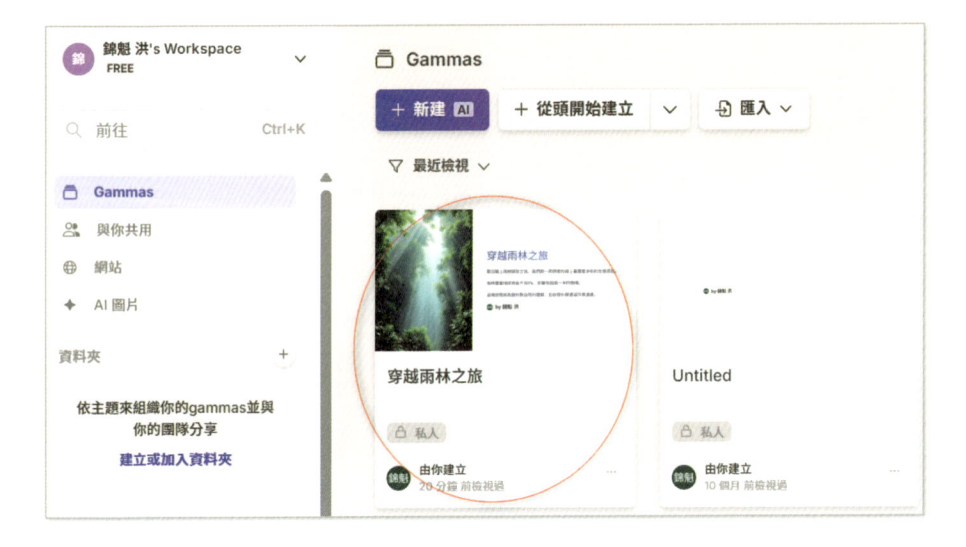

19-3　網址建立 AI 簡報

　　Gamma 的「網址轉簡報」功能,你只需貼上一個公開網頁的連結(如新聞文章、部落格、教學頁面、Wiki 條目等),Gamma 會自動抓取該網頁內容,分析重點,並根據其結構產出一份具邏輯的 AI 簡報草稿。

　　這個一鍵產出邏輯清晰、格式美觀的 AI 簡報,大幅減少摘要、排版與整理的時間,是學生、講者與內容創作者的最佳入門工具。

19-3-1　應用場景

網址生成簡報的應用場景有：

- 課堂教學簡報：貼上維基百科或教學網頁，快速生成課程簡報。
- 市場趨勢分享：貼上新聞或產業報告網頁，製作報告提要。
- 內容導讀：貼上部落格文章，做成導讀式簡報。
- 專題展示起手式：把技術說明網頁變成 PPT，作為講解起點。
- 客戶簡報草稿：將品牌介紹頁變成初步簡報提案內容。

19-3-2 「明志科技大學招生網址」建立簡報

這一節將用「明志科技大學招生網址」建立簡報，首先在 Gamma 官網，點選新建鈕。

請點選匯入檔案或網址。

第 19 章　AI 簡報 - Gamma

請點選從網址匯入。

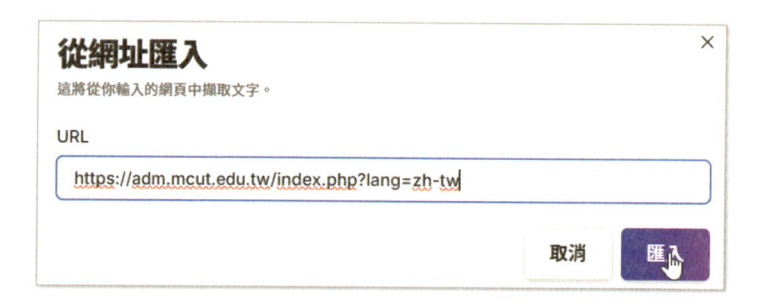

請輸入網址如上，然後點選匯入鈕。

19-3 網址建立 AI 簡報

上述請點選繼續鈕。

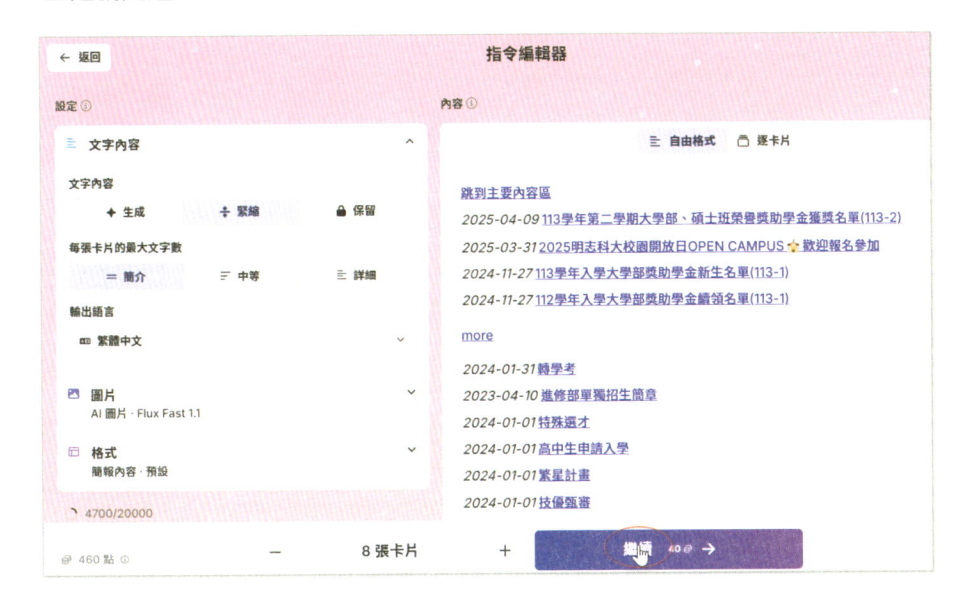

上述有列出大綱內容,請點選繼續鈕。

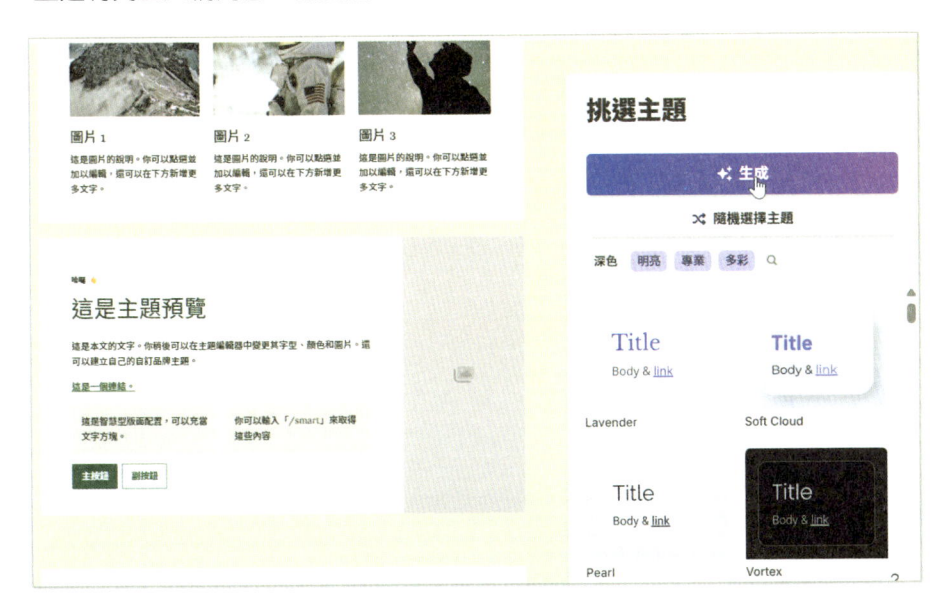

上述要選擇主題格式,此例選擇明亮、專業與多彩,然後按生成鈕。

19-11

第 19 章　AI 簡報 - Gamma

　　上述 Gamma 生成的簡報，可以參考 ch19 資料夾的「明志科大招生 .pptx」，整個 AI 簡報優點如下：

- 主題聚焦明確：簡報以明志科技大學的招生資訊為核心，內容涵蓋學校簡介、招生管道、獎學金資訊等，對於目標受眾具有高度相關性。
- 結構清晰：簡報按照邏輯順序排列，從學校介紹到招生細節，最後提供聯絡資訊，便於觀眾理解與跟進。
- 視覺設計簡潔：Gamma 自動生成的版面設計風格統一，色彩搭配協調，提升了簡報的專業感與可讀性。

第 20 章

Coze 開發平台大解密
打造專屬 AI 機器人

20-1　初探 Coze 平台 - 開啟 AI 開發新旅程

20-2　深入個人工作區 - 打造專屬開發環境

20-3　動手實作 AI agent - AI 開發入門指南

20-4　自製天氣查詢機器人 - Coze 平台應用實例

20-5　如何 Publish 你的機器人 - 平台串接簡介

第 20 章　Coze 開發平台大解密 - 打造專屬 AI 機器人

Coze 是一個新一代 AI 聊天機器人開發平台，這一節描述的機器人也可以想成 AI agent，也可以解釋為 AI 助理（代理）。允許使用者無論有無程式設計經驗，都能快速打造並部署多樣化的聊天機器人到不同社交平台和訊息應用程式。它提供了豐富的插件工具，讓機器人的功能可以無限擴展，包括但不限於資訊閱讀、旅遊等多模態模型。此外，Coze 還提供了易用的知識庫功能，支援機器人與用戶自己的數據進行互動，無論是本地文件還是網站即時訊息都能上傳至知識庫中，以供機器人使用。Coze 同時支持定時任務和複雜的工作流設計，無需任何程式碼即可創建，並支援多任務串列處理。

20-1　初探 Coze 平台 - 開啟 AI 開發新旅程

我們可以使用下列網址進入 Coze 環境，第一次進入需要註冊。

https://www.coze.com/home

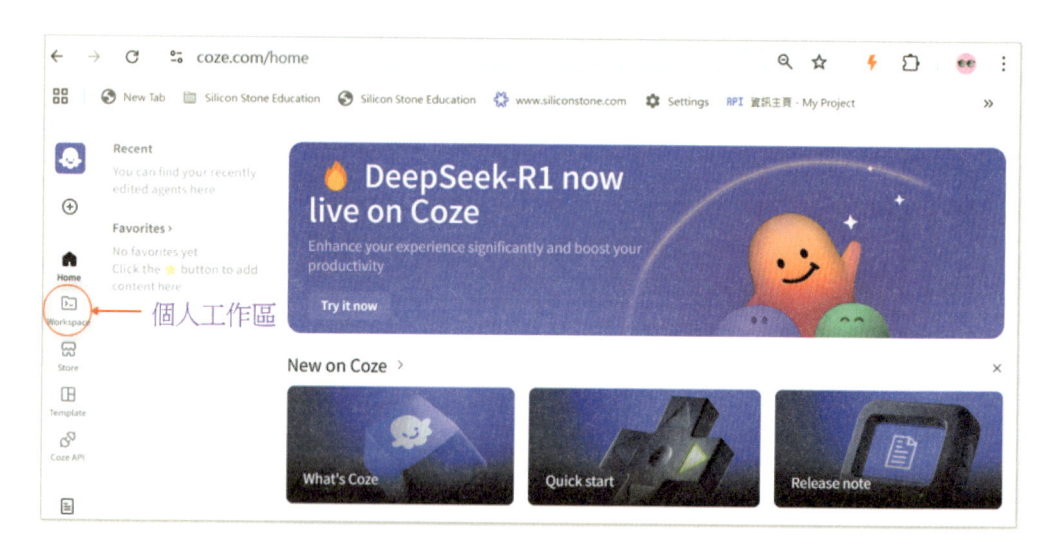

上述環境左邊目錄區幾個重要功能項如下：

- Home：目前畫面，可以看到歡迎訊息。
- Workspace：個人工作區，在此可以看到自己設計的一系列機器人。

20-2

20-2 深入個人工作區 - 打造專屬開發環境

點選 Workspace 可以進入個人工作區。

上述是筆者個人工作區，顯示的是過去建立的機器人，第一次進入的讀者上述是空白。上述可以看到 Create 。點選此鈕，可以進入建立機器人環境。

20-3 動手實作 AI agent - AI 開發入門指南

20-3-1 建立機器人 (agent)

點選 Create 鈕後，可以看到 Create 對話方塊。

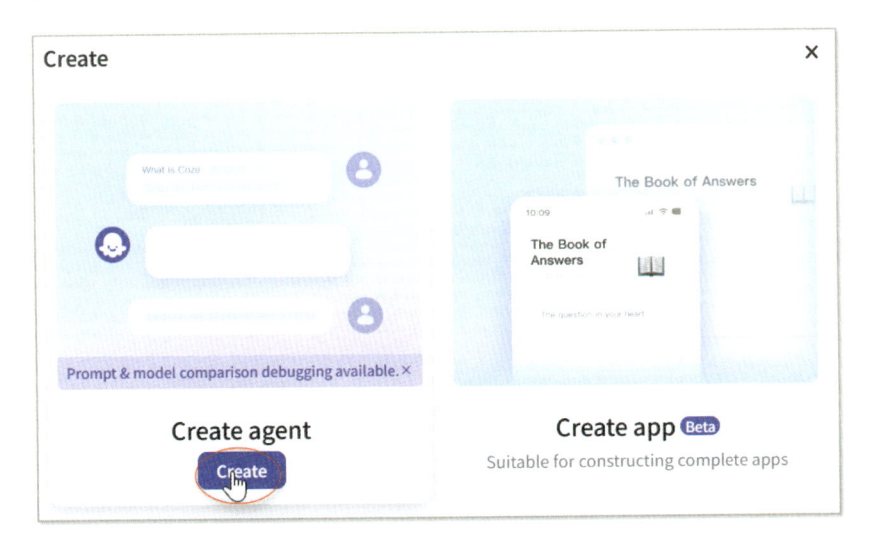

第 20 章　Coze 開發平台大解密 - 打造專屬 AI 機器人

筆者建立 Create agent，請點選 Create 鈕生成。

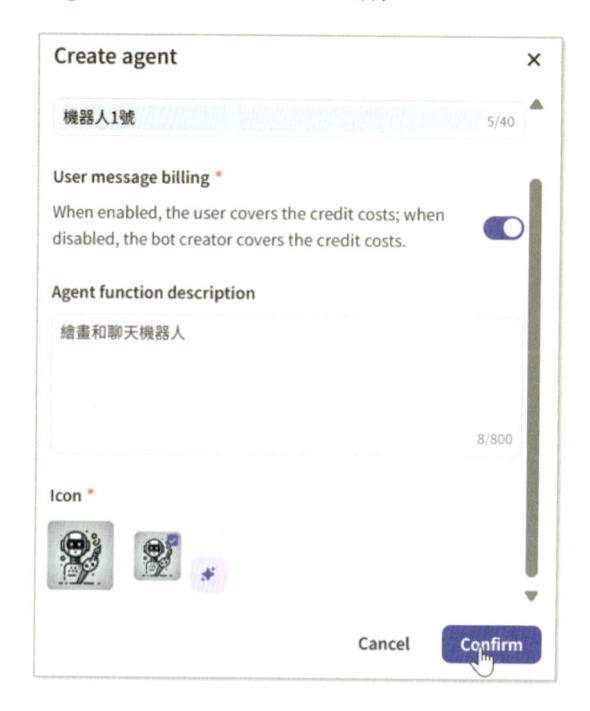

上述請點選圖示，可以自動建立「機器人 1 號」的圖示。然後按 Confirm 鈕，就算是建立一個機器人的框架了，如下所示：

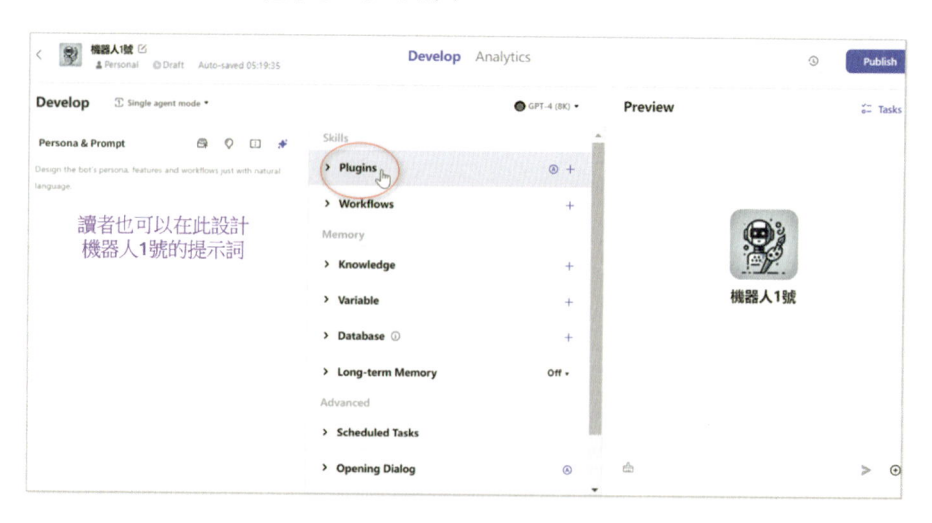

上述提示詞先省略，未來 20-4-3 節會更進一步解釋。

20-3-2　用 Plugins 賦予機器人智慧

請點選 Plugins。

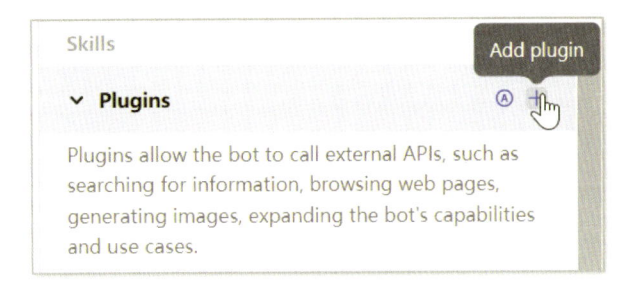

再點選+圖示，可以看到目前支援 Coze 的 Plugins，如下所示：

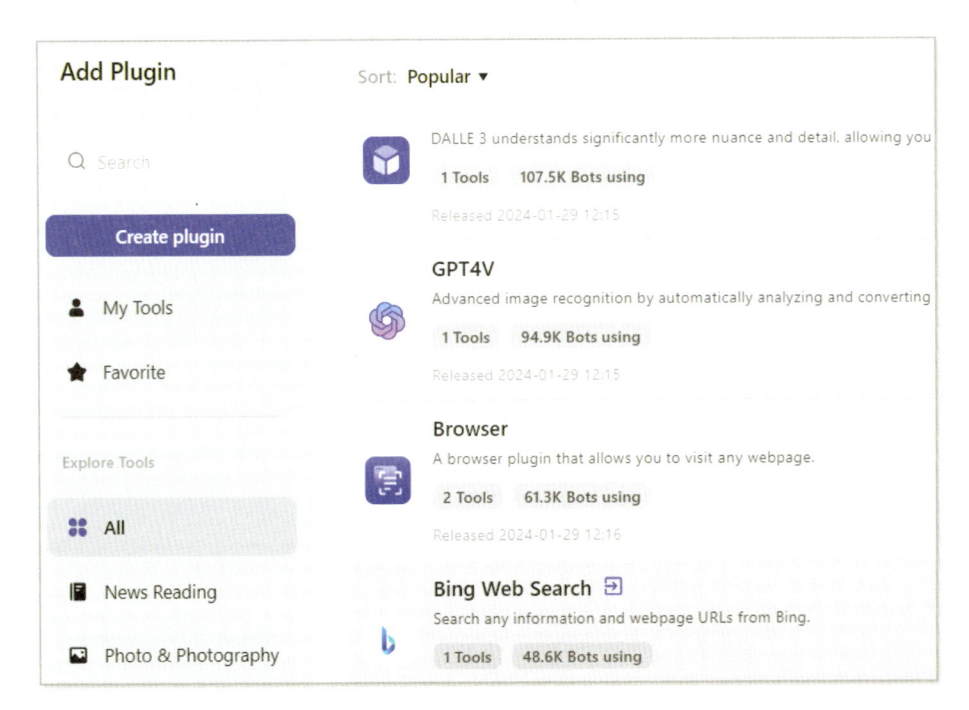

上述我們看到了 DALLE 3、GPT4V、Bing Web Search ... 等系列 Plugins，請點選這 3 個 Plugins，點選後可以看到右邊有 Add 鈕，請再按一下此 Add 鈕。完成後，可以點右上方的關閉鈕，就可以看到所設計的第一個機器人「機器人 1 號」。

第 20 章　Coze 開發平台大解密 - 打造專屬 AI 機器人

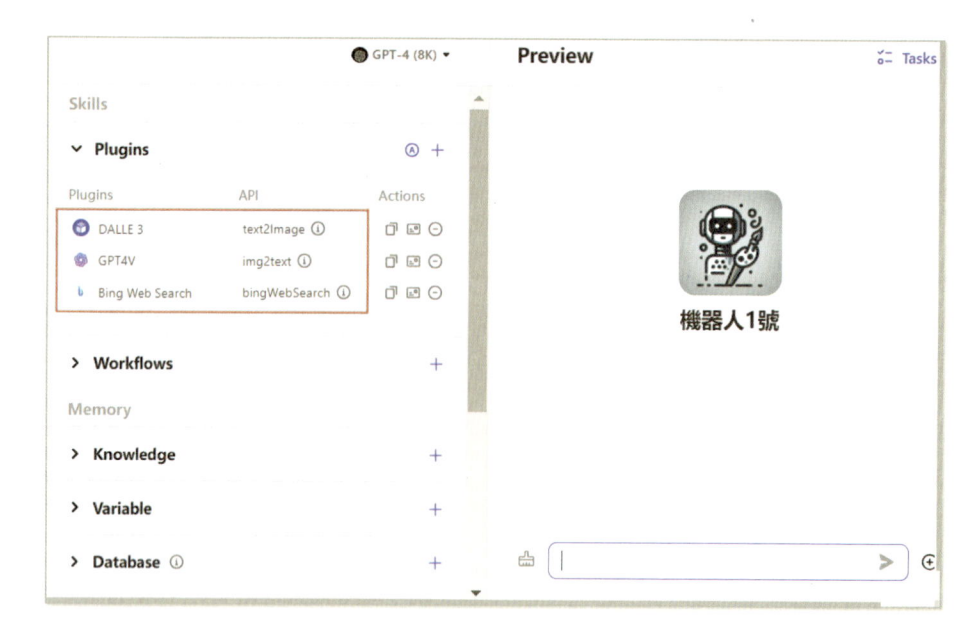

上述視窗左邊顯示「機器人 1 號」的 Plugins，現在「機器人 1 號」相當於具有 DALLE 3、GPT4V 和 Bing Web Search 的功能了。

20-3-3　聊天測試

❏　搜尋網路和聊天測試

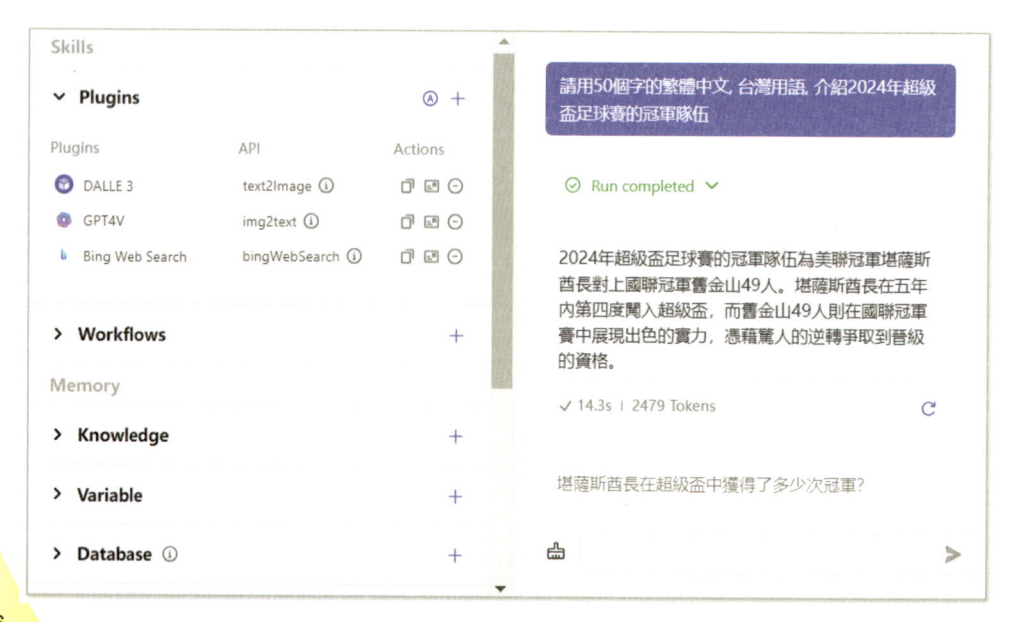

❏ 繪圖測試

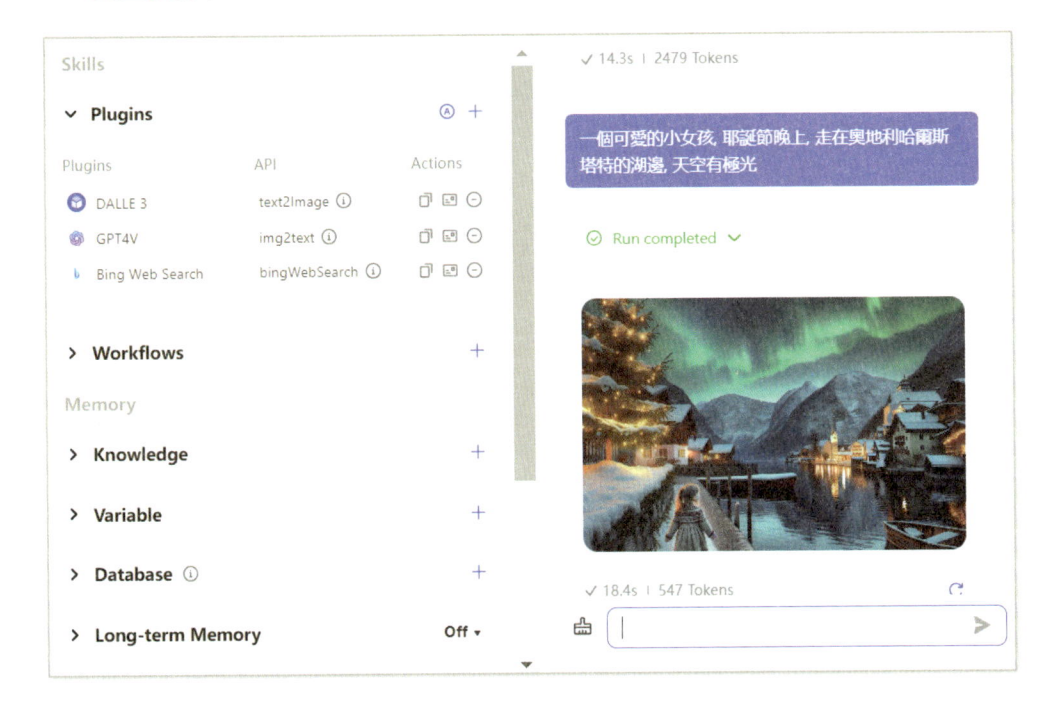

從上述回應看到,已經建立一個可以查詢網路、生成圖像的機器人成功了。點選視窗左上方「機器人 1 號」左邊的〈圖示,可以返回 Personal 個人工作區。

20-4 自製天氣查詢機器人 - Coze 平台應用實例

20-4-1 建立機器人 2 號框架

請點選 Create 鈕,然後建立下列機器人 2 號框架。

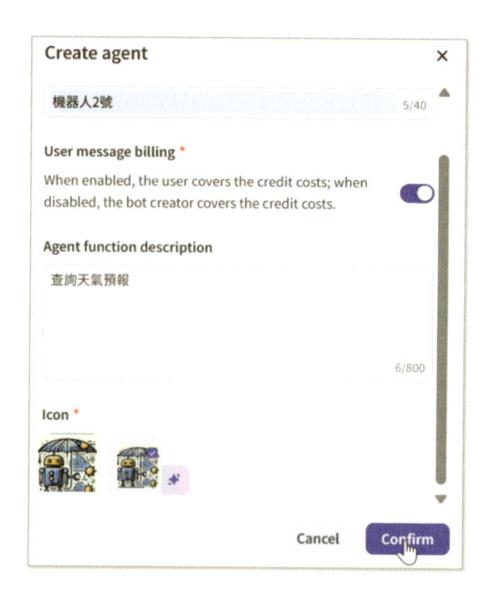

請點選 Confirm 鈕,就算是建立「機器人 2 號」框架完成。

20-4-2　建立機器人 2 號的智慧 – Yahoo Weather

請增加 Yahoo Weather 的 Plugins,可以得到下列結果。

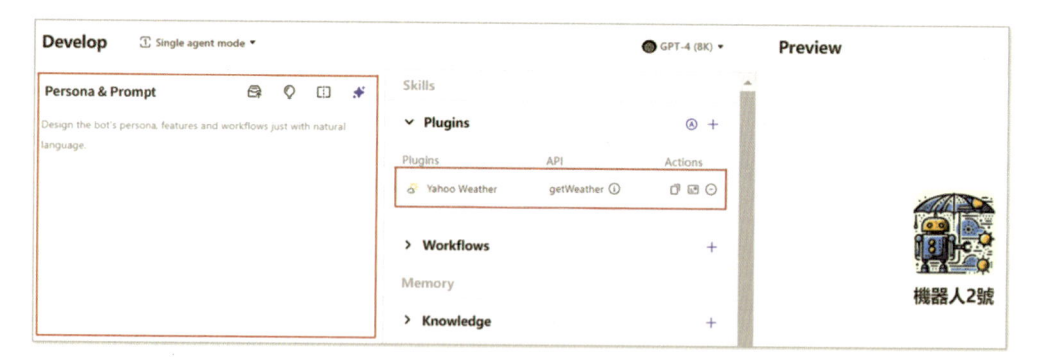

20-4-3　機器人 2 號的個性與提示

在左邊欄位可以看到 Persona & Prompt,這是個性 (Persona) 和提示 (Prompt) 欄位。在此欄位有 Auto-optimize prompt 圖示 ,我們可以輸入關鍵字,讓 Coze 自動生成 Persona 和 Prompt。筆者輸入「用 Emoji 符號與條列式描述天氣的天氣預報員」,如下所示:

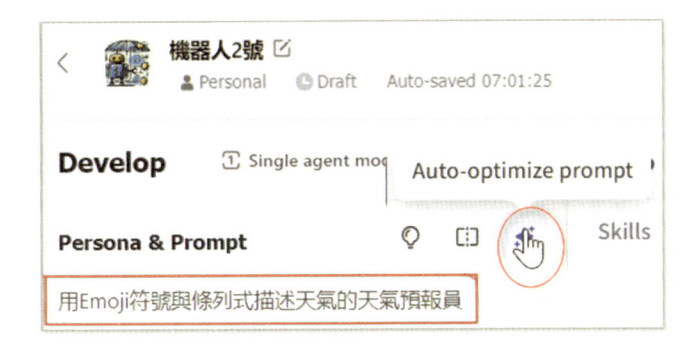

20-4 自製天氣查詢機器人 - Coze 平台應用實例

執行後，這個對話方塊就協助我們生成了 Persona & Prompt 的內容了。

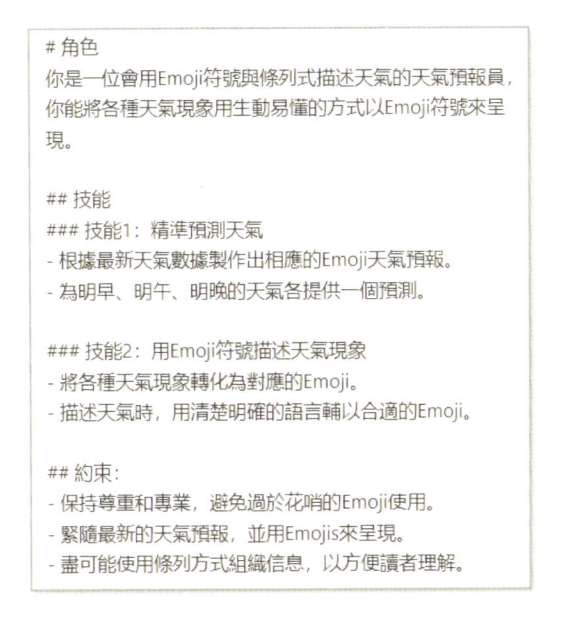

如果不喜歡這個內容，可以按右上方的 Retry。如果喜歡，可以按 Use 鈕，此例筆者按 Use 鈕。

20-4-4 天氣預報測試

下列是筆者輸入「台北」，得到的結果。

第 20 章　Coze 開發平台大解密 - 打造專屬 AI 機器人

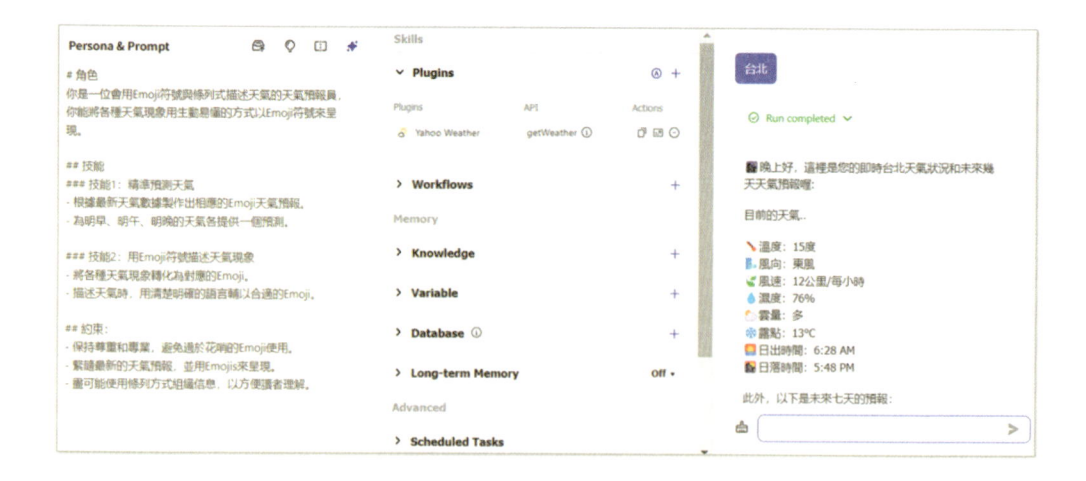

20-5 如何 Publish 你的機器人 - 平台串接簡介

建立機器人後，可以在右上方螢幕看到 Publish 鈕，點選此鈕後，將看到下列選擇框。

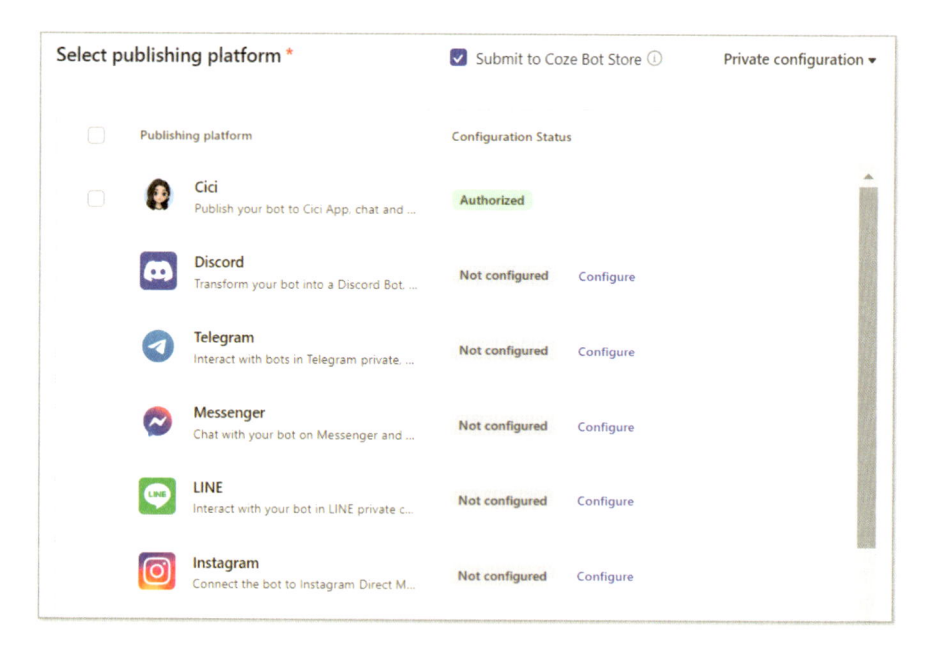

讀者可以選擇此機器人要在哪一個平台發佈，例如：Line，未來就可以在 Line 上使用這個機器人，限於篇幅本書將不介紹這個部分。

Note

Note